高等职业教育新形态精品教材

三维模型制作

主　编　刘宗宝　李　博

副主编　马宝峰　王时蒙　王泽东

参　编　张枭汉　王　晓　陈甜甜

黄诗沁　郭　婕

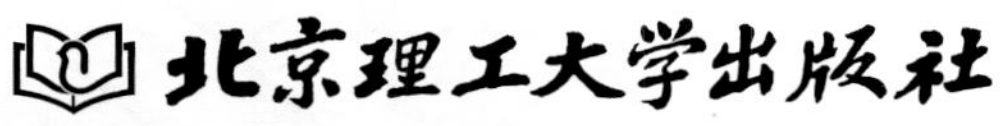

北京理工大学出版社

BEIJING INSTITUTE OF TECHNOLOGY PRESS

内容提要

本书共有四个模块，模块一为3ds Max 2018基础知识，主要讲述软件各种工具的功能和操作方法；模块二为三维基础建模，重点讲述几何体的创建与组合方法以及如何运用修改器中的命令编辑模型；模块三为二维图形建模，通过运用基础的二维图形和命令技巧进行建模；模块四为校企案例制作，学生可通过企业案例实践，提高动手能力，进一步强化在学校所学的专业理论知识，同时增强学生适应企业工作岗位的实践能力、专业技能、敬业精神和严谨求实的工作作风及综合职业素质。

本书可作为高等院校数字媒体、动漫设计、影视动画、产品造型、环境艺术设计等各艺术类专业课程的教材，也可作为相关人员的参考用书。

图书在版编目（CIP）数据

三维模型制作 / 刘宗宝, 李博主编. -- 北京 : 北京理工大学出版社, 2022.3（2022.4重印）
ISBN 978-7-5763-1211-9

Ⅰ. ①三… Ⅱ. ①刘… ②李… Ⅲ. ①三维动画软件－高等学校－教材 Ⅳ. ①TP391.414

中国版本图书馆CIP数据核字(2022)第053250号

出版发行 / 北京理工大学出版社有限责任公司
社　　址 / 北京市海淀区中关村南大街5号
邮　　编 / 100081
电　　话 / （010）68914775（总编室）
（010）82562903（教材售后服务热线）
（010）68944723（其他图书服务热线）
网　　址 / http：//www.bitpress.com.cn
经　　销 / 全国各地新华书店
印　　刷 / 河北鑫彩博图印刷有限公司
开　　本 / 889毫米×1194毫米　1/16
印　　张 / 9.5
字　　数 / 263千字
版　　次 / 2022年3月第1版　　2022年4月第2次印刷
定　　价 / 59.00元

责任编辑 / 钟　博
文案编辑 / 钟　博
责任校对 / 周瑞红
责任印制 / 边心超

前言 PREFACE

3ds Max是由Autodesk公司开发的集造型、渲染和动画制作于一体的三维制作软件，其功能强大，扩展性好，且操作简单。随着计算机的发展，三维软件制作技术作为一种新兴技术，在建筑、影视、游戏、广告、工业设计、教育、军事等多个领域得到了广泛的应用。

三维模型制作是设计师设计理念较为真实的体现，它要求以三维立体的形式来表达设计，从模型中可以清晰地体现产品的形态、结构、功能及外在表象效果，也是设计师与工程师、技术人员沟通研讨设计构想的具体媒介。三维模型制作是数字媒体和动画专业的一门专业技能核心课程，属于理论和实践相结合的课程，通过本课程的学习，学生能快速掌握 3ds Max 软件，并能利用三维软件进行各类模型的制作与表现，最终具备良好的综合创作能力。

高等院校教学更侧重于提升学生的专业技术能力和实践能力，三维模型制作作为多个专业的核心课程，其教材应紧扣提升学生的专业技术能力及实践能力这一目标。为强化教材的实用性，本书内容的讲解均以项目案例为主线，通过各项目的实际操作，学生可以快速熟悉三维模型的制作与渲染出图的思路。

本书内容由浅入深，可以拓展学生的实际应用能力，提高学生的软件使用技巧。本书在浙江省高等学校在线开放课程共享平台配套开设了《三维模型制作》慕课，读者可通过扫描右侧二维码或登录以下网址进行互动交流学习：https://www.zjooc.cn/course/2c9180827f49b668017f537d8fbf306a。

本书共包括4个模块、15个项目，模块一由王泽东、郭婕编写；模块二由李博、王时蒙、黄诗沁编写；模块三由刘宗宝、马宝峰、王晓、陈甜甜编写；模块四由刘宗宝、李博、马宝峰、张枭汉编写。全书编写由刘宗宝、李博统筹。其中，模块四是校企合作的项目实例，在编写过程中得到了相关企业的大力支持，在此表示衷心的感谢。

由于编者水平有限，书中难免存在不妥之处，敬请大家批评指正。

编　者

目录 CONTENTS

MODULE ONE

模块一 3ds Max 2018 基础知识

知识目标

1. 了解 3ds Max 建模软件的特性和应用领域；
2. 熟悉软件的基础界面和各个界面图标分布。

技能目标

1. 能够掌握 3ds Max 建模软件的基本视图操作；
2. 能够掌握软件各种工具的功能和操作方法。

素质目标

1. 培养热爱三维动画设计制作，对待学习精益求精、吃苦耐劳的精神；
2. 培养自学能力，紧跟技术发展的最新动态。

3ds Max 应用的领域很广，是国内主流的建模软件之一，它应用的领域有三维动画、建筑动画、环境艺术设计、二维动画和影视产品广告及工业造型设计领域。建模方法可分为基础的几何体建模、复合建模、二维图形建模和多边形建模。本书侧重于使用简单易懂的技巧和方法灵活地制作项目。无论是简单的二维图形建模还是复杂的多边形建模，皆通过多个项目案例讲解，采用项目、任务的方式来制作完成，每一项目案例均有详细的视频步骤及文件素材，方便各高校师生使用和学习。

项目一 3ds Max 2018 新增功能

项目描述

本项目主要是介绍 3ds Max 2018 版本相较于以前的版本新增了哪些功能，便于用户从整体了解该软件。

1. 新增 Arnold 渲染器

MAXtoA 插件包含 Arnold 版本 5，支持 OpenVDB 的体积效果、大气效果；Arnold 属性修改器控制每个对象的渲染时效果和选项，可借助单独的环境和背景功能简化基于图像的照明工作流程（图 1-1-1）。

图 1-1-1　选择指定渲染器

2. 改进了用户界面

视图导航增加兴趣点，如视口可以无限缩放，具有增强的停靠功能的 QT5 框架，时间轴拖曳，持续 Hi-DPI 图标转换（已转换 370 个图标）能更快地切换工作区，增加点和边缘的局部坐标系统（图 1-1-2）。

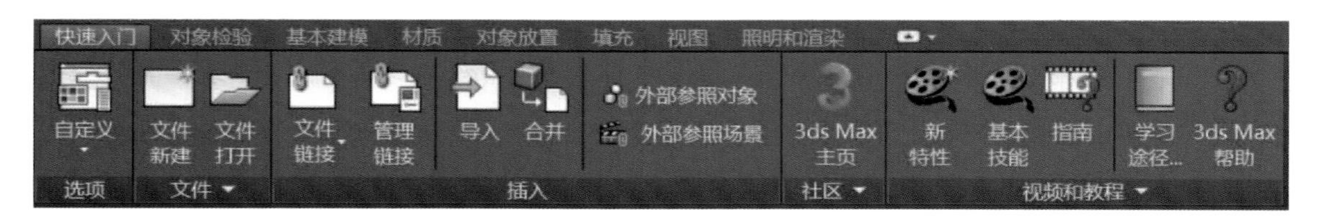

图 1-1-2　设计标准工具栏

3. MCG

改进了 MCG 类型解析器，不再需要添加额外的节点来提供有关 MCG 类型系统的提示；显著改进了编译器，可以更好地优化图形表达式；不再需要解压 MCG 图形，现在 MCG 可以使用包中的复合对象，更易于用户使用操作符 / 复合命名和分类。

4. 增强功能和更改

mental ray 渲染器与 3ds Max 兼容，但需要自己安装，UV 编辑可通过材质 ID 和光滑组展平，曲线编辑器和缓冲曲线加入很多新工具，节点材质编辑器可以在材质编辑器取样本球，Alembic 通过脚本（MAXScript）添加了可见性轨迹支持和形状后缀管理。切角修改器切角时支持四边形交集，可控制当多条边连接到相同顶点时角点受影响的方式，也适用编辑多边形切角工具。

项目二　3ds Max 2018 简体中文版软件界面

项目描述

本项目主要是针对 3ds Max 2018 版本软件进行了基本的功能介绍，便于用户快速理解和掌握基本的操作方法。

3ds Max 2018 简体中文版软件界面如图 1-2-1 所示。

图 1-2-1　3ds Max 2018 简体中文版软件界面

3ds Max 分为标题栏、菜单栏、主工具栏、绘图区、命令面板、视图导航控制区、状态栏、动画控制区栏等几个部分。

1. 菜单栏

3ds Max 2018 菜单栏如图 1-2-2 所示。

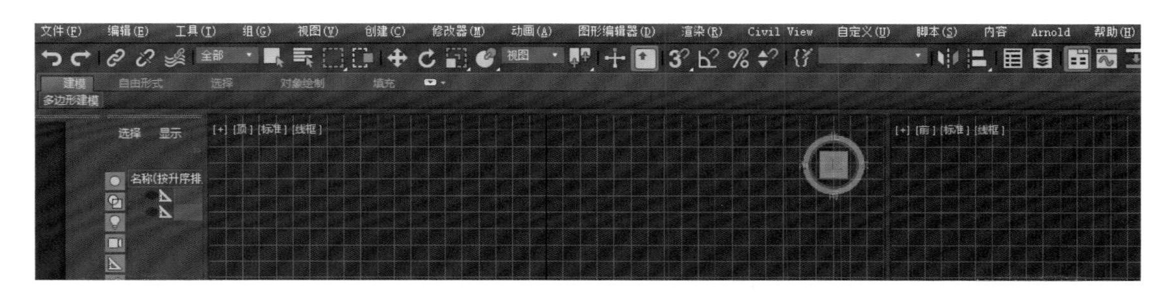

图 1-2-2　3ds Max 2018 菜单栏

文件（File）：用于对文件的新建、打开、保存、另存为、打印、导入和导出不同格式的其他三维存档格式，以及动画的摘要信息、参数变量等命令的应用。

编辑（Edit）：用于对对象的复制、删除、选定、临时保存等功能。

工具（Tools）：包括常用的各种制作工具。

组（Group）：将多个物体组为一个组，或分解一个组为多个物体。

视图（Views）：对视图进行操作，但对对象不起作用。

渲染（Rendering）：通过某种算法，体现场景的灯光、材质和贴图等效果。

自定义（Customize）：方便用户按照自己的爱好设置操作界面。3ds Max 中的工具条、菜单栏、命令面板都可以重新定义位置，保存起来，下次启动时就会自动加载。

脚本（MAXScript）：将编辑好的程序放入 3ds Max 中运行。

帮助（Help）：关于这个软件的帮助，包括在线帮助、插件信息等。

轨迹视图（Track View）：控制有关物体运动方向和它的轨迹操作，如图 1-2-3 所示。

图解视图（Schematic View）：一个方便有效、有利于提高工作效率的视窗，如图 1-2-4 所示。

图 1-2-3 轨迹视图

图 1-2-4 图解视图

2. 工作视图

工作视图界面如图 1-2-5 所示。

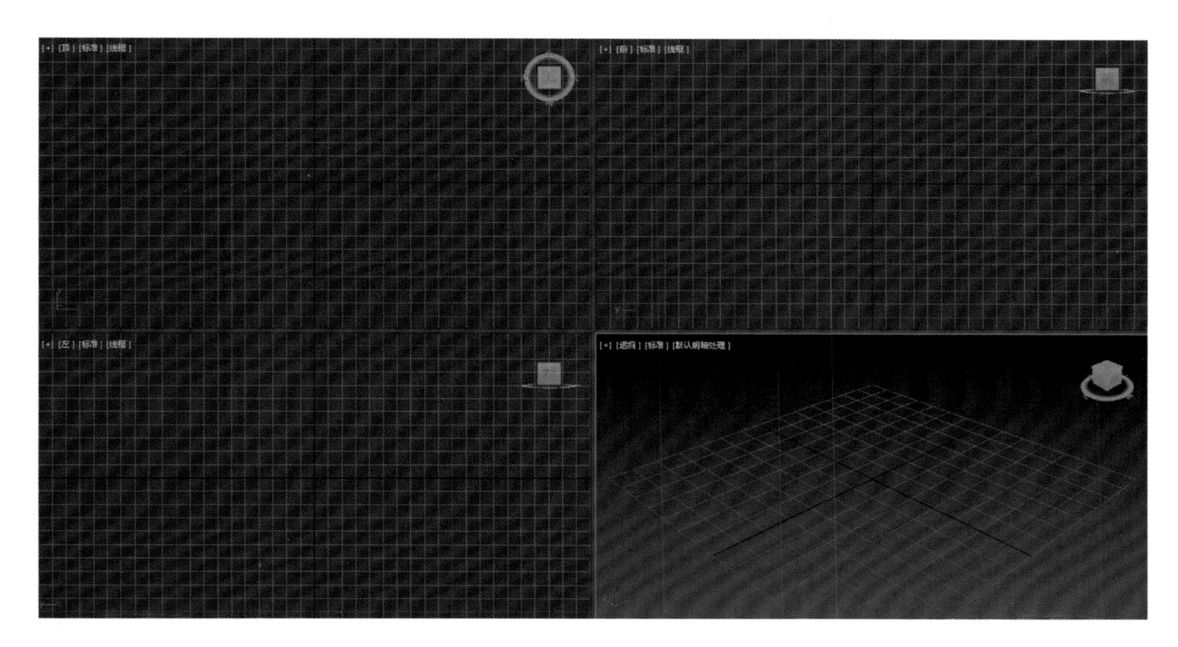

图 1-2-5　工作视图

默认窗口：顶视图（Top）、前视图（Front）、左视图（Left）、透视图（Perspective）。下面是每个窗口视图的快捷键。

T=Top（顶视图）；

B=Botton（底视图）；

L=Left（左视图）；

R=Right（右视图）；

U=User（用户视图）；

F=Front（前视图）；

K=Back（后视图）；

C=Camera（摄像机视图）；

Shift + $= 灯光视图；

W= 满屏视图。

在每个视图的左上角文字上单击鼠标右键，将会弹出一个命令栏，在该命令栏中可以更改它的视图方式和视图显示方式等。

3. 命令面板

命令面板是 3ds Max 2018 中最常用的操作工具，它集成了用户设计过程中所需要的绝大多数功能与参数控制项目，也是 3ds Max 中结构最复杂、使用最频繁的部分。其布局如图 1-2-6 所示，自左至右依次为创建、修改、层次、运动、显示和工具命令面板。

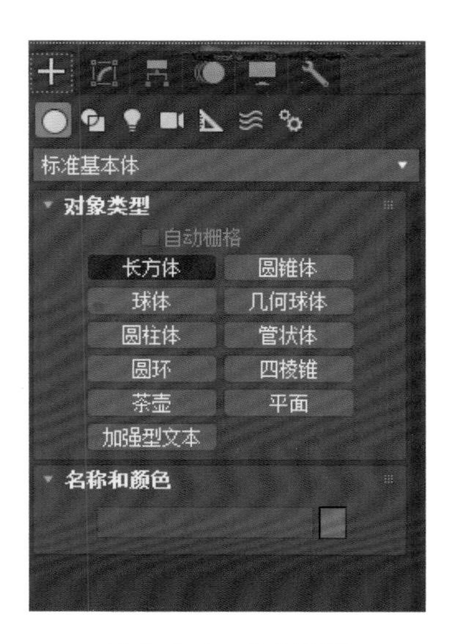

图 1-2-6　命令面板

其中“创建”命令面板用于创建 3ds Max 2018 对象，如创建长方体、立方体、画线，创建灯光、摄像机等；“修改”命令面板用于设置修改对象的参数，如设置长方体的长、宽、高等；“层次”命令面板用于设置对象和坐标轴的相对位置、对象的对齐等对象间的关系；“运动”命令面板用于设置动画效果，如添加动画控制器等；“显示”命令面板可以设置显示（或隐藏）的对象；“工具”命令面板主要是 3ds Max 2018 提供的附加工具。

4. 底部界面栏控制项

3ds Max 2018 工作界面底部是时间滑块、脚本（MAXScript）编辑器、提示栏、动画控制区和视图导航控制区，统称为底部界面栏控制项，如图 1-2-7 所示。

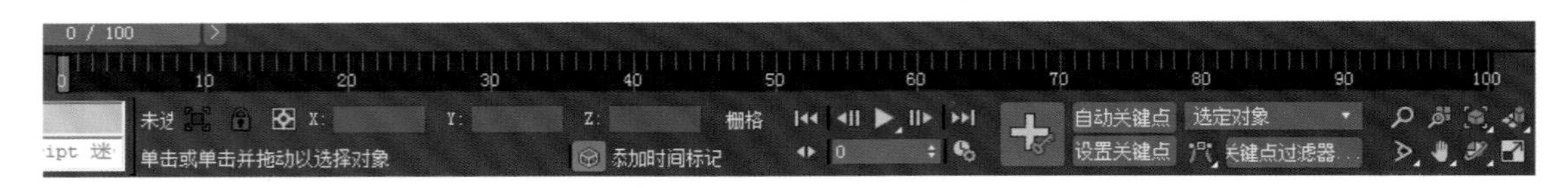

图 1-2-7 底部界面栏控制项

时间滑块：时间滑块是在制作动画场景时确定动画时间的工具。用时间滑块确定好当前场景在动画中的时间后，通过动画控制区的按钮可以对动画进行设置。

脚本（MAXScript）编辑器：脚本（MAXScript）编辑器是 3ds Max 2018 的内定描述性语言，用户可在该区域中查看、输入和编辑脚本（MAXScript）语言。脚本（MAXScript）编辑器有两个窗格：红色为宏录制器窗格，用于显示录制内容；白色为脚本窗口，用来创建脚本。

提示栏：提示栏用来显示当前使用工具的操作提示及场景中对象的选择数目和坐标位置等状态信息。

动画控制区：动画控制区用来控制动画的播放和设置动画。

视图导航控制区：视图导航控制区主要用来调整视图的显示方式，如缩放、最大化、平移、弧形旋转等。

MODULE TWO

模块二 三维基础建模

知识目标

1. 了解基本几何体的创建方法和编辑方法；
2. 熟悉修改器中的简单命令。

技能目标

1. 能够熟练掌握几何体的创建与组合方法；
2. 能够熟练运用修改器中的命令编辑模型。

素质目标

1. 养成较好的主动求学的习惯，不畏挫折与困难；
2. 培养严于律己，宽以待人，提升交流沟通能力。

三维建模主要是指通过 3ds Max 软件中最基本的几何体和扩展基本体来进行模型的制作。灵活运用简单的几何体及扩展基本体进行建模，通过学习几何体、扩展基本体的创建方法、编辑方法，以及利用修改器列表中简单的命令来完成建模。

本模块通过将企业仿真案例拆分成单个项目的方式来制作书桌、小家具、沙发等日常生活中的模型，从生活中的物品入手，让学生在做中学，学中做。坚持能力本位，拓展学生的视野和知识面，培养他们的技能素质和综合素质。

小提示： 生活中很多物体都可以采用几何体来概括，因此，在建立物体模型时可以采用几何拼搭的方法。

项目一 制作书桌

项目描述

本项目以书桌的制作为例，通过讲解书桌的制作任务和步骤，让学生灵活运用基本的几何体进行建模，掌握小项目的制作流程和方法。

本案例对照职业岗位要求，强化学生的技能培养，坚持以职业岗位群体为本，注重一能多用。

本例为书桌的制作，书桌由基础图形——长方体组成，因此较为适合入门练习。所要创建的书桌及最终样式如图 2-1-1 所示。

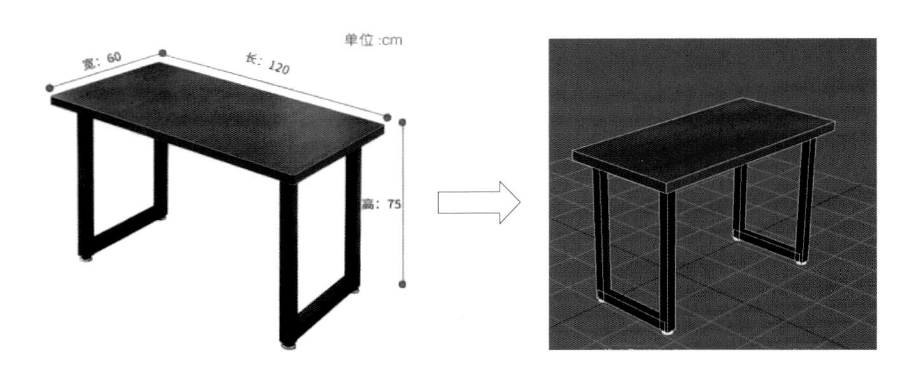

图 2-1-1 书桌样式及模型效果

任务一 三维模型创建

步骤 1: 修改单位设置，将单位设置为厘米。执行“自定义”→“单位设置”命令，选择“公制”单选按钮，将“米”改为“厘米”，如图 2-1-2 所示。

小提示: 统一的单位更方便学生把握模型的比例。

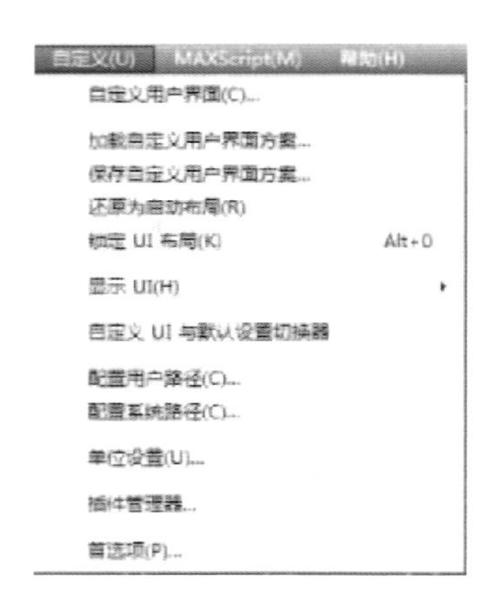

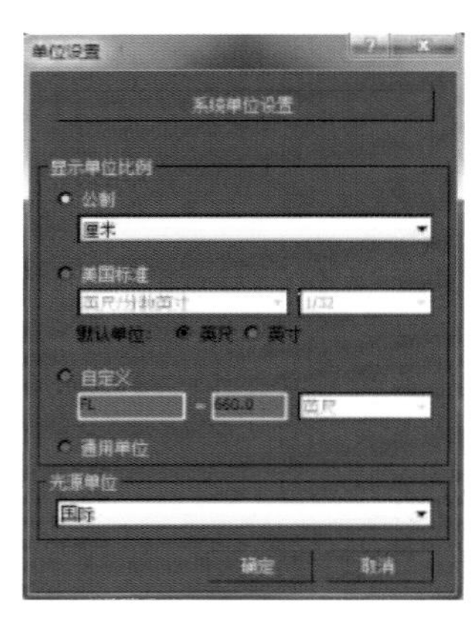

图 2-1-2 单位设置

步骤 2: 单击透视图面板，创建标准的基本长方体来制作，设置书桌桌面的长度为 120 cm，宽度为 60 cm，高度为 5 cm，如图 2-1-3 和图 2-1-4 所示。

小提示: 透视图面板能够更好地让我们看到模型的整体样子。

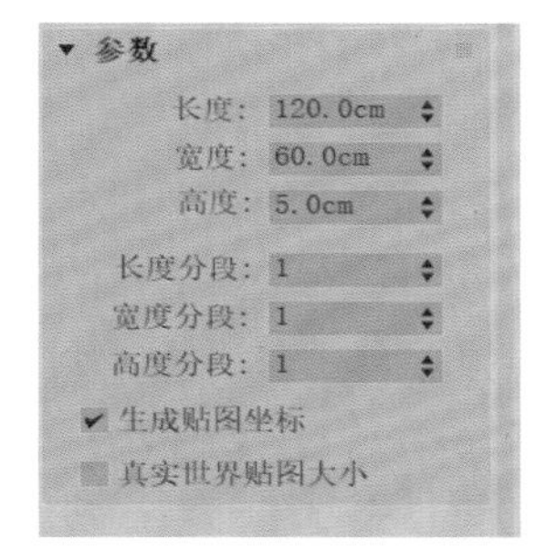

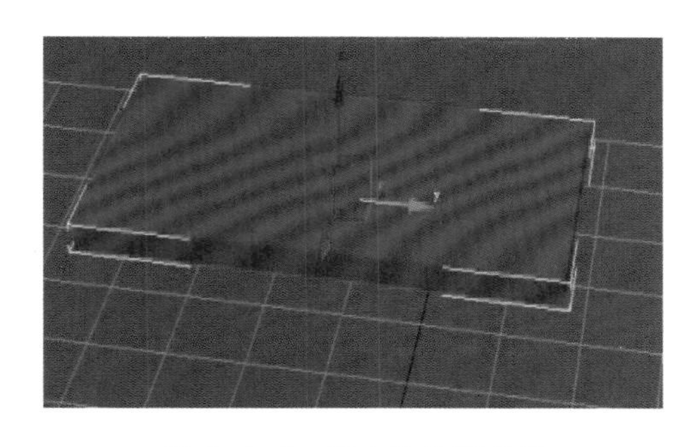

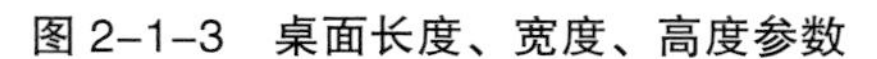

图 2-1-3　桌面长度、宽度、高度参数　　图 2-1-4　长方体效果参考

步骤 3：创建书桌的桌腿。创建一个长方体，设置参数高度为 75 cm，宽度为 5 cm，长度为 5 cm。然后复制两个一模一样的长方体，将其中一个旋转 90° 并缩短后横放在两个桌角中间，最后选择一侧做好的桌腿，整体复制到书桌的另外一侧，如图 2-1-5 和图 2-1-6 所示。

小提示： 对于相似的部件，复制后单独进行修改更加便捷。

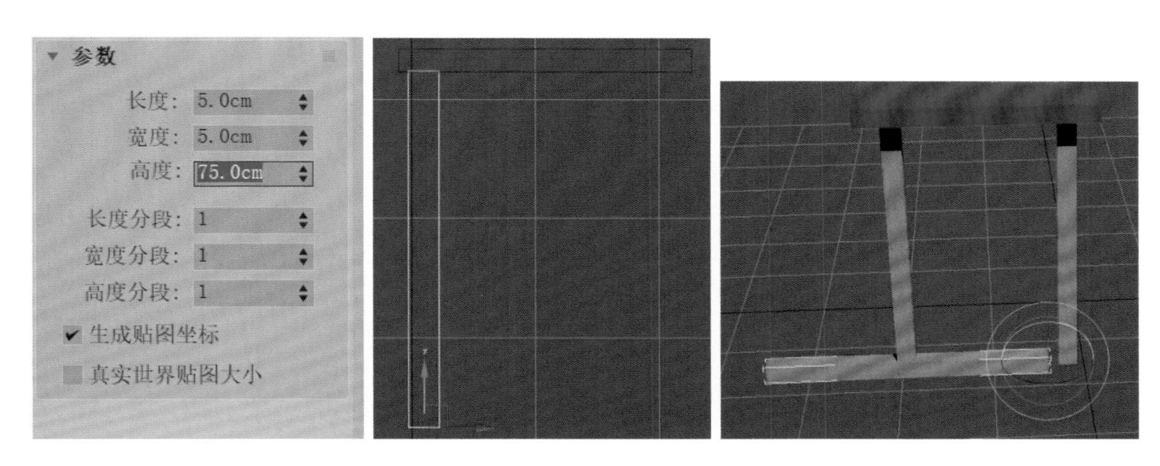

图 2-1-5　桌腿参数设置及位置摆放参考

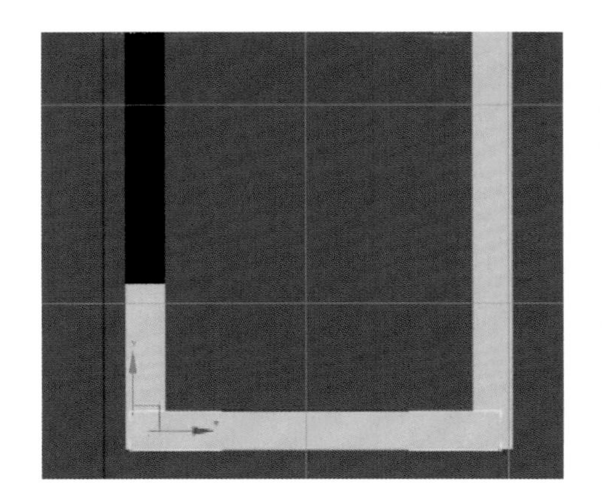

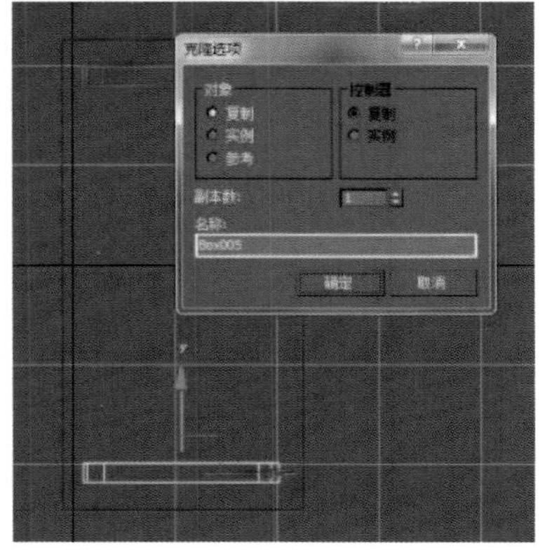

图 2-1-6　桌腿平移复制

步骤 4： 创建一个圆柱体，作为桌腿底与地面接触，设置参数高度为 5 cm，宽度为 5 cm。然后单击鼠标右键将圆柱体转换为可编辑多边形（图 2-1-7），调整上面的端点，并执行“工具”→“对齐”命令（快捷键为“Alt + A”）（图 2-1-8），对齐至桌角的中心，如图 2-1-9 所示。

小提示：“对齐”命令除了可以对齐至中心外，还能对齐到边、点等位置。

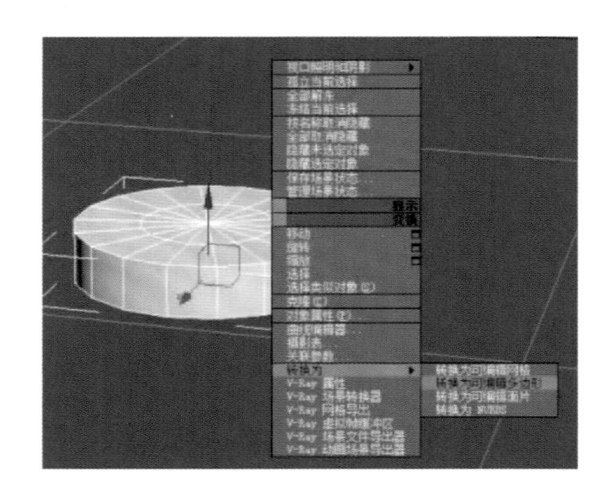

图 2-1-7　将圆柱体转换为可编辑多边形

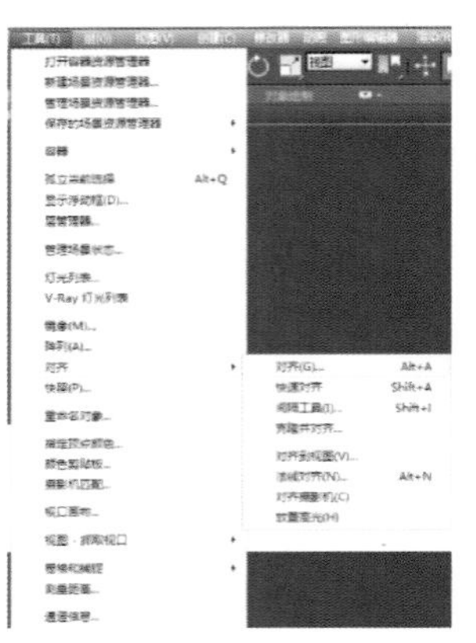

图 2-1-8　选择对齐

图 2-1-9　对齐桌角中心

步骤 5： 按 T 键进入顶视图，将圆柱体对齐复制出另外三个圆柱体，如图 2-1-10 所示。

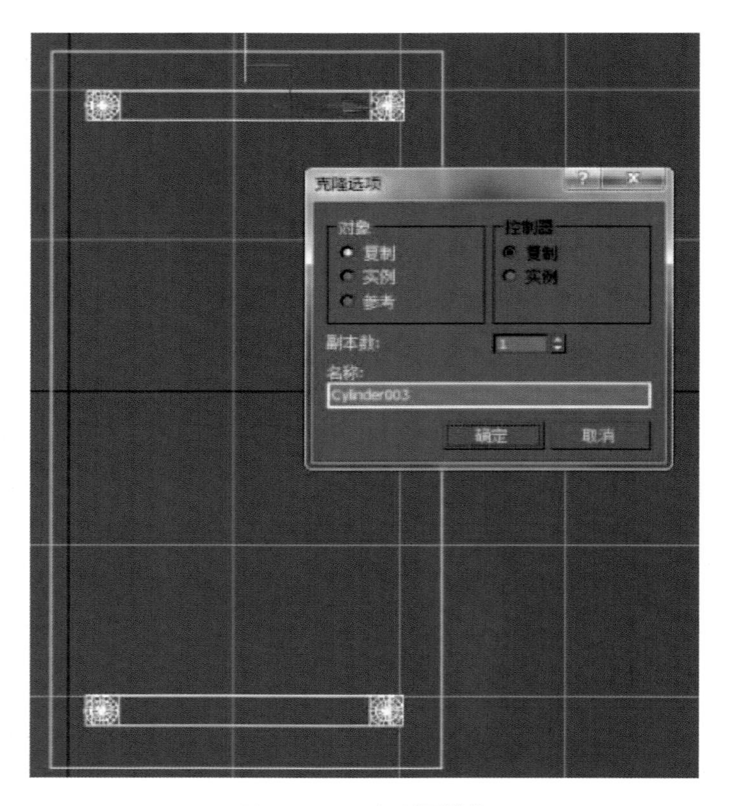

图 2-1-10　复制圆柱体

任务二 颜色和贴图的表现

步骤 1：在修改面板中将桌面、桌角、圆柱体的底都设置成白色，如图 2-1-11 和图 2-1-12 所示。

小提示： 在创建几何体时就能修改颜色，是不需要进入材质编辑器的。

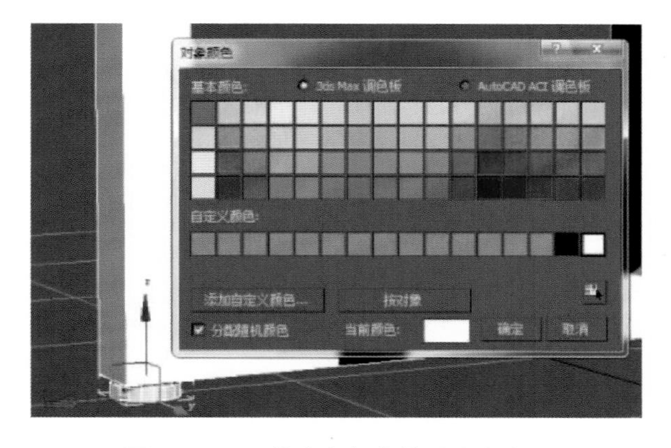

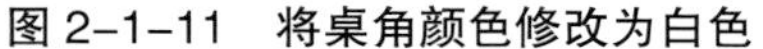

图 2-1-11 将桌角颜色修改为白色　　图 2-1-12 效果图

步骤 2：按 M 键打开“材质编辑器”，如果不是精简模式，那么选择模式将其切换成“精简材质编辑器”，然后选择一个材质球指定给选定对象，如图 2-1-13 和图 2-1-14 所示。

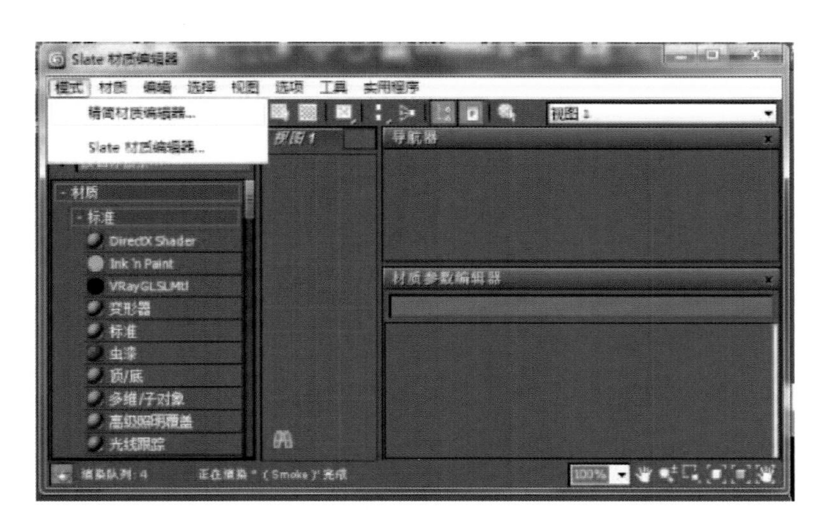

图 2-1-13 选择“精简材质编辑器”

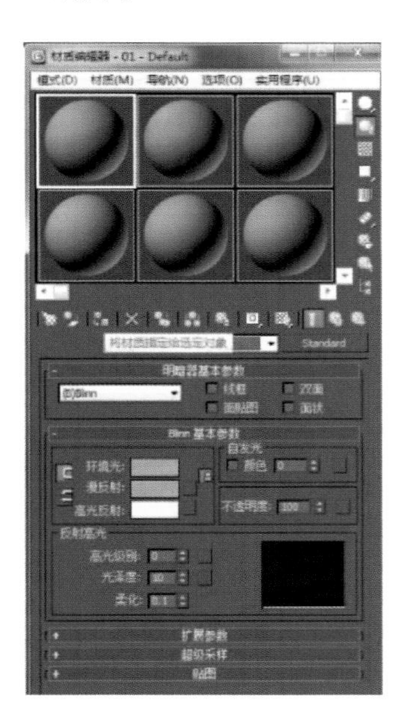

图 2-1-14 “精简材质编辑器”界面

小提示： 精简模式下的材质编辑器能更快捷地对模型进行贴图。

步骤 3：单击指定的材质球漫反射右边的按钮（图 2-1-15），弹出“材质 / 贴图浏览器”对话框，将拉杆条拖动至下面选择位图进行贴图（图 2-1-16），选择贴图文件中的一张木纹图片即可。另外，选择不同的 Blinn 材质球分别指定给桌腿和圆柱体，并分别设置成黑色和白色，再调整反射高光下面的高光级别（分别为 103 和 105）和光泽度（分别为 19 和 37），即可完成颜色和贴图的表现，如图 2-1-17 和图 2-1-18 所示。

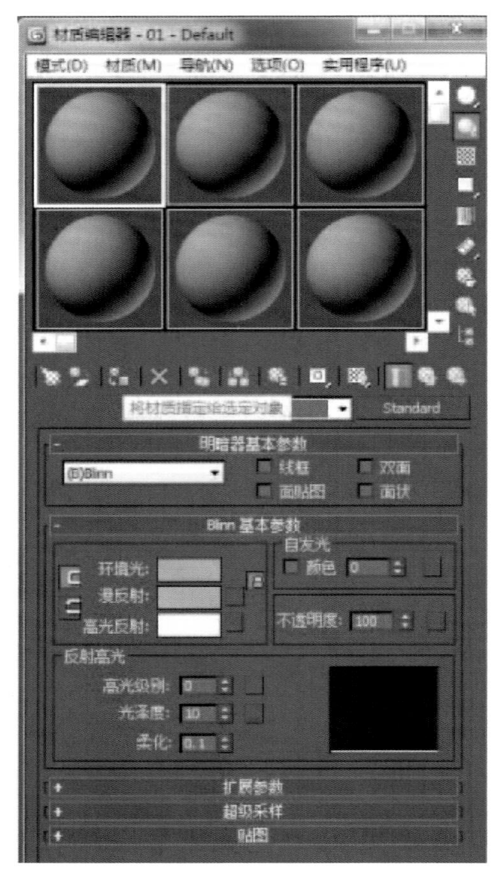

图 2-1-15 将材质指定对象

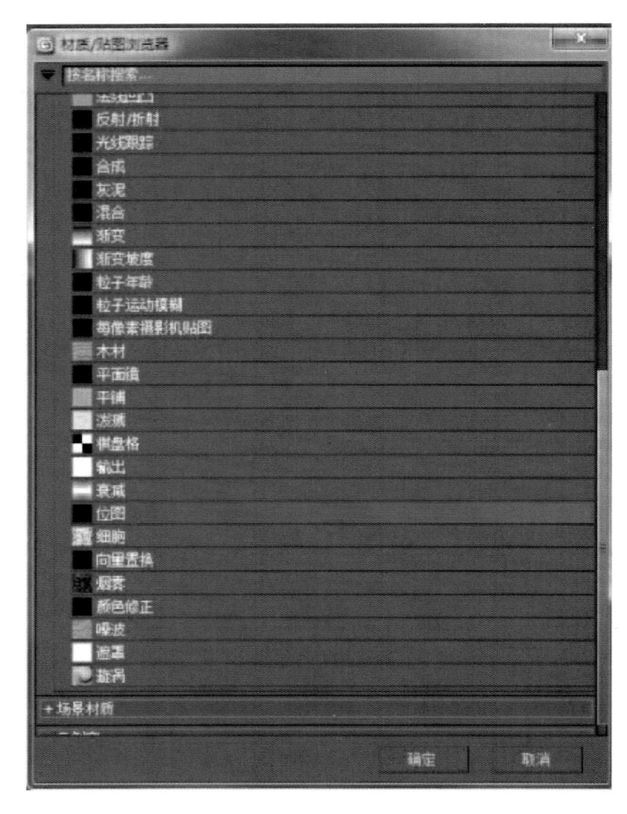

图 2-1-16 选择位图

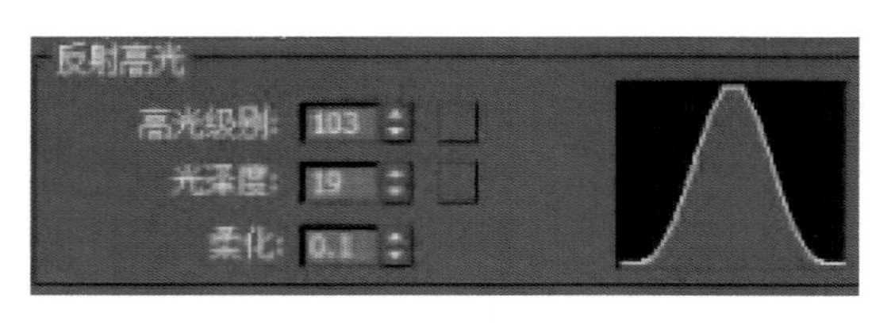

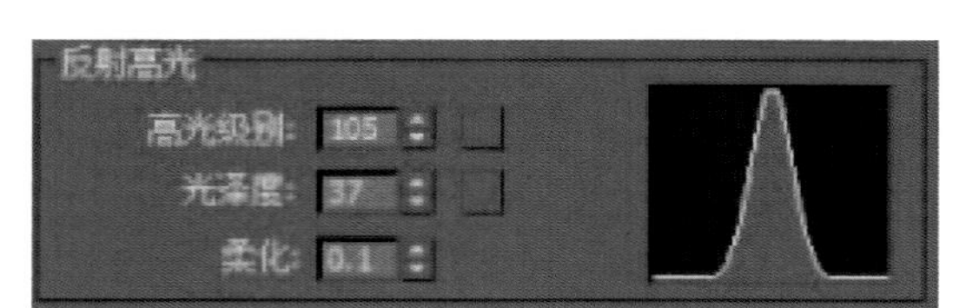

图 2-1-17 反射高光参数

图 2-1-18 贴图效果

课后训练： 运用基础几何体制作一个凳子，并进行贴图。

项目二　制作小家具（扩展基本体）

项目描述

本项目是对项目一的知识技能的拓展，从单一的桌子到较复杂的柜子，大家也可以进行组合设计，这样既能把基本体掌握，还可以制作简单的场景。

本案例对照职业岗位要求，强化学生的技能培养，坚持以职业岗位群体为本，注重一能多用。

本例为床头柜的制作，运用到了扩展基本体，相比上例的桌子而言，小柜子更加灵活，更考验学生灵活运用基本体的能力。

所要创建的柜子样式如图 2-2-1 所示。

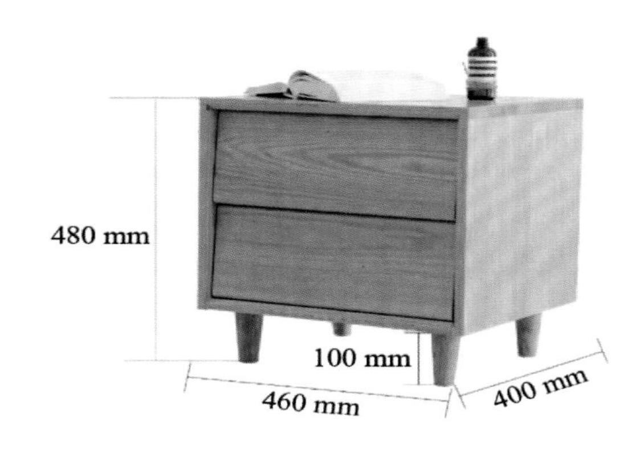

图 2-2-1　柜子样式

任务一　三维模型创建

步骤 1: 修改单位设置，将单位设置为毫米。执行“自定义”→“单位设置”命令，选择“公制”单选按钮，将“米”改为“毫米”，如图 2-2-2 所示。

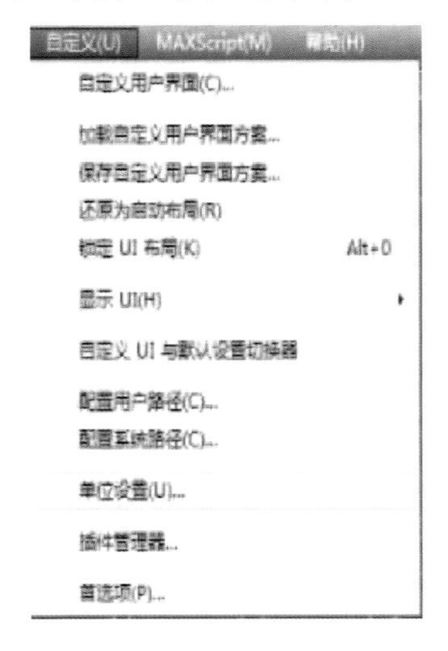

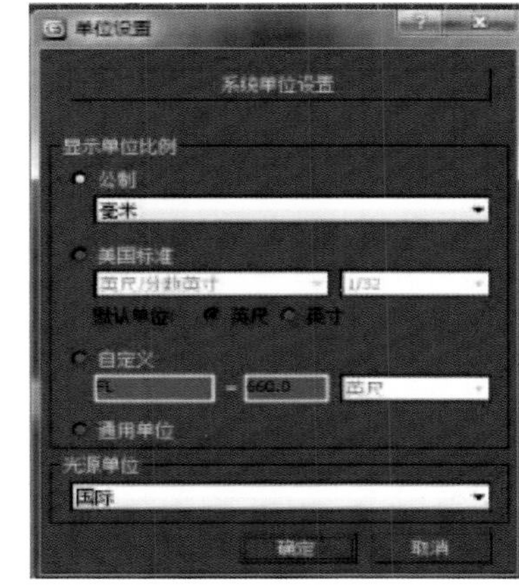

图 2-2-2　单位设置

步骤 2：在透视图中，创建扩展基本体中的切角长方体来进行制作，设置床头柜面的长度为 460 mm，宽度为 400 mm，高度为 20 mm，圆角为 2 mm，如图 2-2-3 和图 2-2-4 所示。

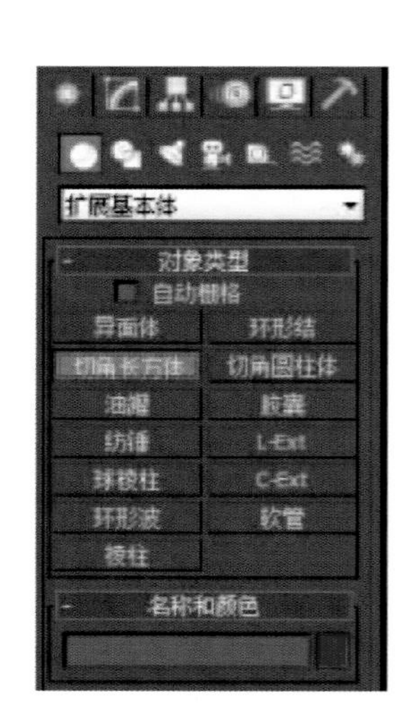

图 2-2-3　切角长方体位置及参数

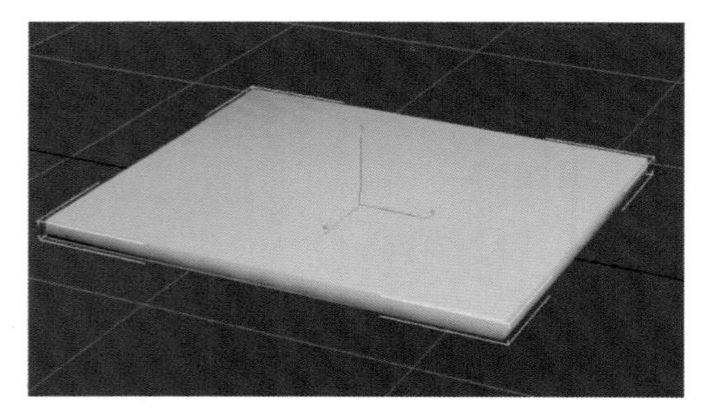

图 2-2-4　切角长方体

步骤 3：选中切角长方体，同时按住 Shift 键，复制出一个一模一样的切角长方体，作为床头柜的上下两块板，如图 2-2-5 所示。

小提示： 快捷键能便捷地对模型进行复制与修改。

步骤 4：复制且旋转 90°，作出两个切角长方体作为床头柜的左右两块板，将长度参数设置为 380 mm，如图 2-2-6 和图 2-2-7 所示。

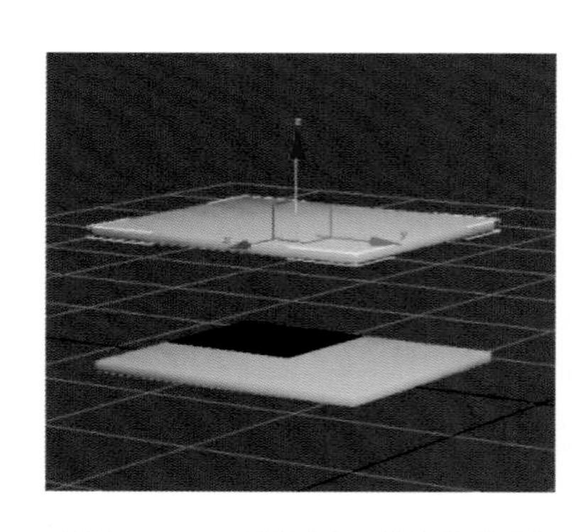

图 2-2-5　两块切角长方体位置

图 2-2-6　位置参考

图 2-2-7　参数参考

步骤 5：创建一个切角圆柱体，半径为 30 mm，高度为 100 mm，圆角为 2 mm。鼠标右键单击切角圆柱体，将它转换为可编辑多边形，选择下面的一圈点，按 R 键进行等比例缩放，如图 2-2-8～图 2-2-11 所示。

小提示： 编辑多边形可以对模型进行更精细地修改。

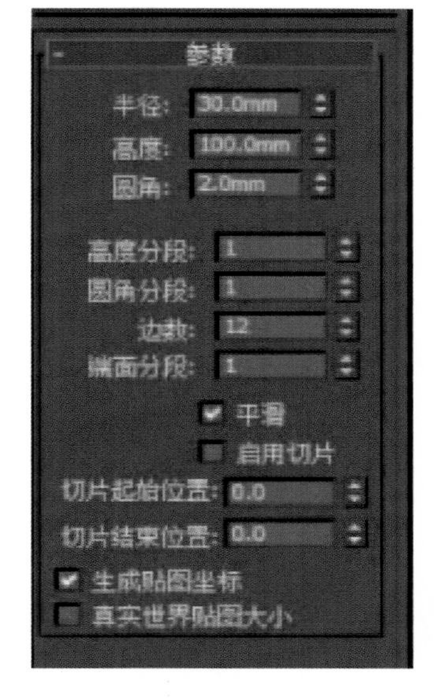

图 2-2-8　参数参考

图 2-2-9　进行等比例缩放 1

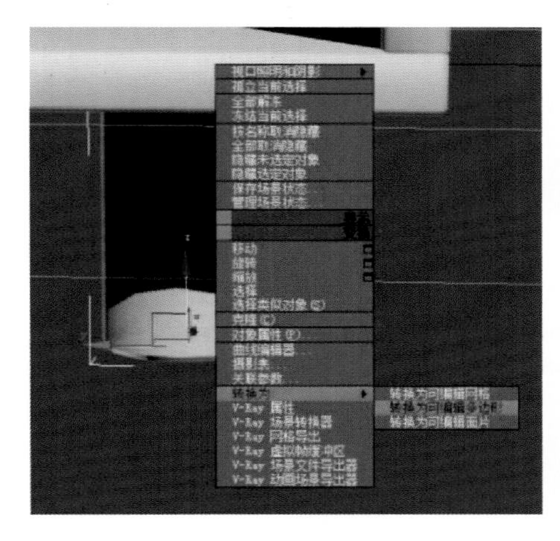

图 2-2-10　进行等比例缩放 2

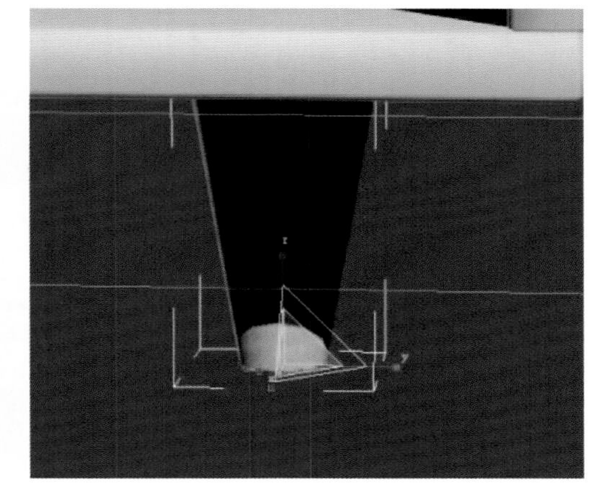

图 2-2-11　进行等比例缩放 3

步骤 6：按 T 键进入顶视图，选中做好的切角圆柱体，按住 Shift 键进行复制，对齐移动至柜脚的位置，统一指定为白色，如图 2-2-12 和图 2-2-13 所示。

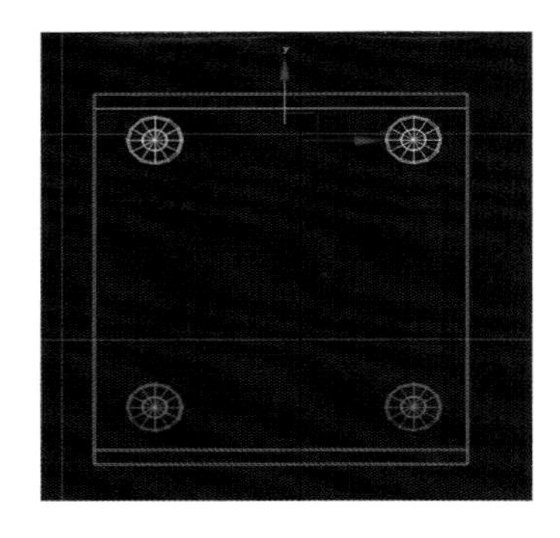

图 2-2-12 复制柜脚 图 2-2-13 统一指定为白色

步骤 7：选中柜子的底板进行复制。将参数长度改为 420 mm，宽度改为 185 mm，选择并移动作为柜子的下方抽屉，旋转 Y 轴为 95°，最后进行复制移动作为上方的抽屉即可，如图 2-2-14~图 2-2-16 所示。

小提示： 对相似的图形进行复制修改是十分便捷的方式。

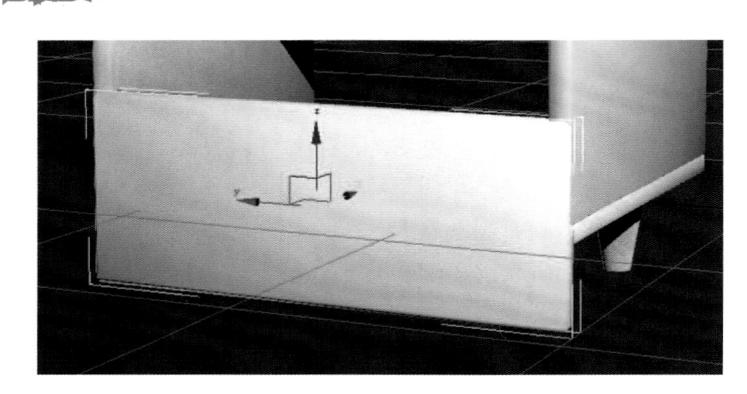

图 2-2-14 旋转

图 2-2-15 调整参数

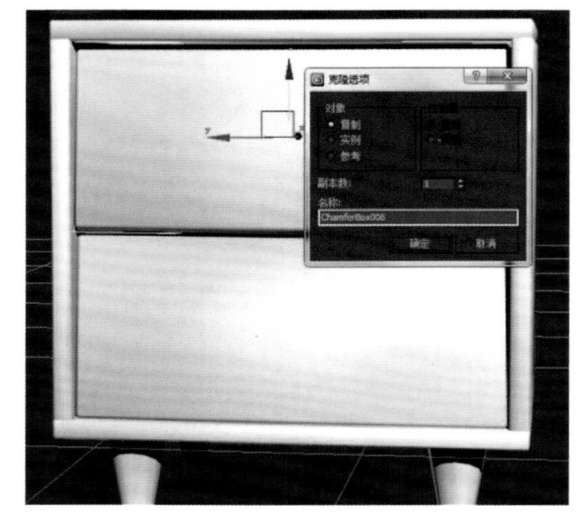

图 2-2-16 复制上移

任务二　颜色和贴图的表现

步骤 1：按 M 键打开“材质编辑器”对话框，单击指定的材质球漫反射右边的按钮，弹出“材质 / 贴图浏览器”，将拉杆条拖动至下面选择位图进行贴图，选择贴图文件中的一张木纹图片即可，如图 2-2-17 和图 2-2-18 所示。

小提示： 运用位图进行贴图其选择更加多元化。

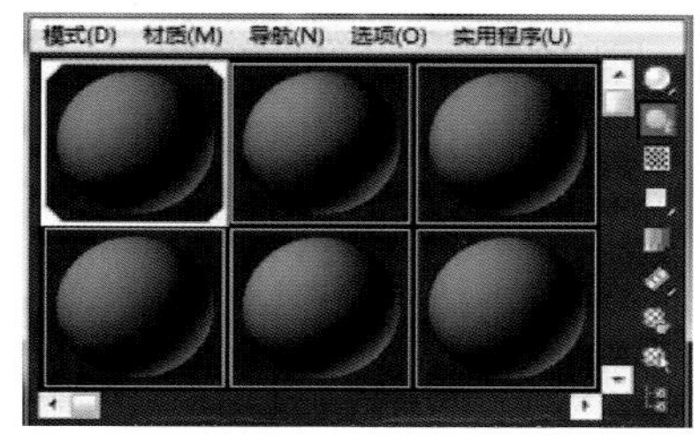

图 2-2-17　选择材质球

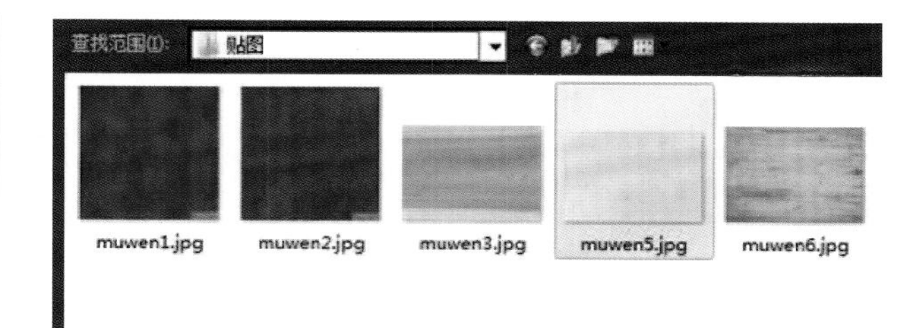

图 2-2-18　选择位图

步骤 2：将贴好图的材质球指定给床头柜，在修改器列表中找到“UVW 贴图”命令，将贴图参数设置为长方体的方式，如图 2-2-19 和图 2-2-20 所示。

小提示： 贴图可以对已贴的图进行修改。

图 2-2-19　调整 UVW 贴图

图 2-2-20　效果图

课后训练： 运用扩展基本体和修改命令制作一个衣柜。

项目三 制作单人沙发

项目描述

该项目是通过生活中常见的沙发案例进行制作，在室内环境中，家具是室内设计的重要组成要素，本案例通过沙发的制作任务和步骤，让学生灵活掌握简单家具的制作规范。

本案例对照职业岗位要求，强化学生的技能培养，坚持以职业岗位群体为本，注重一能多用。

所要创建的沙发样式如图 2-3-1 所示。

单人沙发：820 mm ×870 mm ×810 mm

图 2-3-1 沙发样式

任务一 三维模型创建

步骤 1: 修改单位设置，将单位设置为毫米。执行“自定义”→“单位设置”命令，选择“公制”单选按钮，将“米”改为“毫米”，如图 2-2-2 所示。

步骤 2: 在透视图，创建扩展基本体中的切角长方体来进行制作，设置沙发垫的长度为 820 mm，宽度为 810 mm，高度为 200 mm，圆角为 20 mm，按住 Shift 键，复制一个放到上方，如图 2-3-2～图 2-3-5 所示。

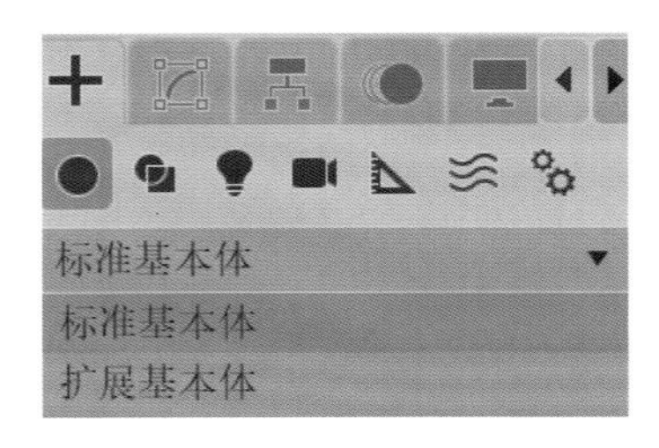

图 2-3-2 选择扩展图形

图 2-3-3 放置切角长方体

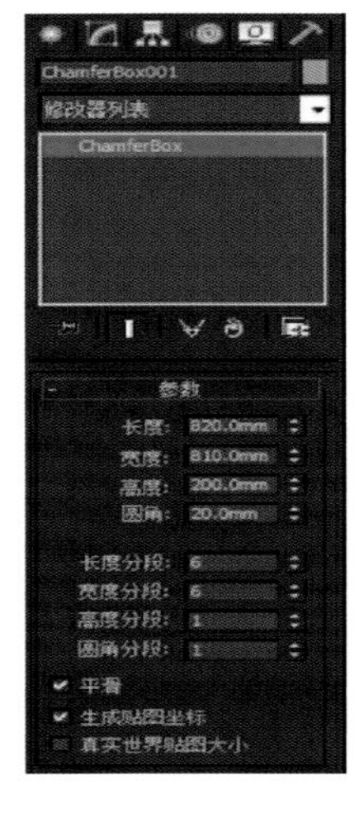

图 2-3-4 参数参考

图 2-3-5 复制叠加

步骤 3： 选中切角长方体，同时按住 Shift 键，复制一个切角长方体，修改高度参数为 100 mm，圆角为 50 mm。再相应复制两个切角长方体摆放好位置，如图 2-3-6～图 2-3-8 所示。

小提示： 对相似的图形进行复制修改是十分便捷的方式。

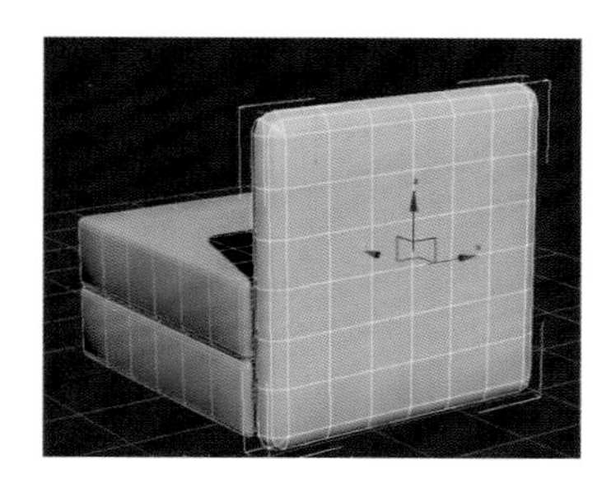

图 2-3-6　**复制切角长方体**

图 2-3-7　参数参考

图 2-3-8　**沙发模型**

步骤 4： 创建一个切角圆柱体，半径为 50 mm，高度为 140 mm，圆角为 4 mm。鼠标右键单击切角圆柱体，将它转换为可编辑多边形，选择下面的一圈点，按 R 键进行等比例缩放，并复制三个作为沙发脚，如图 2-3-9～图 2-3-13 所示。

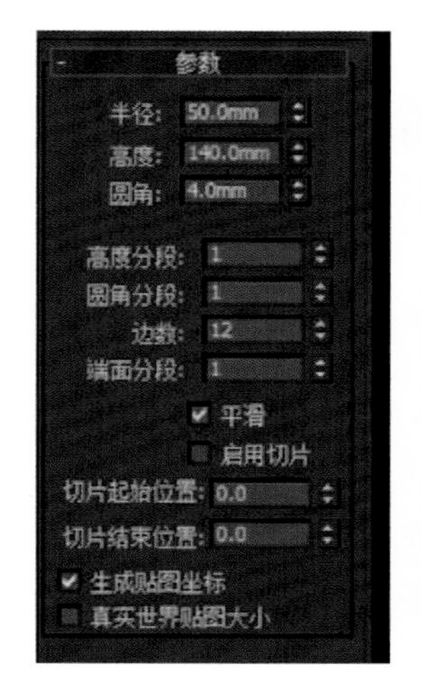

图 2-3-9　**参数参考**

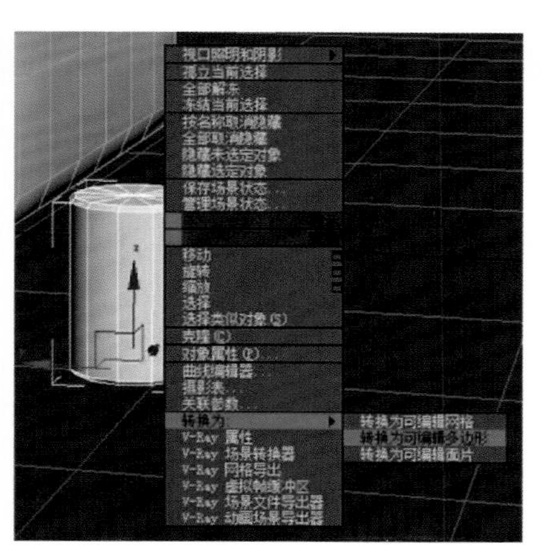

图 2-3-10　**转换为可编辑多边形**

图 2-3-11　**选择顶点**

图 2-3-12 缩小一端

图 2-3-13 复制沙发脚

步骤 5：在透视图中，创建标准基本体中的长方体来进行制作，设置沙发垫的长度为 820 mm，宽度为 810 mm，高度为 10 mm，长度和宽度分段为 20，高度分段为 3，如图 2-3-14 所示。

小提示： 透视视角能够更好地观察物体。

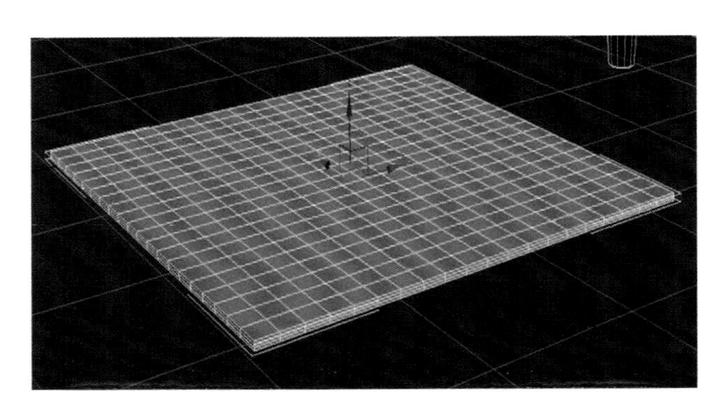

图 2-3-14 创建长方体

步骤 6：在修改器列表中选择“Cloth”选项，单击“对象属性”按钮，弹出“对象属性”对话框，修改压力和阻尼都为 50 即可，如图 2-3-15 和图 2-3-16 所示。

小提示： 熟练运用修改器能够更多元化地对模型进行修改。

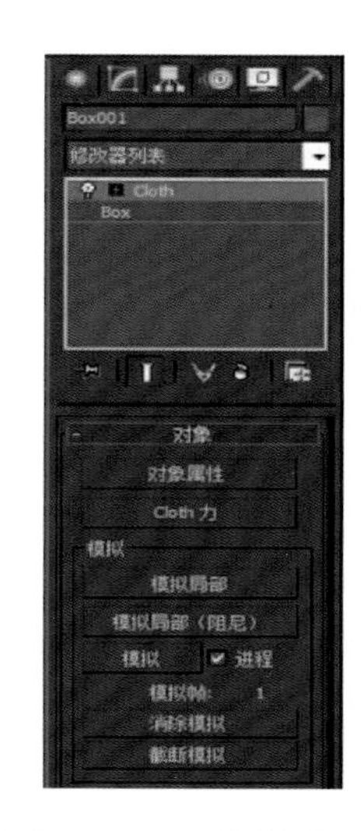

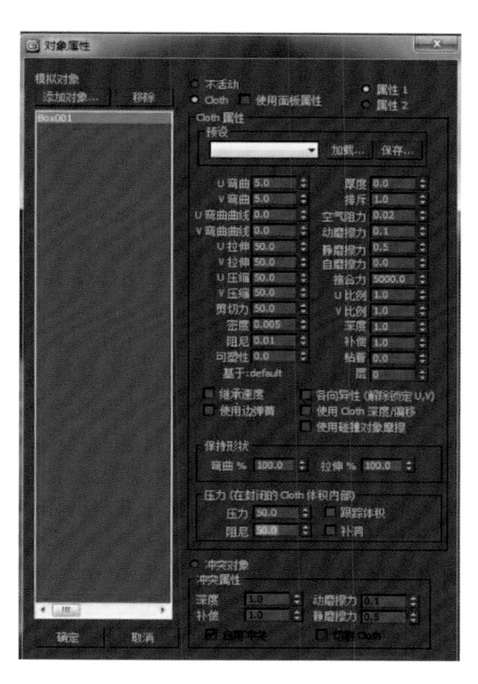

图 2-3-15　选择 Cloth　　　　图 2-3-16　调整参数

步骤 7：在 Cloth 下方单击“模拟”按钮，拖动时间轴选择合适的抱枕形态即可，如图 2-3-17 和图 2-3-18 所示。

小提示：拖动时间轴能够跳过变形的过程。

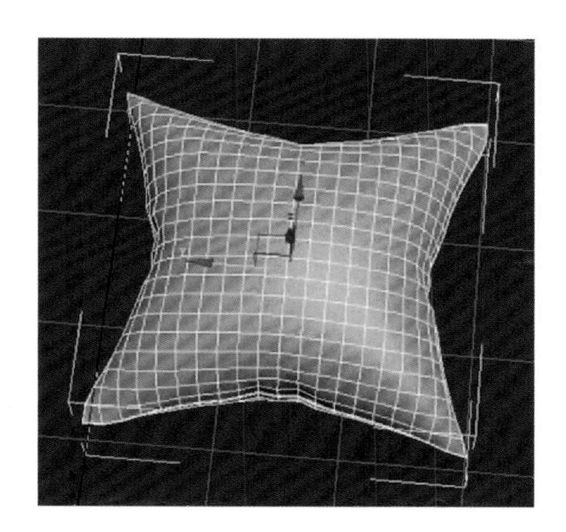

图 2-3-17　选择模拟　　　　图 2-3-18　模拟结束

步骤 8：在“修改器列表”下拉列表中选择“FFD 3×3×3”选项，选择控制点进行调整抱枕的形状，并移动和旋转放置在沙发上，如图 2-3-19 和图 2-3-20 所示。

小提示：FFD 3×3×3 能对物体进行变形。

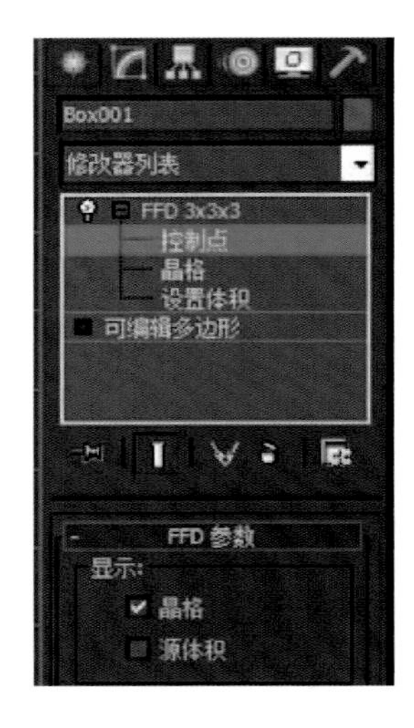

图 2-3-19 选择“FFD 3×3×3”选项

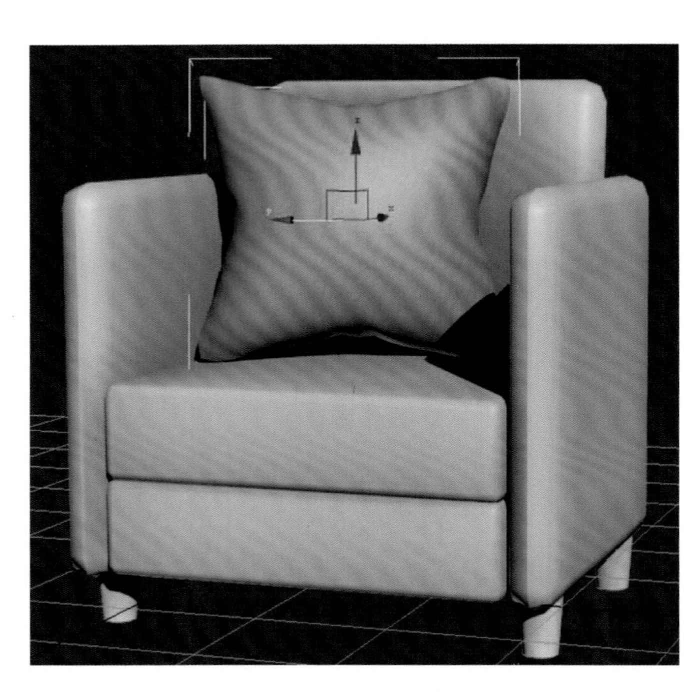

图 2-3-20 位置参考

任务二 颜色和贴图的表现

步骤 1：按 M 键打开“材质编辑器”，单击指定的材质球漫反射右边的按钮，弹出“材质 / 贴图浏览器”对话框，将拉杆条拖动至下面选择位图进行贴图，选择贴图文件中的一张布纹图片即可，如图 2-3-21 和图 2-3-22 所示。

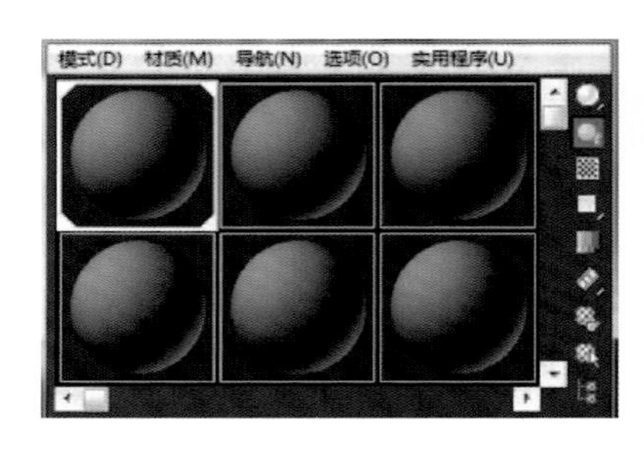

图 2-3-21 选择材质球

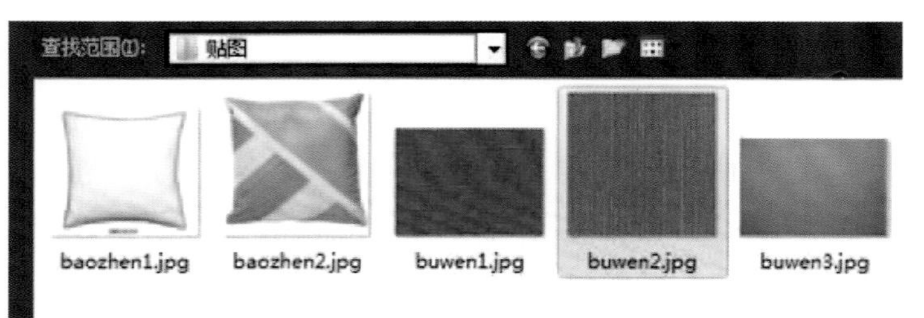

图 2-3-22 选择布纹图片

步骤 2：将贴好图的材质球指定给沙发，同样的操作步骤将木纹贴图指定给沙发脚，在修改器列表中找到 UVW 贴图命令，将贴图参数设置为长方体的方式，将材质球指定给抱枕时，在位图参数下方单击应用裁剪，查看图像，将贴图裁剪合理，即可完成沙发的颜色和贴图的表现，如图 2-3-23 ~ 图 2-3-26 所示。

小提示： 对于抱枕类的模型，裁剪贴图是个不错的选择。

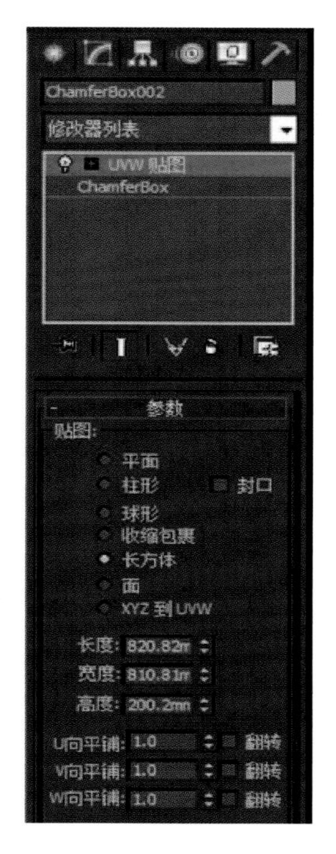

图 2-3-23　设置贴图

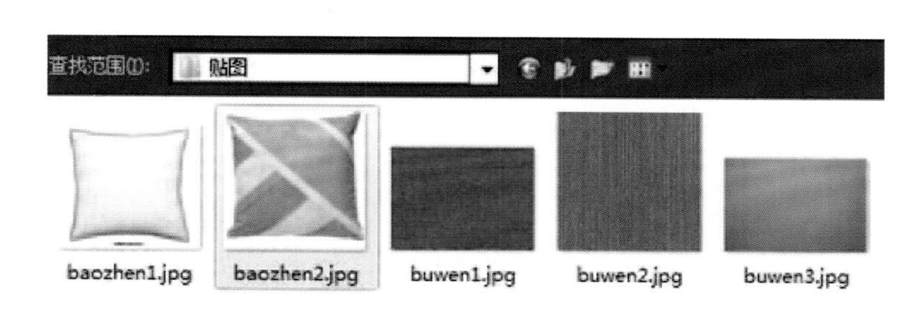

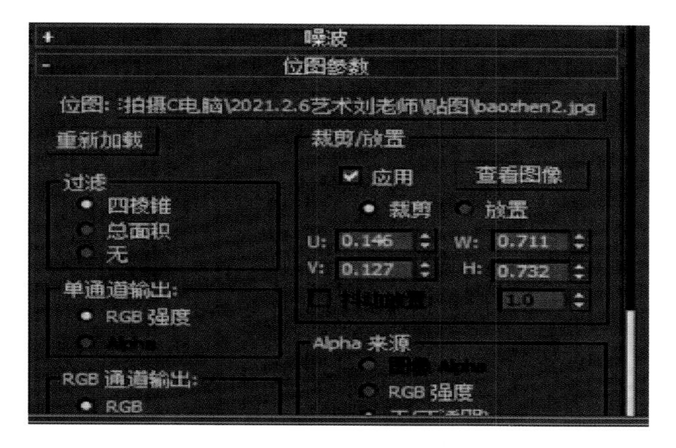

图 2-3-24　选择图片

图 2-3-25　进行裁剪

图 2-3-26　效果图

课后训练：运用本模块所学的知识制作一间卧室。

MODULE THREE

模块三 二维图形建模

知识目标

理解可编辑样条线命令的使用方法。

技能目标

1. 能够掌握创建各种二维图形的命令和参数；
2. 能够熟练应用挤出、倒角、车削等命令生成三维物体。

素质目标

1. 养成严谨认真的学习态度；
2. 培养学生的自控能力及自制力。

二维图形包括线、矩形、圆形和一些多边形及文本等。使用 3ds Max 制作一些复杂的或者不规则的模型的时候，我们经常会想到用二维图形创建几何体的横截面，然后通过添加三维修改器的方式进行制作。本模块介绍二维图形的创建方法、编辑方法及利用二维图形修改器转换为三维模型的方法。

本模块的载体来自一些生活中常见的模型，如场景、道具设备、产品等，从而使课程载体由抽象的概念转变为具体任务，并且融理论、实践于一体，融技能、态度和情感于一体。

项目一 相框创建

项目描述

珍贵的笑容、美轮美奂的夕阳景色、有趣的失败经历……这些被捕捉到的美好瞬间都可以通过相框展示出来，让你沉浸于珍贵难忘的回忆之中。本案例通过相框的制作任务和步骤，让学生灵活掌握二维图像的创建与挤出命令的使用规范。

本案例对照职业岗位要求，强化学生的技能培养，坚持以职业岗位群体为本，注重一能多用。

挤出建模是对二维图形增加厚度或高度，挤出成三维物体。这是一种常用的建模方法，可以进行面片、网格对象、NURBS 对象等几种类型的输出；可以在修改器列表下拉菜单中执行“挤出”命令。

“挤出”命令参数如下：

“数量”用来设置挤出的厚度或高度。

“分段”用来设置挤出高度上的片段划分数。

“封口”用来设置挤出对象两端的有无。“封口始端”在顶端加面封盖对象；“封口末端”在底端加面封盖对象；“变形”用于变形动画的制作，保证点面数恒定不变；“栅格”对边界线进行重新排列处理，以最精简的点面数来获取优秀的造型。

“面片”将挤出对象输出为面片模型，可以使用“面片编辑”修改命令。

“网格”将挤出对象输出为网格模型，可以使用“网格编辑”修改命令。

“NURBS”将挤出对象输出为 NURBS 模型。

“生成材质 ID”对顶盖指定 ID 为“1”，对底盖指定 ID 为“2”，对侧盖指定 ID 为“3”。

所要创建的相册及最终样式如图 3-1-1 和图 3-1-2 所示。

图 3-1-1 相册模型

图 3-1-2 相册最终效果

下面以“挤出”建模实例——相框创建为例，进行具体讲解。

任务一 二维图形创建

步骤 1： 修改单位设置，将单位设置为毫米。执行“自定义”→“单位设置”命令，在弹出的对话框中选择“公制”单选按钮，将“米”改为“毫米”，如图 2-2-2 所示。

步骤 2： 单击“图形”创建面板“样条线”分类下的“矩形”按钮，在前视图中按住鼠标左键不放，创建一个矩形，如图 3-1-3 所示，参数设置如图 3-1-4 所示。

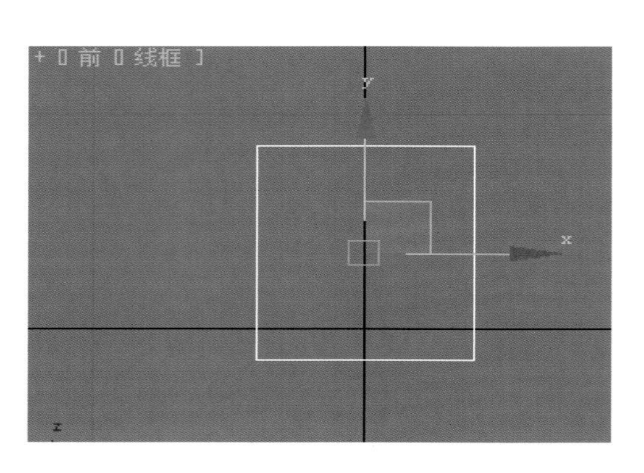

图 3-1-3 矩形图形

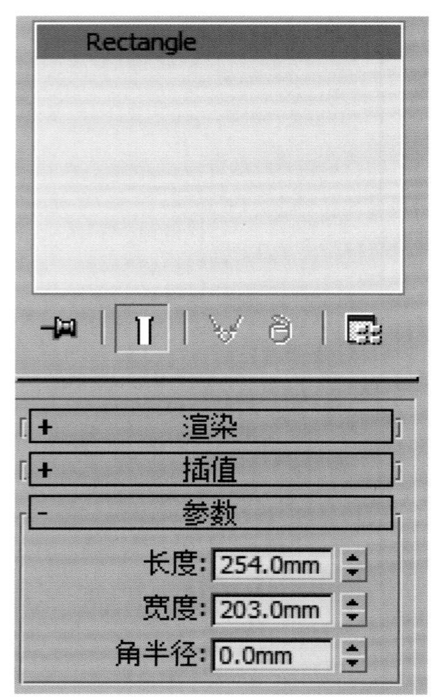

图 3-1-4 矩形参数

步骤 3：展开“渲染”卷展栏，分别勾选“在渲染中启用”“在视口中启用”复选框，同时选择“矩形”单选按钮，调整长度和宽度的数值，如图 3-1-5 和图 3-1-6 所示。

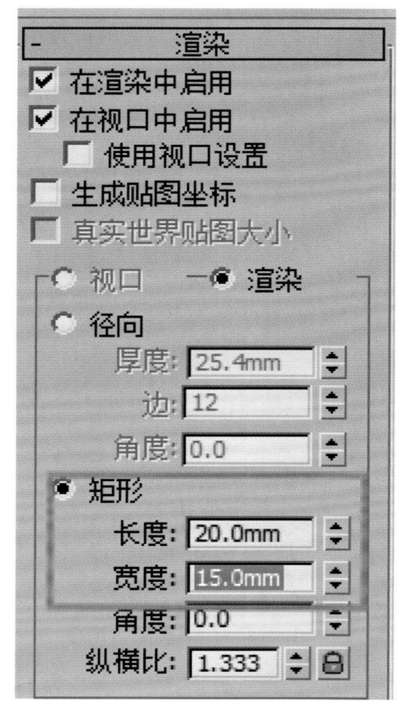

图 3-1-5 矩形参数

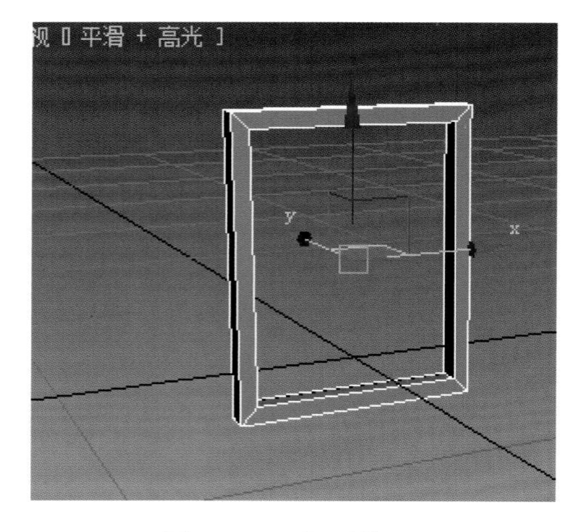

图 3-1-6 矩形效果

步骤 4：单击“创建”面板下的“几何体”中的“平面”按钮，如图 3-1-7 所示；在前视图中创建一个平面，参数设置如图 3-1-8 所示。

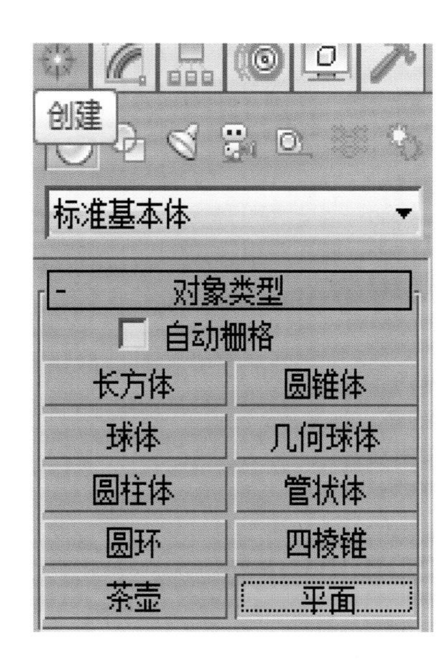

图 3-1-7　创建面板

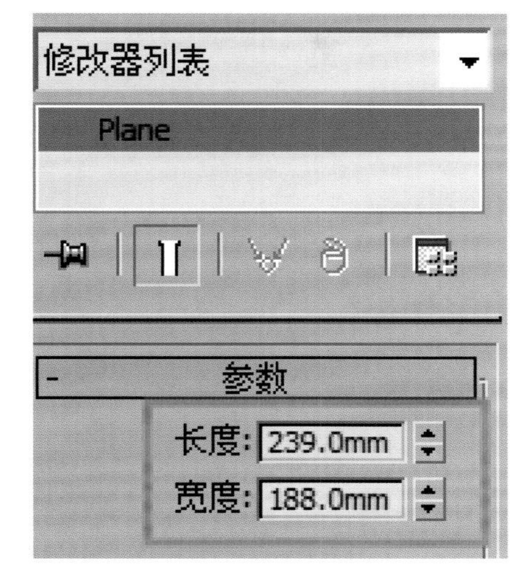

图 3-1-8　平面参数

步骤 5：对两个模型做对齐处理。选择平面模型，单击常用工具栏面板中的“对齐”按钮，如图 3-1-9 所示。再单击画面中的相框模型，会弹出“对齐当前选择”对话框，勾选“X 位置”“Y 位置”“Z 位置”复选框，单击“确定”按钮，如图 3-1-10 所示。

图 3-1-9　对齐工具

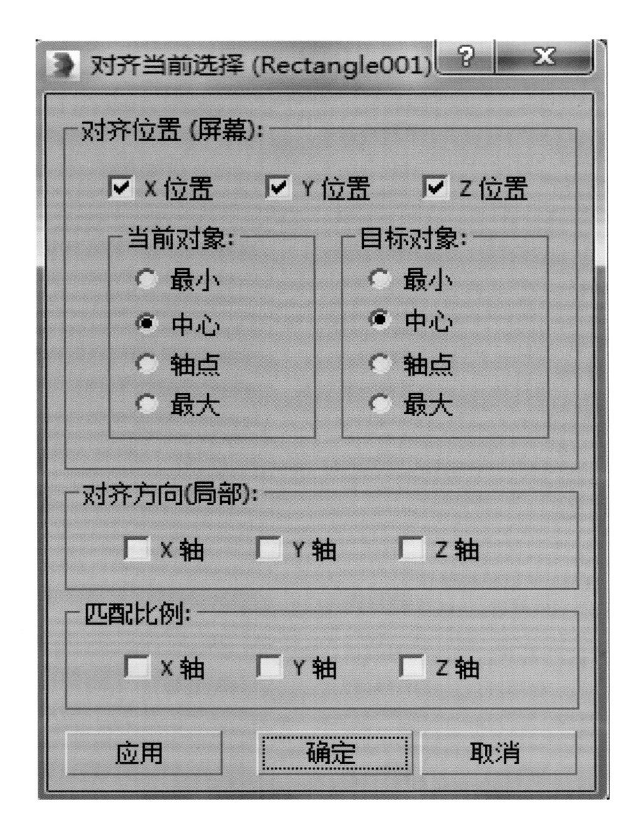

图 3-1-10　对齐面板

任务二　相框与照片颜色和贴图的表现

步骤 1：相框的颜色。单击常用工具条中的“材质编辑器”按钮，如图 3-1-11 所示；弹出“材质编辑器”对话框，选择相框模型，单击“材质编辑器”中的“将材质指定给选定对象”按钮，如图 3-1-12 所示。

图 3-1-11　“材质编辑器”按钮

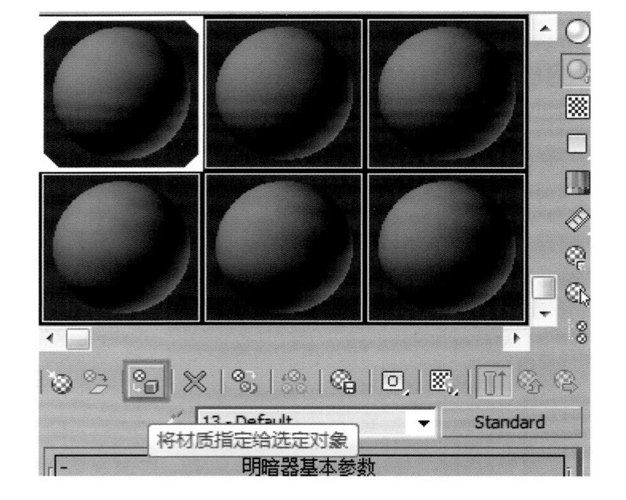

图 3-1-12　“将材质指定给选定对象”按钮

步骤 2：单击“Blinn 基本参数”下的“漫反射”按钮，修改漫反射颜色，RGB 参数为 15、220、220，如图 3-1-13 所示。

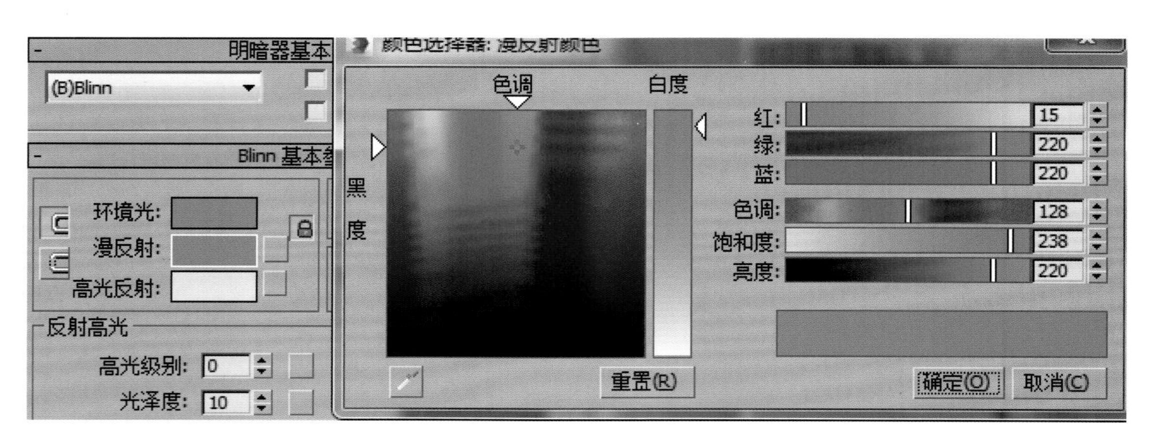

图 3-1-13　漫反射的 RGB

步骤 3：相片的贴图。选择平面模型，在“材质编辑器”中单击新的材质球，如图 3-1-14 所示；单击“材质编辑器”中的“将材质指定给选定对象”按钮。单击“漫反射”后面的按钮，在弹出的对话框中选择“位图”选项。选择一张图片，如图 3-1-15 所示。

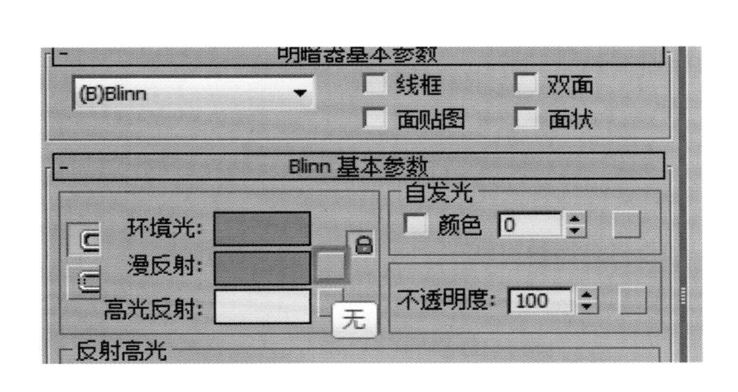

图 3-1-14　材质编辑器

图 3-1-15　相片效果

步骤 4： 渲染出图。选择透视图，按快捷键 F9，渲染最终效果如图 3-1-16 所示。

图 3-1-16　最终效果

项目二 凳子创建

项目描述

在坐具当中，家具凳子、马扎是最早出现的。本案例通过二维图形的创建与修改、挤出命令的添加来制作凳子的模型，让学生灵活掌握简单家具的制作规范。

本案例对照职业岗位要求，强化学生的技能培养，坚持以职业岗位群体为本，注重一能多用。

所要创建的凳子及最终样式如图 3-2-1 和图 3-2-2 所示。

图 3-2-1 透视图效果

图 3-2-2 渲染最终效果

任务一 二维图形的创建、挤出命令

步骤 1: 修改单位设置，将单位设置为毫米。执行“自定义”→“单位设置”命令，选择“公制”单选按钮，将“米”改为“毫米”，如图 2-2-2 所示。

步骤 2: 单击“图形”创建面板“样条线”分类下的“矩形”按钮，在顶视图中按住鼠标左键不放，创建出一个矩形，参数设置如图 3-2-3 所示，顶视图中的效果如图 3-2-4 所示。

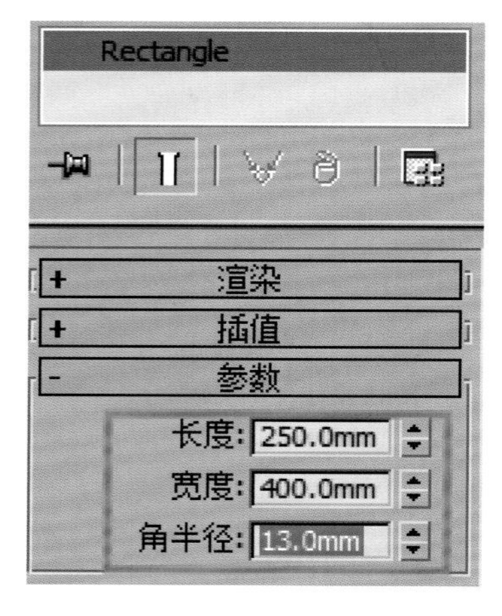

图 3-2-3 矩形参数

图 3-2-4 矩形效果

步骤3：在“修改”面板中添加“挤出”修改器，如图3-2-5所示。此时透视图中的效果如图3-2-6所示。

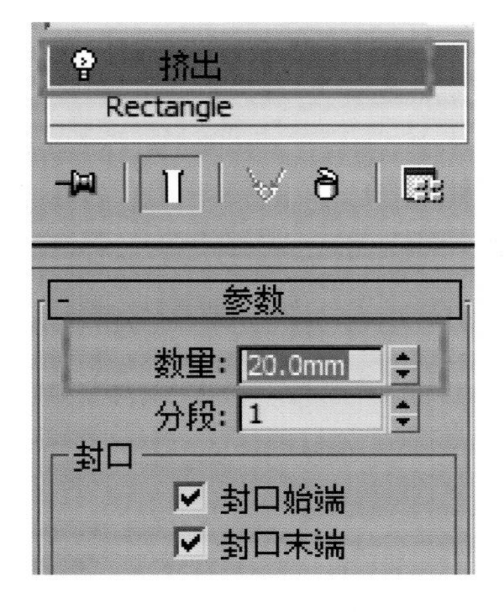

图 3-2-5　挤出参数

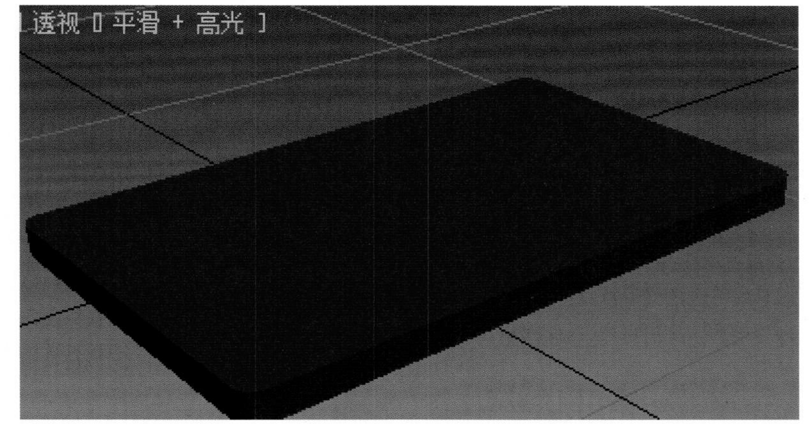

图 3-2-6　挤出效果

步骤4：按住Shift键的同时，在前视图中使用“选择并移动”工具，沿 Y 轴复制出一份，在右边的修改面板中删除“挤出”修改器，如图3-2-7所示。在模型上单击鼠标右键，将矩形“转换为可编辑样条线”，如图3-2-8所示。

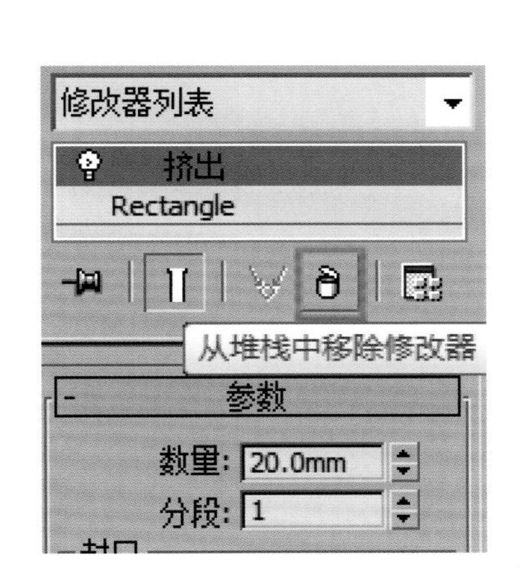

图 3-2-7　从堆栈中移除任务修改器

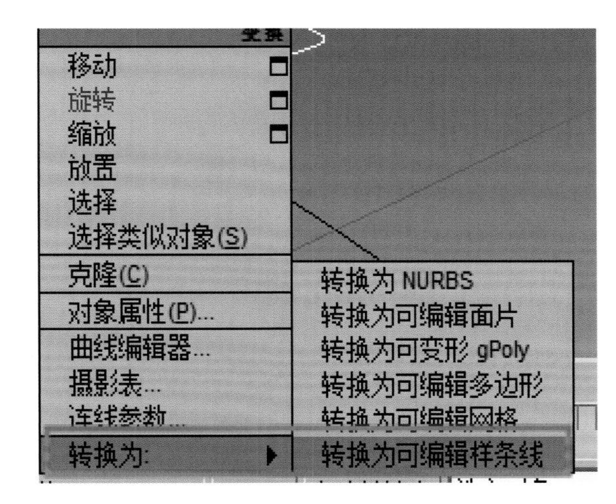

图 3-2-8　转换面板

步骤5：点开可编辑样条线前面的“+”号，选择“样条线”，修改轮廓后面的数值为-2，如图3-2-9所示；再添加挤出修改器，如图3-2-10所示。

步骤6：对两个模型做对齐处理。执行常用工具栏面板中的“对齐”命令，再单击画面中的凳子面模型，会弹出“对齐当前选择”对话框，勾选“X位置”“Y位置”“Z位置”复选框。单击“确定”按钮，对齐后的效果如图3-2-11所示。

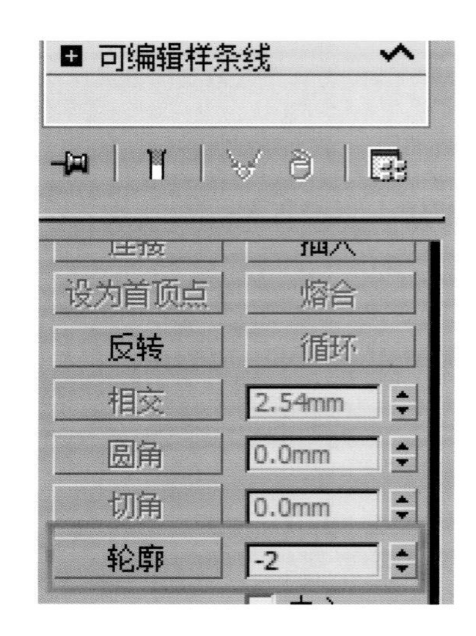

图 3-2-9 轮廓参数

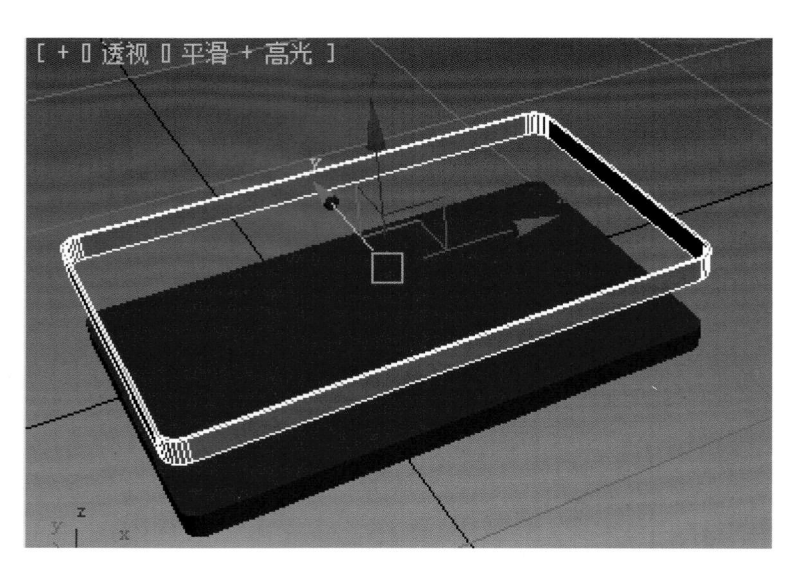

图 3-2-10 轮廓效果

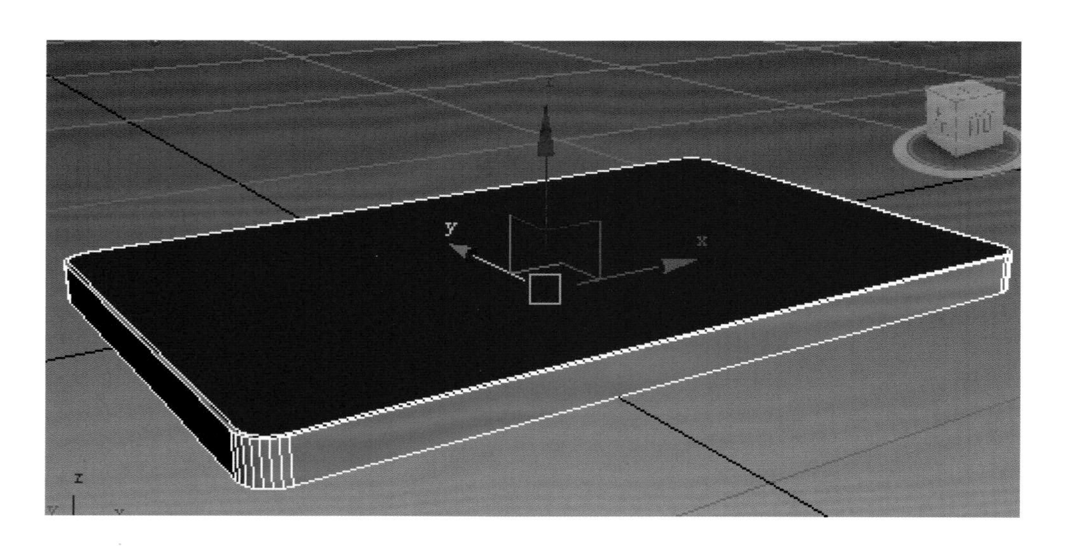

图 3-2-11 对齐后的效果

任务二　凳子腿的创建

步骤 1：在前视图中创建一个矩形，长度和宽度分别为 400 mm、300 mm，如图 3-2-12 所示。前视图效果如图 3-2-13 所示。

图 3-2-12　矩形参数

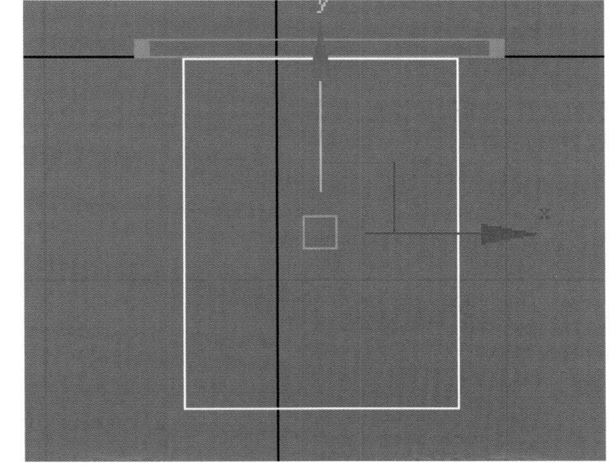

图 3-2-13　前视图效果

步骤 2：单击鼠标右键，将矩形转换为“可编辑样条线”。在“修改”面板的修改器中展开“编辑样条线”，并选择“线段”，删除矩形底部的线段，如图 3-2-14 所示。再选择顶点，修改底部顶点的位置，如图 3-2-15 所示。

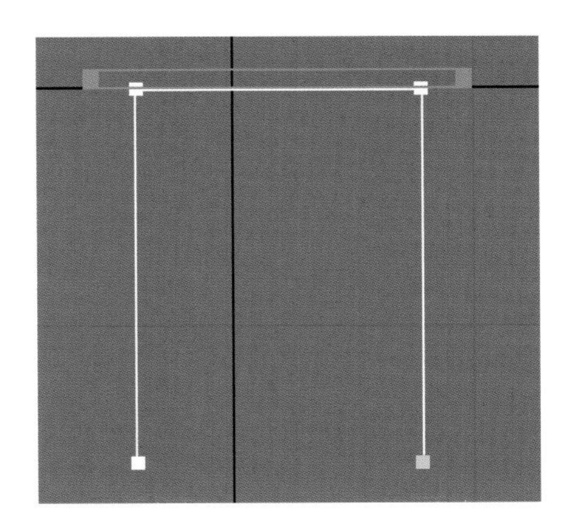

图 3-2-14　编辑样条线 1

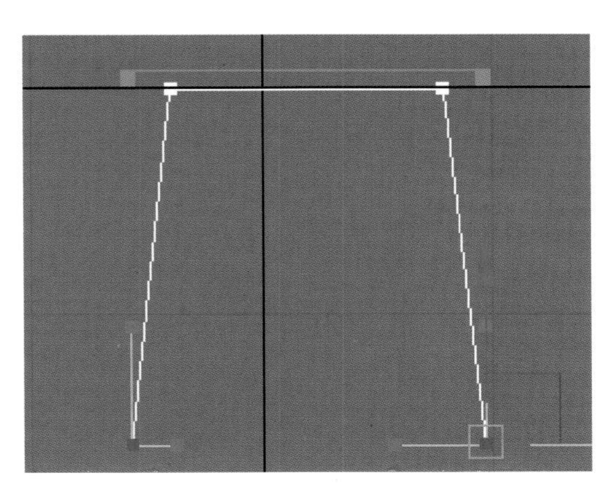

图 3-2-15　编辑样条线 2

步骤 3：选择矩形上面的两个顶点，在修改面板的“圆角”命令后面输入“30”，如图 3-2-16 所示。效果如图 3-2-17 所示。

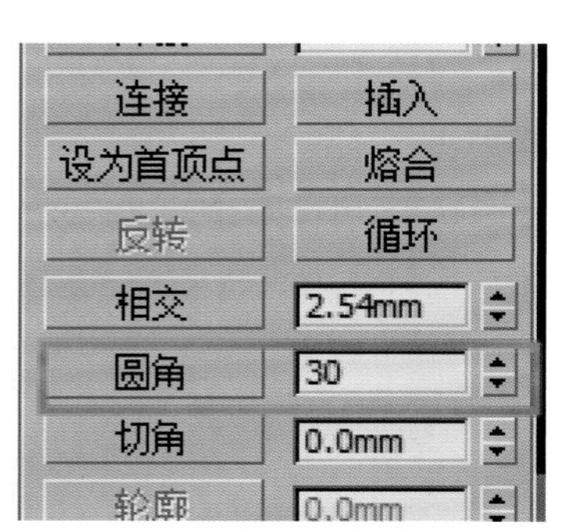

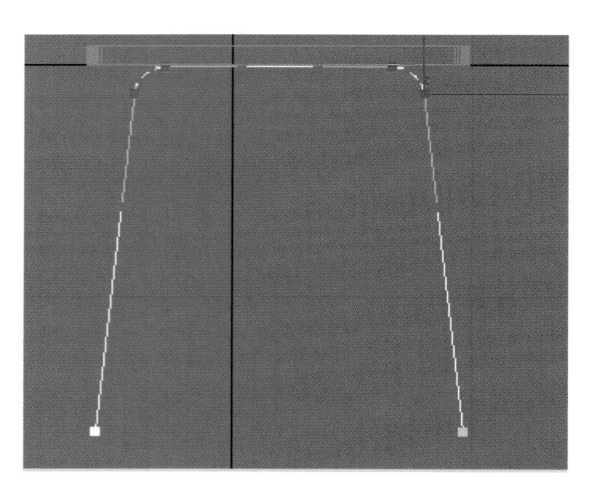

图 3-2-16 圆角参数

图 3-2-17 圆角效果

步骤 4：展开“渲染”卷展栏，分别勾选“在渲染中启用”“在视口中启用”复选框，同时选择“矩形”单选按钮，调整长度和宽度的数值参数，如图 3-2-18 所示。效果如图 3-2-19 所示。

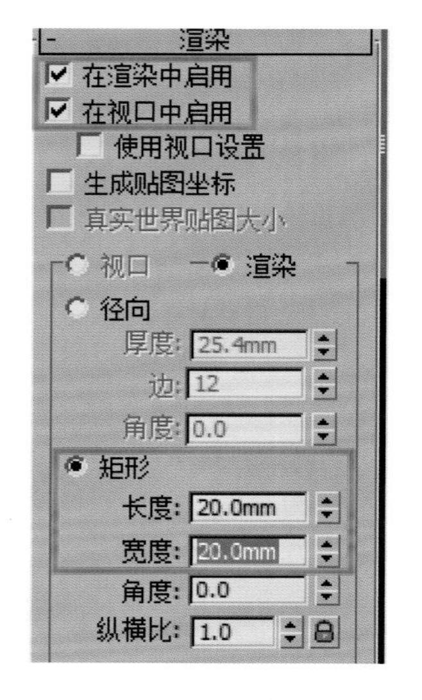

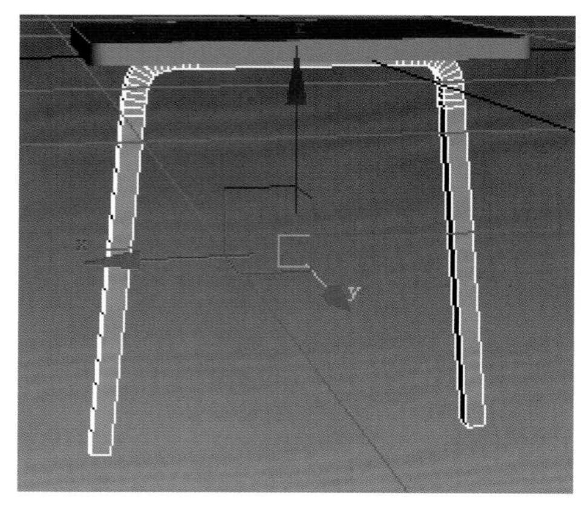

图 3-2-18 矩形参数设置

图 3-2-19 效果

步骤 5：制作凳子腿的皮套。在顶视图中创建一个矩形，长度和宽度分别为 20 mm、20 mm。在模型上单击鼠标右键，将矩形“转换为可编辑样条线”。点开可编辑样条线前面的“＋”号，选择“样条线”，修改轮廓后面的数值为 -0.5，如图 3-2-20 所示。再添加“挤出”修改器，数量为 20 mm，如图 3-2-21 所示。

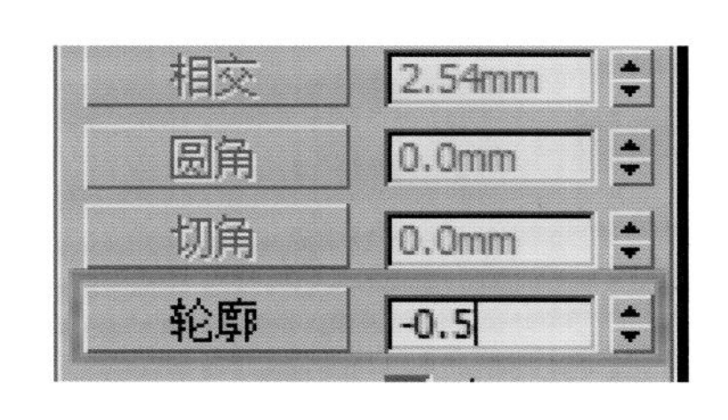

图 3-2-20　轮廓参数

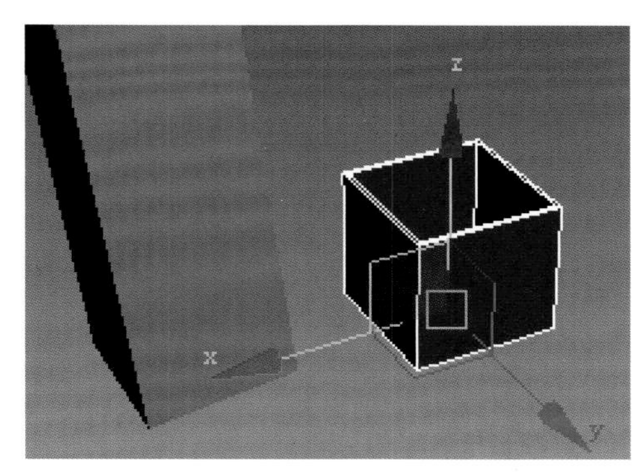

图 3-2-21　皮套效果

步骤 6：手动将皮套与凳子腿对齐。右边利用常用工具条中的“镜像”工具，如图 3-2-22 所示。镜像复制一个，再对齐到凳子腿上，如图 3-2-23 所示。

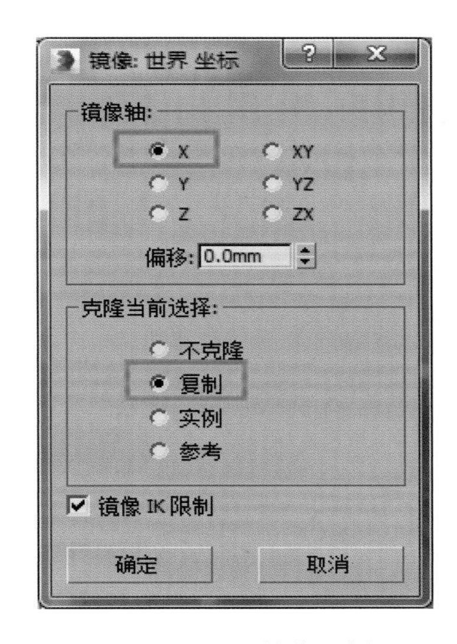

图 3-2-22　镜像面板 1

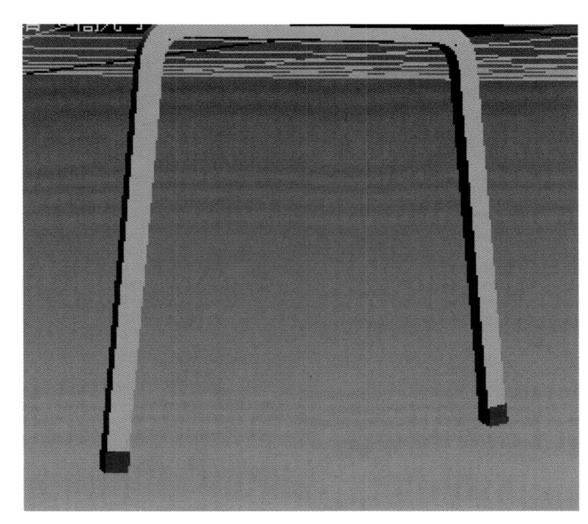

图 3-2-23　镜像效果 1

步骤 7：选择凳子腿与两个皮套，在左视图中微微倾斜 5°，如图 3-2-24 所示。旋转完成再镜像复制另一边参数，如图 3-2-25 所示。效果如图 3-2-26 所示。

步骤 8：制作横梁。在顶视图中制作长方体，长度、宽度、高度分别为 200 mm、20 mm、20 mm，如图 3-2-27 所示。对模型进行旋转，与凳子腿的方向一致，如图 3-2-28 所示。

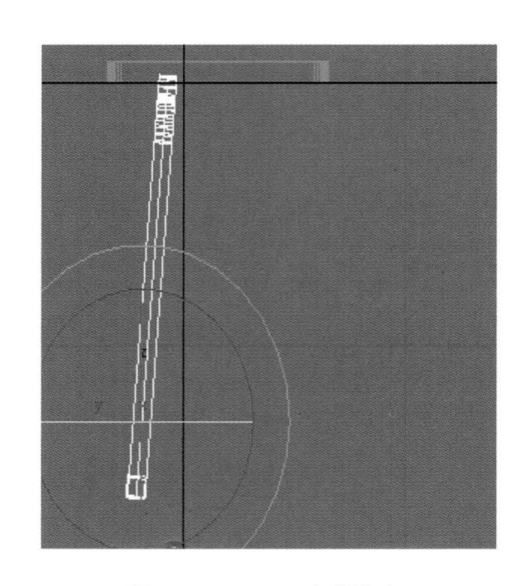

图 3-2-24 左视图

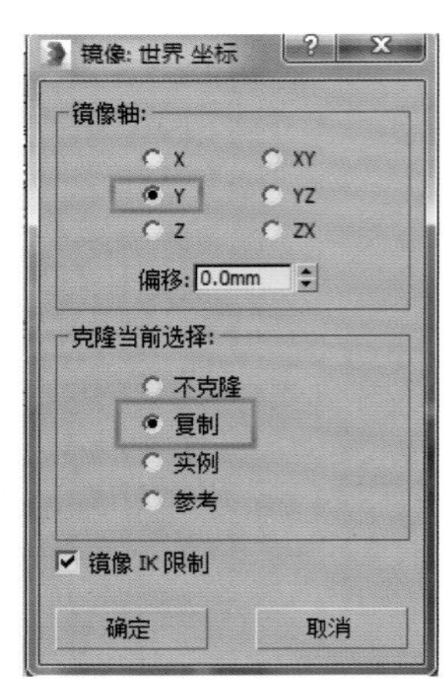

图 3-2-25 镜像面板 2

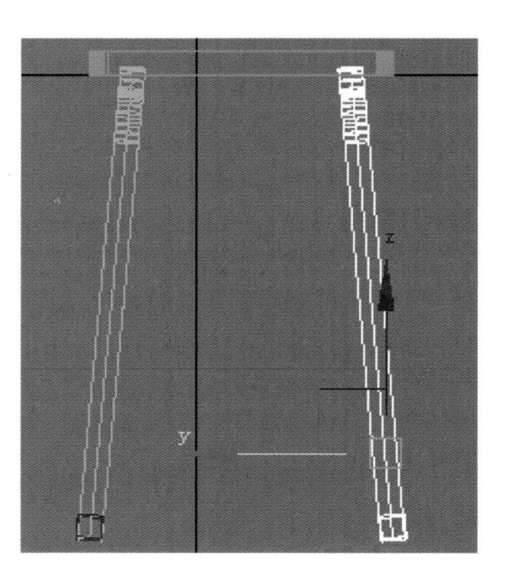

图 3-2-26 镜像效果 2

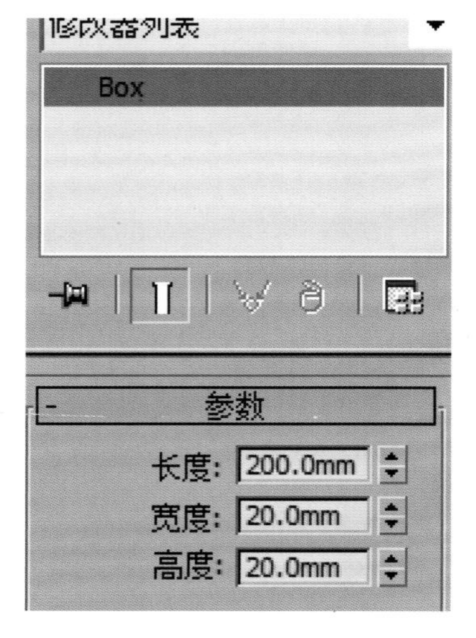

图 3-2-27 长方体参数

图 3-2-28 位置效果

任务三 凳子颜色和贴图的表现

步骤 1：凳子板与凳子腿的颜色。单击“材质编辑器”按钮，然后单击按钮指定一个材质球给选中的凳子板与凳子腿，然后找到漫反射，修改 RGB 颜色为 250、250、250，如图 3-2-29 所示。

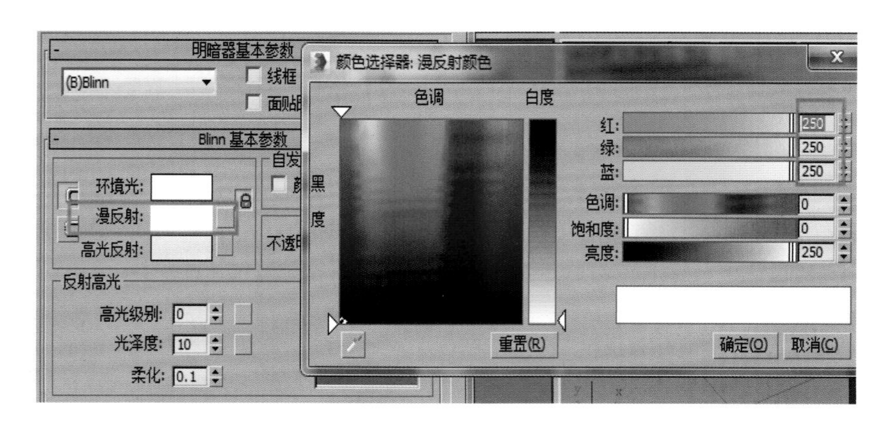

图 3-2-29 漫反射参数

步骤 2：凳子板皮套与凳子腿皮套的颜色。单击“材质编辑器”按钮，然后单击按钮指定一个材质球给选中的模型，然后找到漫反射，修改 RGB 颜色为 20、20、20，如图 3-2-30 所示。

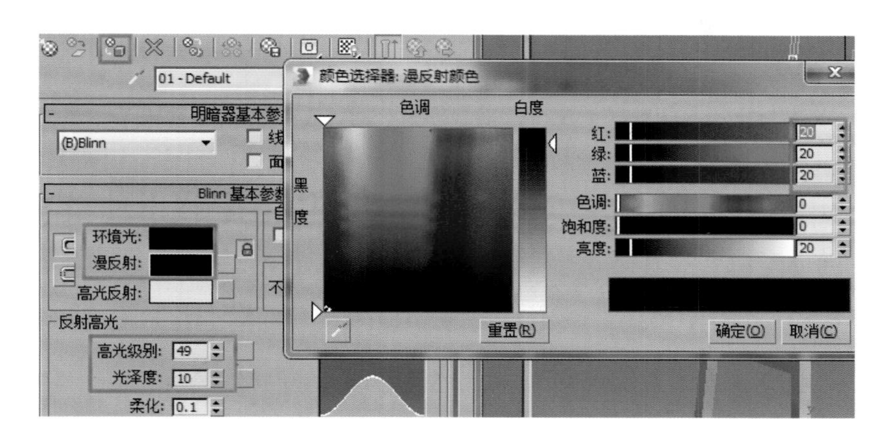

图 3-2-30　皮套参数

任务四　渲染出图

按快捷数字键“8”，修改视图背景颜色参数，如图 3-2-31 所示。选择透视图，按快捷键 F9，渲染最终效果如图 3-2-32 所示。

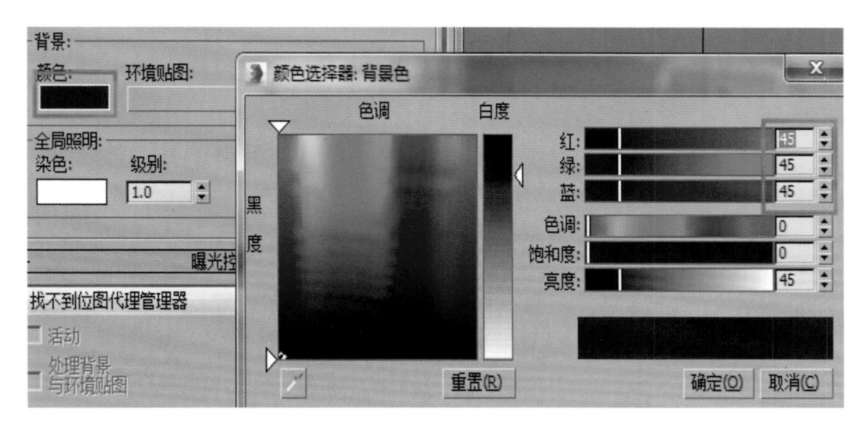

图 3-2-31　背景色 RGB

图 3-2-32　最终效果

项目三 金属文字创建

项目描述

三维文字是三维影视广告中常用元素之一。本案例通过二维图形的创建与修改、倒角命令的添加来制作金属文字的模型，让学生灵活掌握字体创建的要素与规范。

本案例对照职业岗位要求，强化学生的技能培养，坚持以职业岗位群体为本，注重一能多用。

“倒角”命令参数如下：

“封口”：对三维模型两端进行封口处理，如果两端都进行封口处理，则为实体封闭模型。

“封口类型”：设置顶盖表面的构成类型。“变形”命令不处理表面，以便进行变形操作；使用“栅格”命令可进行表面网格处理。

“曲面”：控制模型侧面的曲率、平滑度及指定贴图坐标。“线性侧面”设置倒角内部的片段划分为直线形式；“曲线侧面”设置倒角内部的片段划分为曲线形式；“分段”设置倒角内部的片段划分数；“级间平滑”对倒角进行平滑处理，但总保持顶盖不被平滑；“生成贴图坐标”打开系统默认的贴图坐标指定。

“相交”“避免线相交”：勾选此选项，可以防止尖锐折角产生的凸出变形。

“分离”：用来设置两个边界线间的距离，防止边界线的交叉。

“起始轮廓”：设置原始图形的外轮廓大小。

“级别 123”：分别表示 3 个级别的高度与轮廓大小。

所要创建的字体及最终样式，如图 3-3-1 和图 3-3-2 所示。

图 3-3-1 透视图效果

图 3-3-2 渲染最终效果

下面以倒角建模实例—— 文字的创建为例，进行具体步骤介绍。

任务一 文字的创建与倒角命令

步骤 1：单击“图形”创建面板下的“文本”按钮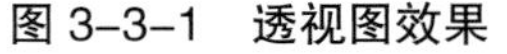，如图 3-3-3 所示。在前视图中单击鼠标左键，创建出默认的文字，在修改面板 文字框中输入“3DSmax”，并修改文字的字体样式、字体大小，如图 3-3-4 所示。

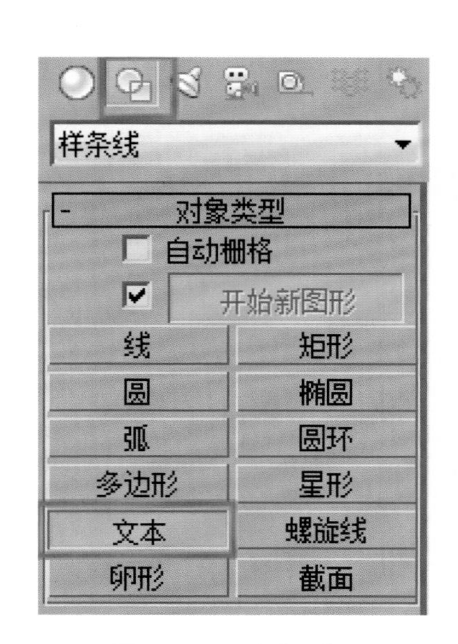

图 3-3-3　文本面板

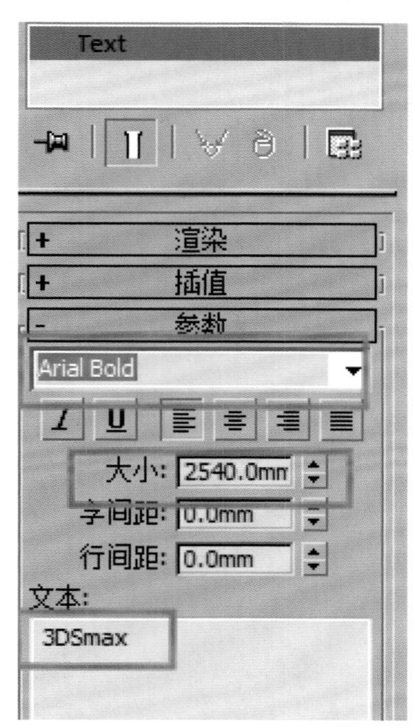

图 3-3-4　字体面板

步骤 2：在修改面板中添加“倒角”修改器，如图 3-3-5 所示。修改倒角参数，如图 3-3-6 所示。

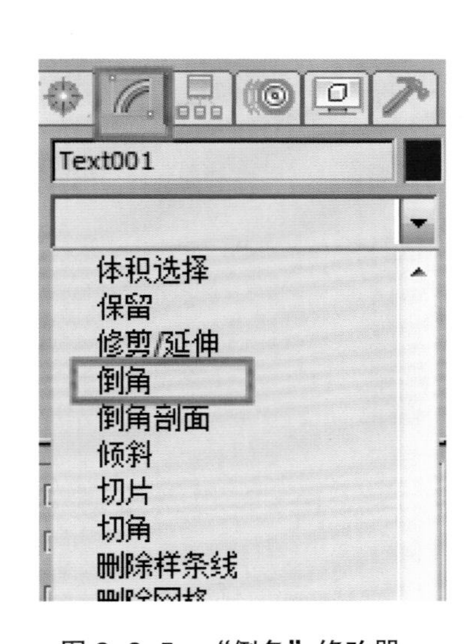

图 3-3-5　“倒角”修改器

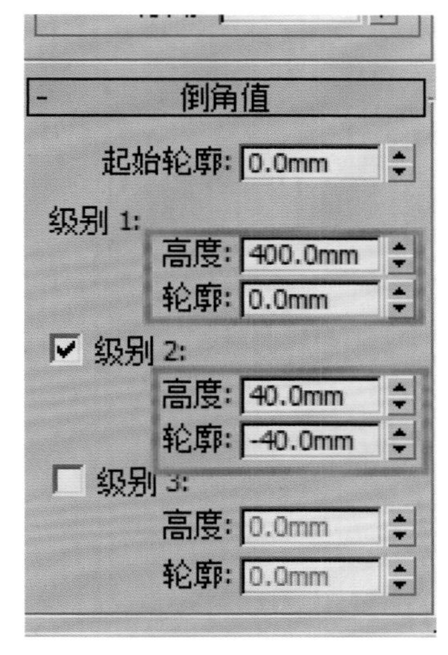

图 3-3-6　“倒角”修改器参数

步骤 3：修改完成参数效果如图 3-3-7 所示。

图 3-3-7　透视图效果

任务二　为文字添加金属材质

步骤 1：单击“材质编辑器”按钮 中任意未使用的材质球，然后单击按钮 ，将材质指定给文字，如图 3-3-8 所示。

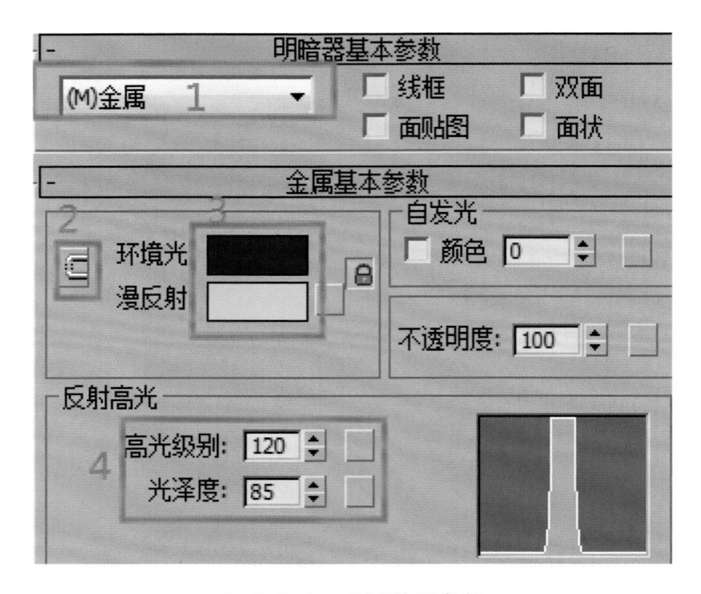

图 3-3-8　金属效果参数

步骤 2：设置环境光与漫反射 RGB 参数，如图 3-3-9 和图 3-3-10 所示。

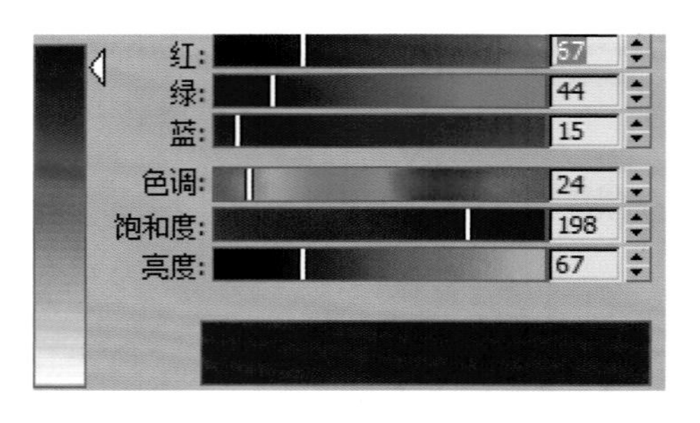

图 3-3-9　环境光 RGB

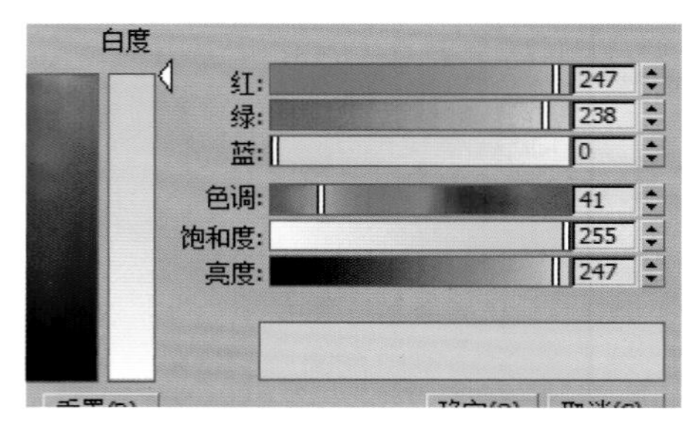

图 3-3-10　漫反射 RGB

步骤 3：打开“贴图”选项的卷展栏，如图 3-3-11 所示，在“反射”后面添加位图，赋予一张金属贴图。金属贴图效果如图 3-3-12 所示。

贴图		
	数量	贴图类型
☐ 环境光颜色 . . .	100	无
☐ 漫反射颜色 . . .	100	无
☐ 高光颜色	100	无
☐ 高光级别	100	无
☐ 光泽度	100	无
☐ 自发光	100	无
☐ 不透明度	100	无
☐ 过滤色	100	无
☐ 凹凸	30	无
☑ 反射	90	贴图 #1 (金属波纹38.tif)

图 3-3-11　反射参数

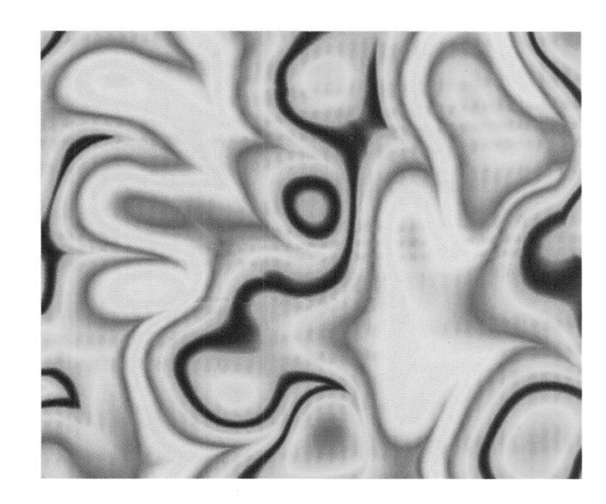

图 3-3-12　金属波纹

步骤 4：在反射子选项中修改图片属性，截取金属画面，单击“应用”按钮，如图 3-3-13 所示。

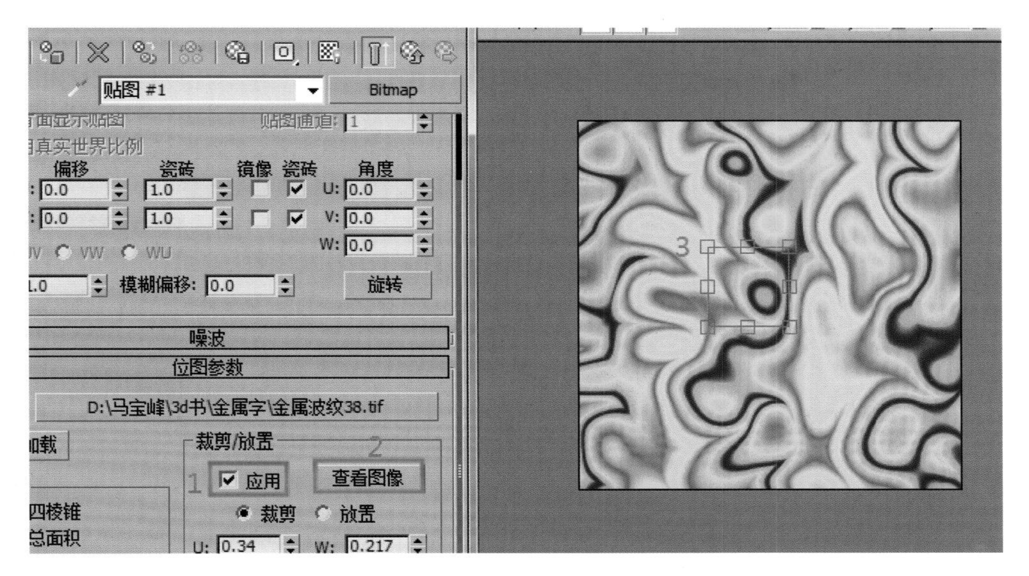

图 3-3-13　反射子选项

任务三　渲染输出

选择透视图，按快捷键 F9，渲染最终效果如图 3-3-14 所示。

图 3-3-14　文字最终效果

项目四 苹果创建与动画

项目描述

该项目以苹果的设计制作为例，通过讲解二维图形命令来制作，从而让学生掌握二维图形建模的能力，最后通过一小段关键帧动画来提升学生的学习兴趣。

本案例对照职业岗位要求，强化学生的技能培养，坚持以职业岗位群体为本，注重一能多用。

所要创建的苹果及最终样式如图 3-4-1 所示。

图 3-4-1 苹果效果

“车削”命令参数如下：

“度数”：设置旋转成型的角度，360° 为一个完整的环形。

“焊接内核”：将轴心重合的顶点进行焊接，得到更为精简和平滑无缝的模型。如果要作为变形对象，则不能将此项打开。

“翻转法线”：将模型表面的法线方向反向。

“分段”：设置生成模型上的划分片段数，值越大，模型越平滑。

“方向”：设置车削旋转中心轴的轴向。

“对齐”：设置图形与中心轴的方向。

任务一　苹果的画线与车削命令

运用二维图形能够转化为三维图形这种方法，可以制作生活中的很多东西，如苹果、陶罐、花瓶等。首先启动 3ds Max 软件，会出现默认的四个视图，创建图形时尽量在二维视图中创建，如果在透视图创建线条或图形时，它的空间感觉我们把握不准，图形的距离就画不准确，所以，尽量在二维视图中创建图形，在前视图中来画线（如图 3-4-2 所示第 1 步）。

步骤 1：最大化视图快捷键是“Alt + W”，或者单击最大化视口进行切换。创建苹果横截面一半的线条形状。

步骤 2：选中线上条的点，鼠标右键单击选择平滑进行操作（如图 3-4-2 所示第 2 步），然后按 W 键对点进行移动，调整到合适的位置。当发现有多余的点时，就可以选中多余的点，按 Delete 键进行删除。如果觉得线上的点不够时，就执行“插入”命令进行加点操作。点调整完之后，选择整根线，找到修改器列表里的命令，执行“车削”命令，按 P 键进入透视图，发现车削后的物体形状不是我们想要的。

步骤 3：在车削参数中“方向”选择“Y”，“对齐”选择“最大”，那么苹果的形状就出来了，再给它添加喜欢的颜色，如红色（如图 3-4-2 所示第 3 步）。

图 3-4-2　苹果效果及车削参数

如果在制作过程中出现一个孔，就需要将苹果的对称轴进行调整，在修改面板单击焊接内核。数值保持默认的 360°，就形成了一个苹果。若还想对苹果的形状进行调整就要返回到线的状态，对线上的点进行调整即可，修改面板里默认分段是 16 段，我们将它的数值调高至 35 段，那么苹果轮廓就会更加平滑、更加圆。

课后训练：运用本模块所学的知识制作一间卧室。

任务二 苹果颜色和贴图的表现

步骤 1： 苹果的颜色，可以通过右边修改面板里的颜色指定，单击小方框里的红色，会弹出颜色选择界面，选中想要的颜色进行更换即可。

步骤 2： 如果想要复制苹果，按住 Shift 键不放，鼠标挪动一下位置，就会弹出来一个框，选择克隆选项，选择“复制”，副本数设置为 1，再单击“确定”按钮，就会复制出一个苹果。生活中的苹果不会是一种非常纯的颜色。比如苹果上面会有一些斑点或者是更鲜艳的颜色，这样就需要用贴图来进行表达，单击“材质编辑器”按钮，然后指定一个材质球给选中的苹果，选中的苹果就直接受材质球的影响，成了默认的灰色。

步骤 3： 单击材质球的漫反射也可以更改苹果的颜色。颜色旁边有一个小方框，单击可以进行贴图，即漫反射贴图。然后找到位图，双击位图可以找到事先准备好的苹果贴图，如图 3-4-3 和图 3-4-4 所示。

图 3-4-3 贴图 1

图 3-4-4 贴图 2

再单击视口，显示贴图，这张苹果贴图就显示出来了。但是它的纹理与我们平常见到的苹果的纹理是不一样的，说明贴图不合理。

步骤 4： 那么就需要在修改器列表里找到 UVW 贴图，给它一种球形的贴图方式。在修改面板中采用对齐的方式进行设置，X 轴的对齐方式是比较符合我们所见苹果的一种纹理方式，苹果的颜色贴图就完成了。图 3-4-5 所示为四种不同颜色和贴图。

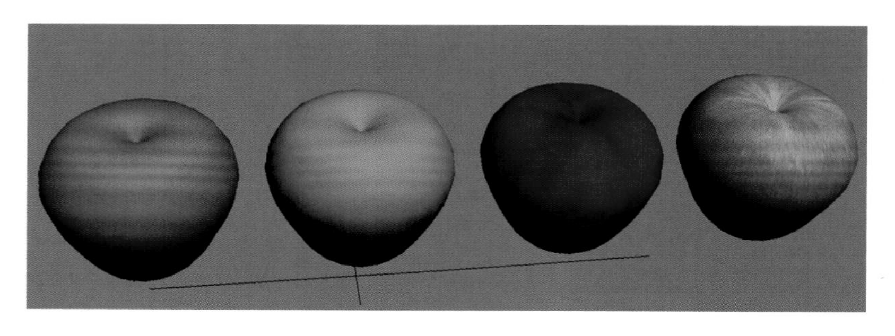

图 3-4-5 四种不同颜色和贴图

步骤 5：“材质编辑器”中向上转到父集，然后回到高光级别，调整数值给苹果一些高光，因为苹果表面是比较光滑的，稍微给一点高光和光泽度。高光级别就是亮度，光泽度就是高光的大小。根据实际情况设置 29 的光泽度，高光级别设置 50 左右即可。那么选中复制出来的另外一个苹果，赋予它另外一种材质球，也是同样的方法，然后选中深红色的一张贴图，给它显示出来，同样指定 UVW 贴图方式。用同样的方法设置光泽度及高光级别即可。

任务三　关键帧动画和视频输出

选择深红色的大苹果，进行缩放，按 R 键可以让它变大，放在平面上。如让小的苹果去撞击大的苹果，怎么来实现这么一段小动画呢?

步骤 1：打开自动关键点，让整个操作区域框显示为红色，然后选择苹果在原位置给它记录状态，快捷键是 K，根据一秒钟是 24 帧。设定：小苹果看到又高又大的苹果之后想去撞击它，把大苹果撞跑。

步骤 2：时间滑块拉到第 5 帧设置关键帧，小苹果去撞击大苹果。设置两秒钟时间 48 帧，加上之前有 5 帧的停顿。到了第 53 帧时让小苹果移动过去，碰一下大苹果。设定大苹果只是稍微动一下，在原来的位置往后移动一点，播放一下。为了体现大苹果比较厚重，可以让时间拉长到 75 帧的位置时让大苹果稍微晃动一下，调节旋转数值进行关键帧设置。大苹果晃了一下，然后晃回来，第 90 帧保持原来的位置。假设小苹果想把大苹果撞走，根据这样的一个小剧情来进行关键帧设置，让小苹果往后蹦一下，这里设置到 116 帧（图 3-4-6），让它旋转 90°。

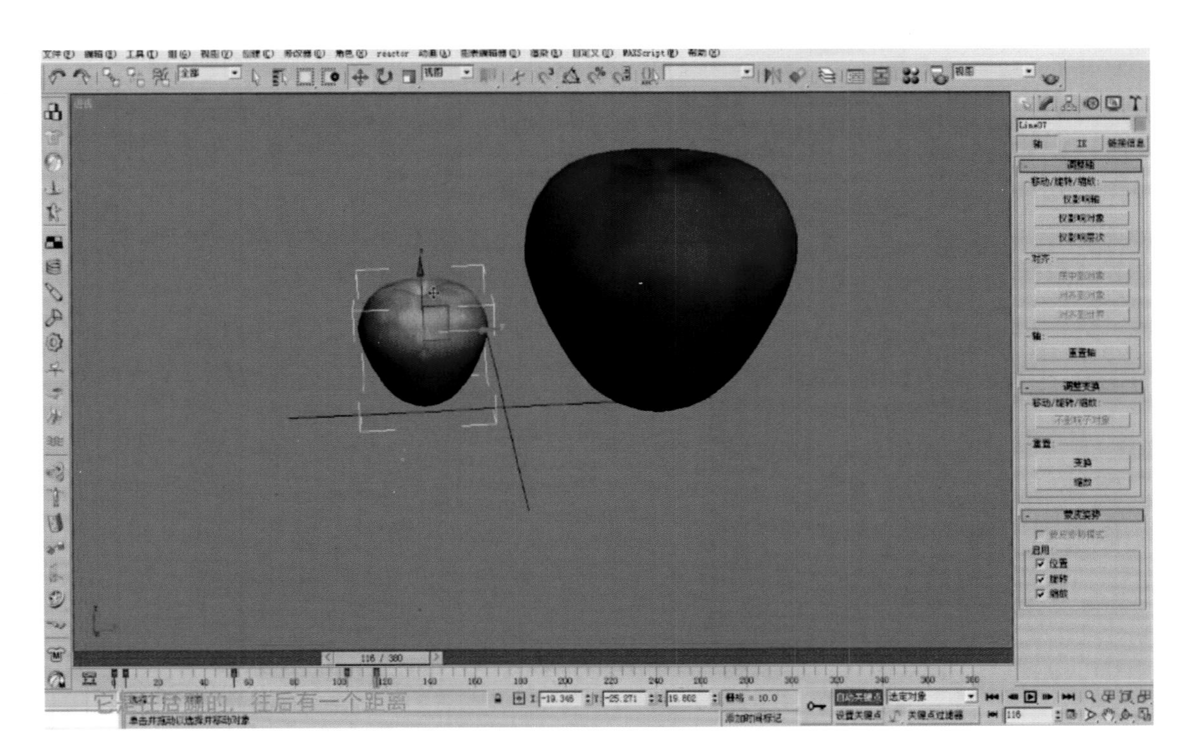

图 3-4-6　苹果效果

步骤 3：小苹果再快速地落下来，落到地面上，让苹果有个跳动的感觉，让它落地时表现出有重量感，需要设置关键帧保持这个状态，然后继续让小苹果表演（图 3-4-7）。

步骤 4：小苹果快速地绕一圈，这个位置需要旋转，表现它转动快一点，然后回到刚才的位置，注意方向一定要调整正确。在绕一圈的过程中，也设置小苹果旋转的角度。先调整体的动画，细节在大的动作调整好后再去调整。体现出小苹果比较欢快，然后让小苹果往后快速地后退，退远一点，可以退出镜头画面。

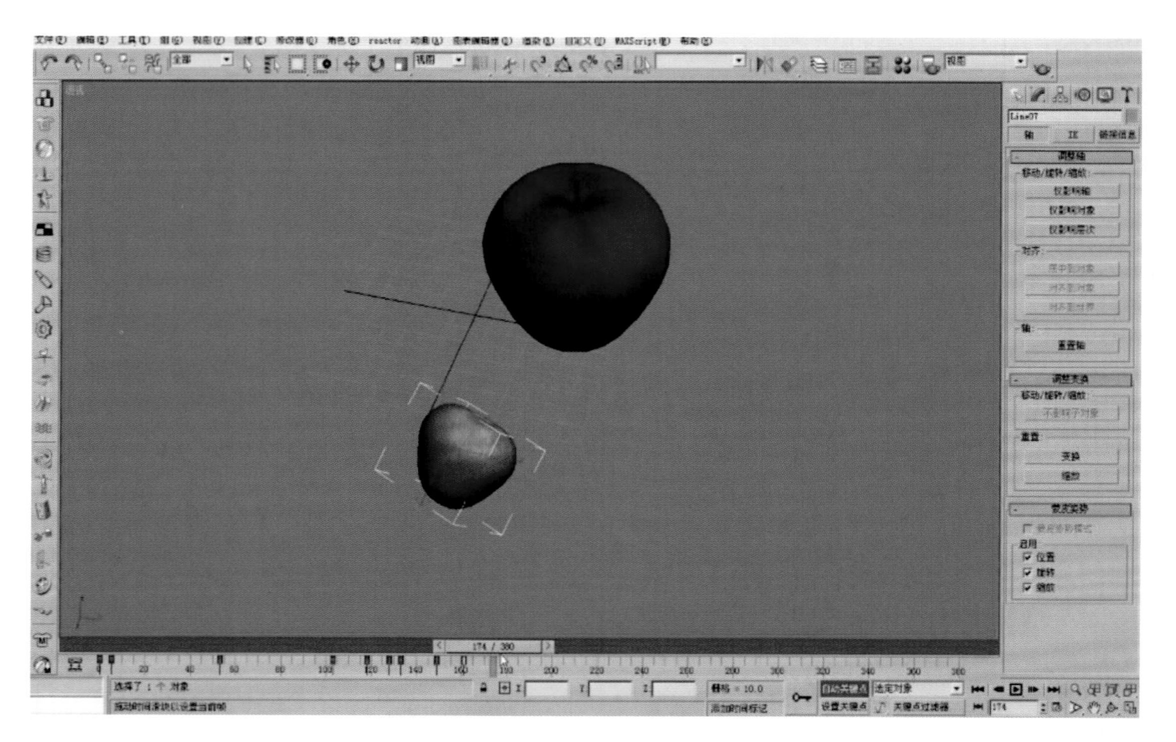

图 3–4–7　动画效果

步骤 5：这里注意蓄力一小段时间，然后让小苹果快速地冲向大苹果，即将碰到大苹果的时候，大苹果这个帧的位置是不动的。设定由于它的冲力比较大，所以在右边调整的距离远一点，大苹果飞出去，然后落到地面。能体现出小苹果的拟人性格特征，这段动画就成功了。最后输出视频，生成预览动画。

项目五 花瓶创建

项目描述

图 3-5-1　花瓶

本项目是通过青花瓷瓶案例进行制作，原始青花瓷于唐宋已见端倪，成熟的青花瓷则出现在元代景德镇的湖田窑。通过讲解青花瓷瓶的制作任务和步骤，不仅让学生能掌握二维图形建模的能力还能激发学生学习我国传统文化的浓厚兴趣。

本案例对照职业岗位要求，强化学生的技能培养，坚持以职业岗位群体为本，注重一能多用。

所要创建的花瓶及最终样式如图 3-5-1 所示。

任务一　图片的导入

图 3-5-2　花瓶效果

步骤 1： 图 3-5-2 所示为一个青花瓷瓶。首先观察这个花瓶，它是一个比较大的瓷瓶，整体都是圆的，然后它是对称的，我们可以抓住它的对称性。

可以利用“车削”命令旋转 360°，使它快速成型。车削不仅是二维图形建模里面最基本的一个建模方法，还是一种快速成型的方法。

步骤 2： 启动 Photoshop 软件，将这张图片打开后，分辨率为 1 280×720，大小为 2.64 MB，宽度为 45.16 cm，高度为 25.4 cm，在 3ds Max 里面，也有单位设置。

步骤 3： 打开 3ds Max 的界面，单击创建面板，直接创建一个平面，目的是把这张图片显示在平面上，从而让它成为一个参考的模板。“Alt + W”快捷键的作用是最大化视图，分别看到的界面有顶视图、前视图及左视图，相对应的快捷方式是按 T 键、F 键、L 键，分别是英文单词的首字母。

步骤 4： 通过“材质编辑器”来显示。单击“材质编辑器”快捷按钮，同样也可以按 M 键打开“材质编辑器”，模式选择精简模式。选择任意一个材质球赋予选择的物体平面，仔细观察这个材质球，发现被赋予的材质球四个角都带棱角，表明这个材质球已经赋予一个物体。参数里面环境光的下面有个漫反射，单击右边的小方框，找到位图确定打开，然后把事先准备好的参考图青花瓷瓶打开，如果它在视图中没有显示，那么就需要单击“材质编辑器”中的按钮在视图中显示。图片已经显示后又发现参考的模板已经变形了，单击右边修改面板属性的参数设置，按照在 Photoshop 软件中的参数来设定，宽度为 45.16 cm，红色箭头 X 方向是宽度，然后高度方向是 Y 轴，设置在长度值中为 25.4 cm。

步骤 5：观察这个图是没有拉伸变形的，就完成了图片的导入，参考模板也就导入成功，方便进行下一步的建模（图 3-5-3）。

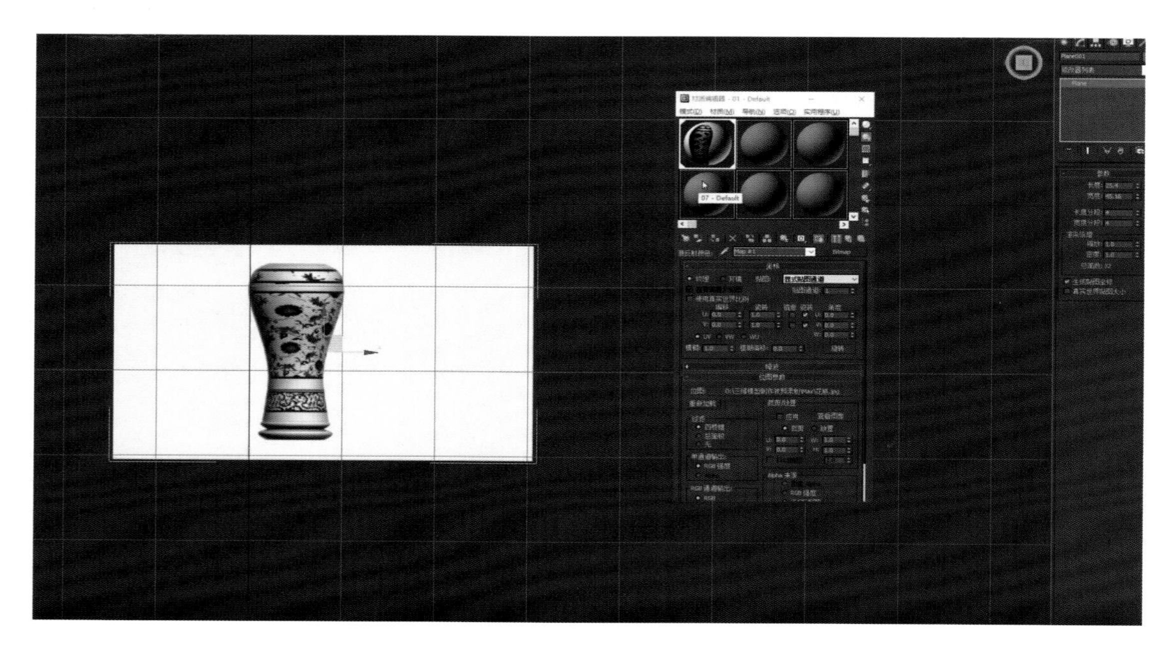

图 3-5-3 材质编辑器

任务二 画线和车削命令

图片导入后，按照参考模板对它进行画线。

步骤 1：单击创建面板，在图形创建面板进行创建线条时选择二维视图操作，观察创建的线，在初始创建状态，勾选的是角点，那么创建出来就会有一个转折的角。如果勾选的是平滑，那么创建的线条是平滑的弧线。为什么采用有角点的线呢？因为有角点的线，画线时候点的位置很准确。如果是在透视图中创建线，那么相当于在一个立体空间中画线，往往会与参考模板有很大的差距，所以选择在二维视图中创建线。

步骤 2：选择在顶视图中创建，按 T 键，然后选择线绘制这个花瓶的形状（图 3-5-4）。接着设置角点，用有角点的线来画，点的位置准确性可以调整点来控制。

步骤 3：除花瓶本身外，它还有一个底座。底座可以延续地画下去，也可以分开来进行绘制。这里选择分开来绘制，方便后面赋予材质，绘制青花瓷瓶横截面的一半即可。选择所绘制的线，单击 line 的属性，点开 line 的“+”号，有顶点、线段、样条线。选中全部顶点，鼠标右键单击选择平滑即可，然后对点进行调整，尽量让绘制的线与所需表达的青花瓷瓶形状一致。

步骤 4：青花瓷瓶是有厚度的，根据这根单薄的线，加一个厚度出来，选中整根样条线然后在修改面板找到轮廓选项，设置成 0.23 的参数，双线就画好了，执行修改器列表中“车削”命令，修改面板中的对称轴为 Y 轴，然后选择 Y 轴的最大即可，如果发现物体中间出现小孔，那么勾选“焊接内核”复选框即可（图 3-5-5）。

图 3-5-4　绘制花瓶形状

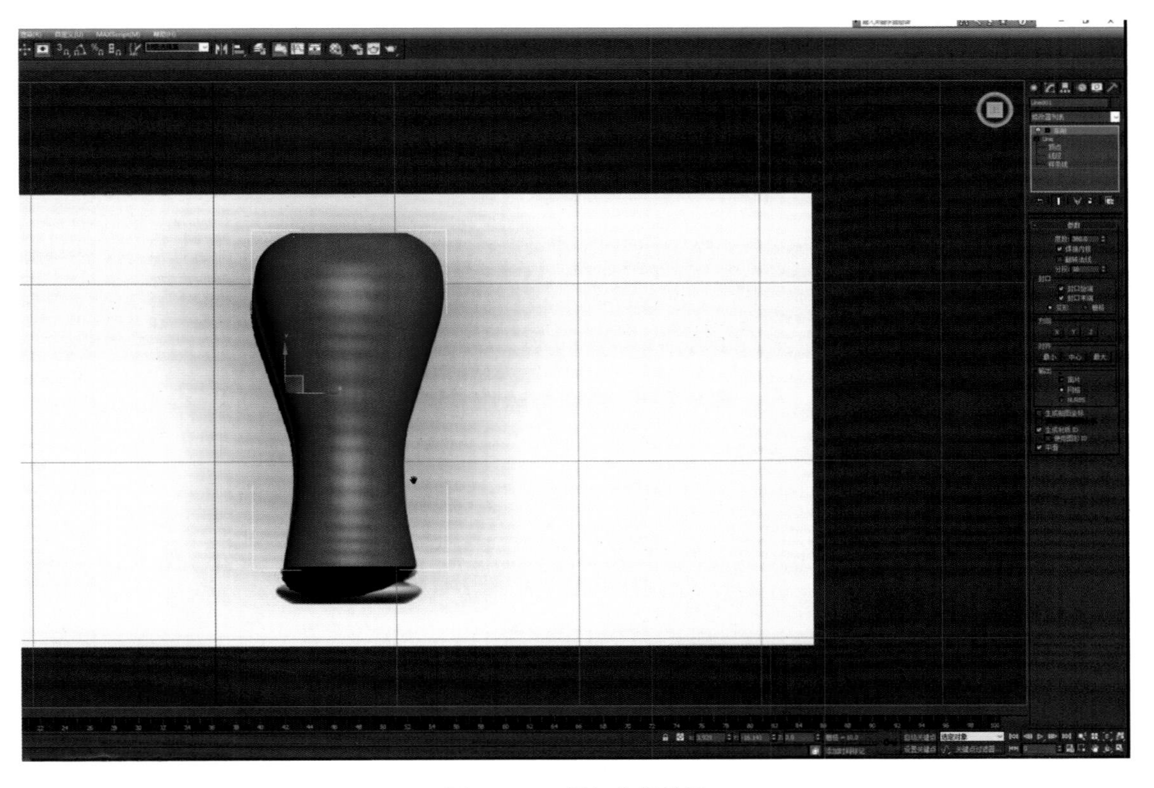

图 3-5-5　添加车削效果

任务三 点和轴的调整

花瓶的瓶身已经用车削的方式制作完成。

步骤 1：用同样的方法来完成底座的制作，当想让光标跟随画线时，可以按 I 键继续让光标跟随所绘制的线，然后同样是执行“车削”命令选择 *Y* 轴的最大，根据实际情况操作。

步骤 2：如果选择不同的视图创建，那么这里选择的轴可能会不同，按 P 键进入透视图进行观察比较。

步骤 3：车削完的一个底座不够平滑，把分段参数改成 24，底座就会变得相对平滑，用对齐的快捷方式（“Alt + A”键）对齐花瓶的瓶身，选择中心即可，然后沿着 *Y* 轴挪下来，移动到瓶底即可（图 3-5-6）。

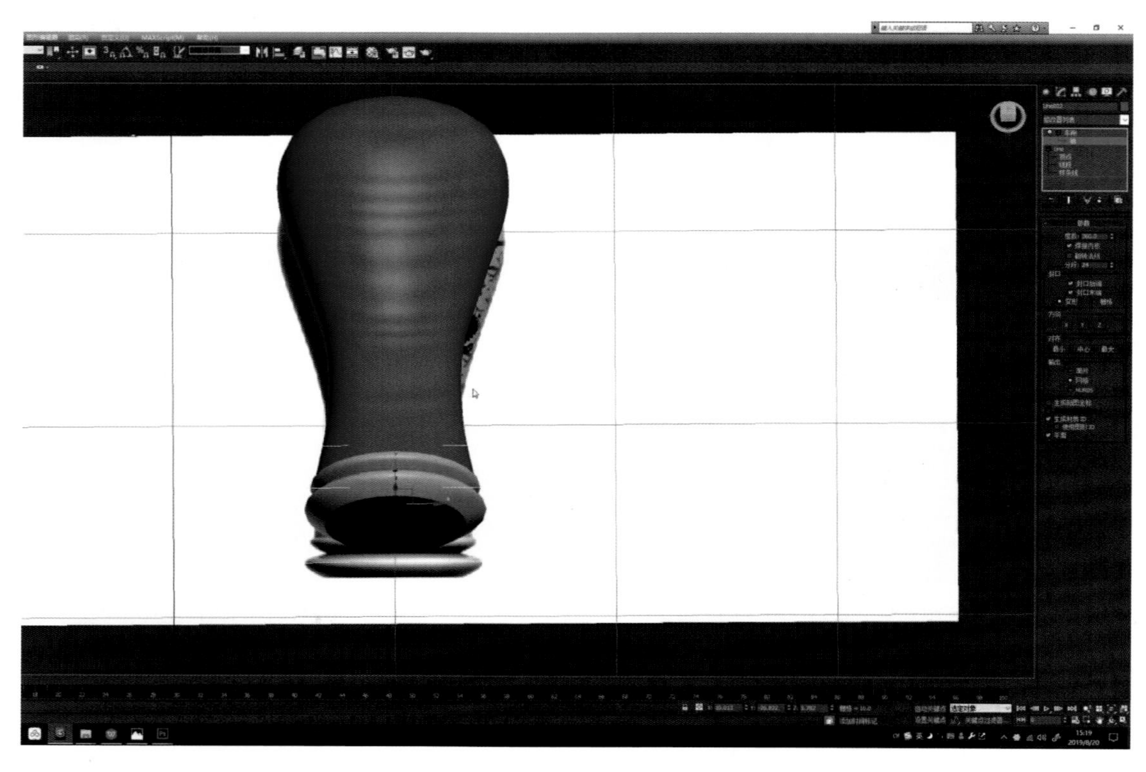

图 3-5-6 修改“车削”命令

任务四 贴图和材质

步骤 1：瓶身的贴图需要通过材质球来控制，这个材质球，可以为它命名，采用拼音、中文或英文都可以。

步骤 2：采用 Vray 材质来表达，为什么不选择标准的默认材质球？因为 Vray 材质球配合 Vray 的渲染效果要比默认扫描渲染要好。选择一个材质球，然后将材质球给指定的物体。

步骤 3：单击漫反射右边的小方框，找到位图文件青花瓷贴图即可。

步骤 4：选择位图之后发现没有在视图中显示，贴图方式没有给它，那么就要用到修改器列表中的 UVW 贴图，相应选择圆柱体展开的方式，如果轴向不对，进行旋转即可（图 3-5-7）。

图 3-5-7　添加 UVW 贴图

步骤 5：底座的颜色是白色，选择漫反射白色，勾选“菲涅尔反射”选项（图 3-5-8）。

图 3-5-8　添加反射贴图

任务五 灯光与渲染

步骤 1：打开渲染设置，然后单击“公用”选项框，将鼠标拖到最底下指定 Vray 渲染器即可。设置公用面板的参数，输出选择单帧，然后输出大小自定义选择 HDTV，如 1 920×1 080，渲染高清的效果图片，指定图片的大小，图片越大渲染的速度就越慢。

步骤 2：进入 Vray 的设置面板，Vray 下面有一个环境卷展栏，勾选天光和反射，接着勾选打开间接照明（图 3-5-9 和图 3-5-10）。

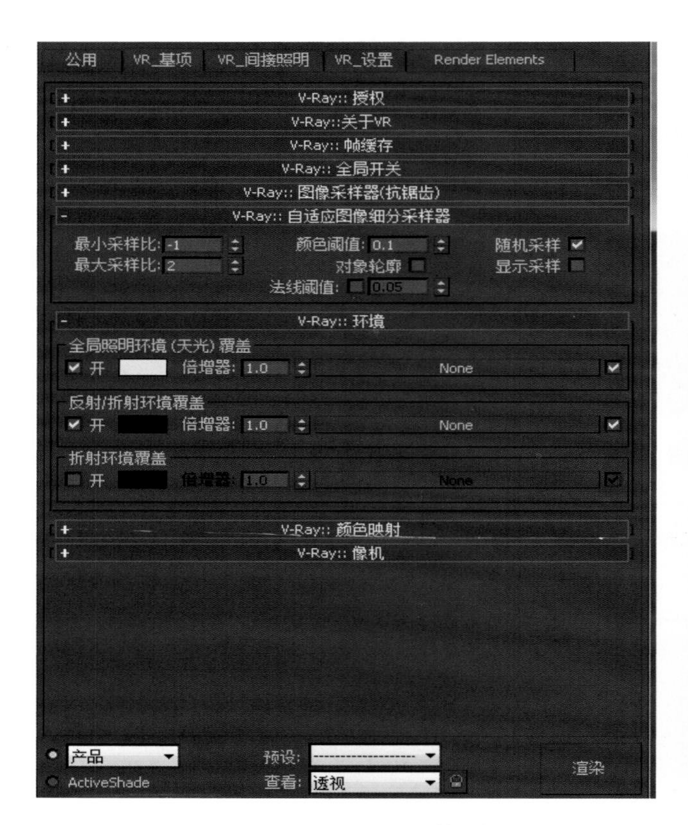

图 3-5-9 VR 环境设置

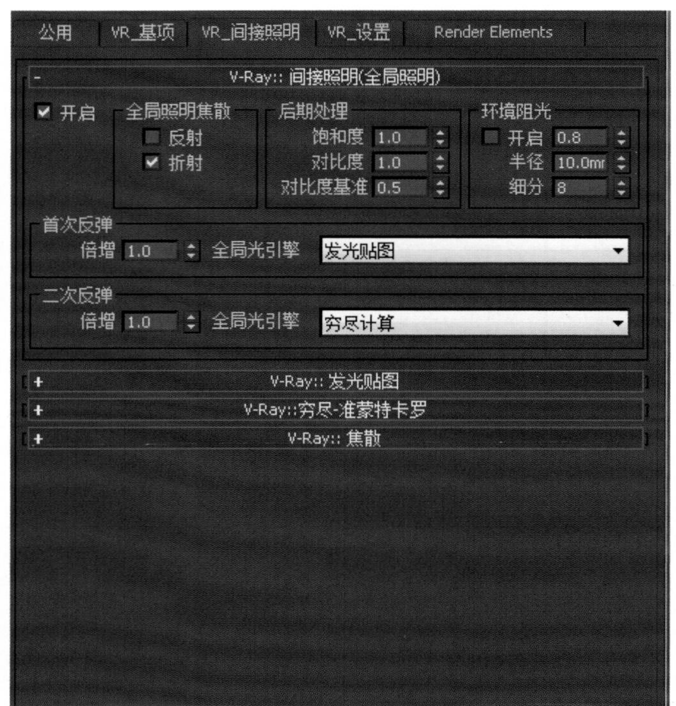

图 3-5-10 VR 间接照明勾选

步骤 3：先进行渲染测试，在创建面板旁边有个灯光，选择 Vray 灯光，创建一个灯光。调整方向从上往下的照射，根据灯光箭头指向花瓶，然后加一个地面环境，创建 Vray 平面，给它选择黄色。接着在前视图将 Vray 平面放在底座下面。

步骤 4：单击“渲染”按钮进行效果测试，如果太亮，选择 Vray 灯光修改属性，勾选不可见选项和投影选项，将灯光的强度值相应调低即可。

步骤 5：可以根据需要再调整渲染视图的角度，或者调整摄影机的角度。调整好角度后再次进行渲染，一张好的效果图需要不断地进行渲染测试，然后进行改善，这样渲染效果才会好（图 3-5-11）。

步骤 6：最终渲染出图，将图片保存为 JPG 格式（图 3-5-12）。

图 3-5-11　渲染测试

图 3-5-12　最终效果

MODULE FOUR

模块四 校企案例制作

知识目标

1．充分熟悉企业项目制作流程的标准；

2．充分掌握软件的各项命令综合运用；

3．收集并了解现实生活中各种真实材质的质感和属性。

技能目标

1．能够熟练掌握 3ds Max 样条线建模和多边形建模技巧及多重放样的方法；

2．能够灵活应用拉伸、倒角、旋转、轮廓倒角等命令修改与生成三维物体模型；

3．能够熟练掌握各种真实材质参数的设置方法。

素质目标

1．培养学生的沟通能力及团队协作精神；

2．培养学生积极的工作态度及敬业的工作作风；

3．培养学生自学能力及解决问题的能力。

深入落实《国家职业教育改革实施方案》的文件精神，进一步深化教师、教材、教法“三教”改革，遵循技术、技能人才成长规律，知识传授与技术技能培养并重，强化学生职业素养养成和专业技术积累，将专业精神、职业精神和工匠精神融入教材内容。

强化行业指导、企业参与，紧跟产业发展趋势和行业人才需求，及时将产业发展的新技术、新工艺、新规范纳入教材内容，反映典型岗位（群）职业能力要求。按照“以学生为中心、学习成果为导向、促进自主学习”的思路，融入项目、任务、案例等内容。

本书围绕深化教学改革和“互联网 + 职业教育”的发展需求，是探索开发课程建设、教材编写、配套资源开发、信息技术应用统筹推进的新形态一体化教材。编者特将多年来和企业一起参与的项目案例分享给学习者，与前面的仿真案例形成递进关系，学生通过企业案例实践，提高了动手能力，又进一步强化了在学校所学的专业理论知识，同时又增强了学生适应企业工作岗位的实践能力、专业技能、敬业精神和严谨求实的工作作风及综合职业素质（企业案例中依据项目不同，部分案例有英文版本，故在本书后附有中英文对照资源，以供参考）。

项目一　游戏道具——战斧

项目描述

在 3ds Max 中，材质主要用来表现物体的颜色、光泽、纹理等特性，可以说是材料和质感的具体展现，这次我们结合之前学习的建模和材质知识来搭建模拟一个斧头，铁质的斧头和木质的斧柄充分考验了我们准确贴材质和展 UV 能力。

案例中充分利用了 nurbs 曲线建模和 UV 贴图等关键知识，注重从职业岗位群体出发，利用斧头模型的搭建，引导学生举一反三，掌握多岗位多应用的岗位所需能力，缩小动画专业课程体系与其职业岗位要求之间的差距。

战斧最终样式如图 4-1-1 所示。

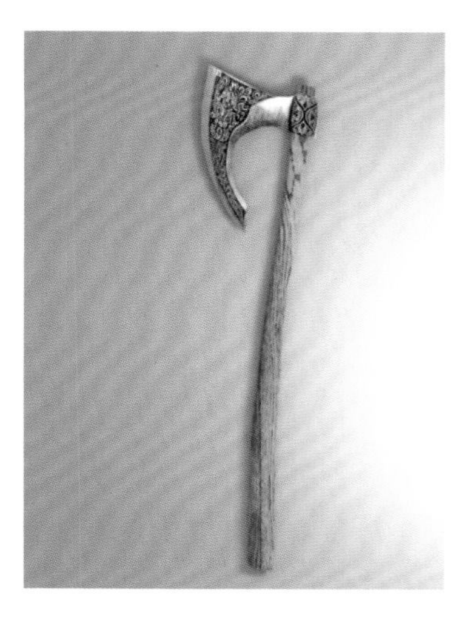

图 4-1-1　战斧

任务一　图片导入

步骤 1：观察战斧图片可以发现战斧是有花纹的，并且有凹凸感。将这张图片在 Photoshop 软件中打开，画布大小为宽度 67.73 cm、高度 38.1 cm。在 3ds Max 透视图中创建一个平面宽度为 67.73 cm、高度为 38.1 cm。

步骤 2：指定一个材质球给这个平面，在材质球面板单击漫反射右边的按钮，找到斧头的位图图片后确定，单击在视口中显示即可（图 4-1-2）。

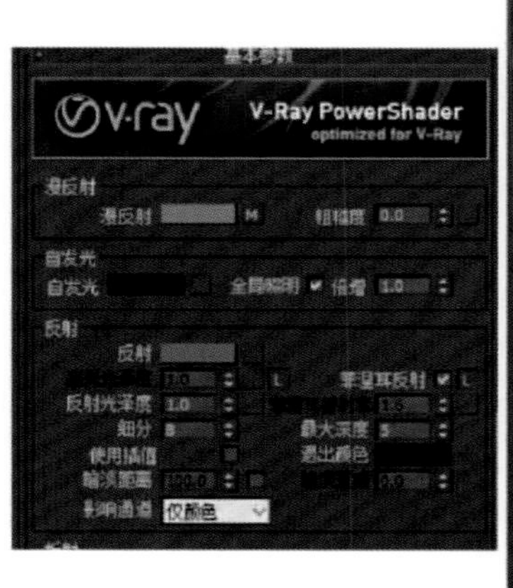

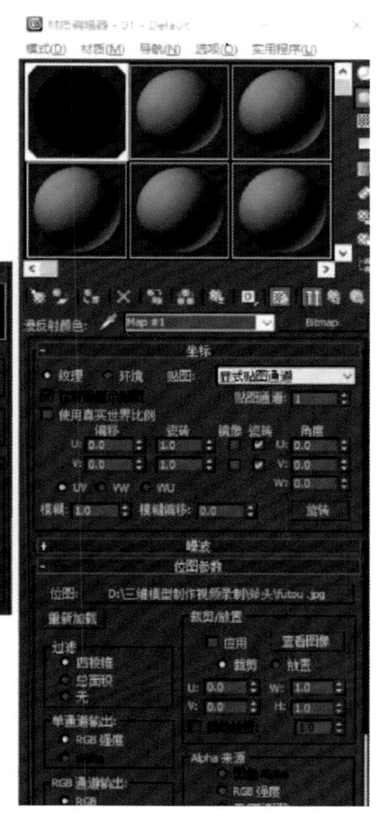

图 4-1-2　指定材质

任务二 画线和挤出命令的运用

步骤 1：在 3ds Max 中打开完成的图片模板，如果图片模板太小，那么按 R 键，进行等比例放大即可。将整个模板移动到栅格线下方，打开创建面板，选择图形开始创建，按 T 键在顶视图中创建。

步骤 2：根据斧头的结构再进行画线，采用角点进行绘制，沿着斧头结构线慢慢绘制，画完线之后确保首尾相连的是闭合的线，再对点进行调整，尽量把握好战斧的结构造型（图 4-1-3）。

步骤 3：选择画好的线，在网格编辑中找到“挤出”命令，也可以从修改器列表里选择“挤出”命令。默认挤出太厚了，将数值进行降低即可，立体的斧头形状就制作出来了（图 4-1-4）。

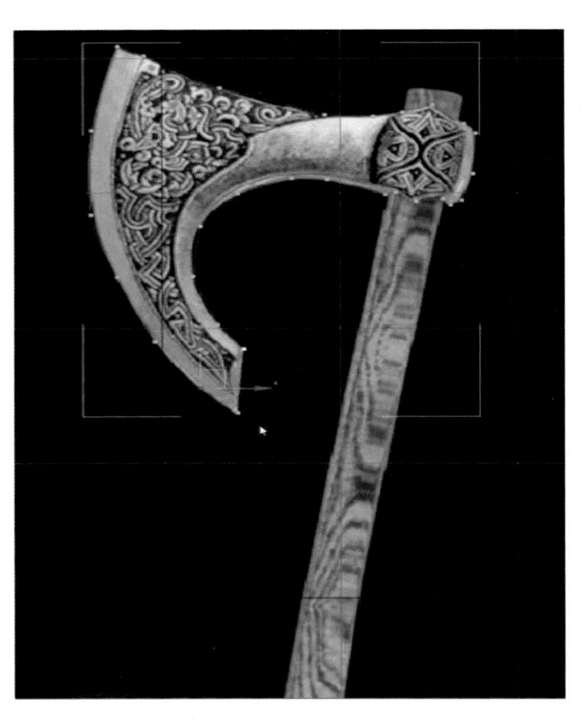

图 4-1-3 角点绘制

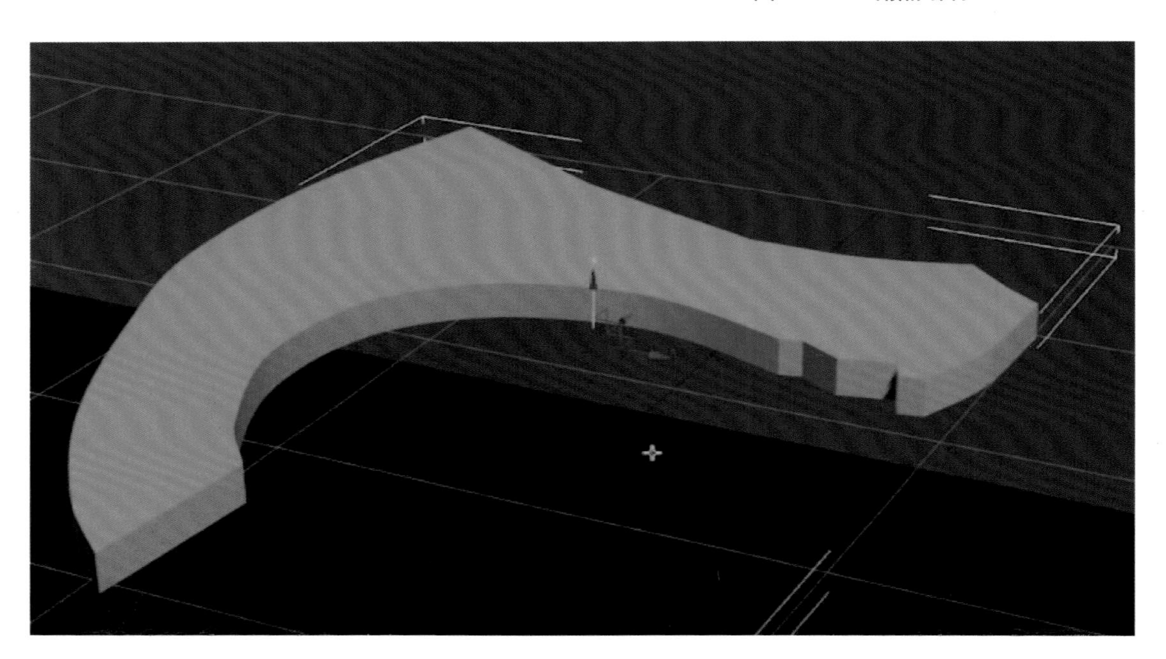

图 4-1-4 挤出效果

步骤 4：创建几何体，选用扩展基本体里面的切角圆柱体，切角圆柱体有一个圆角参数可以让斧柄圆润有细节。按快捷键 F3 观察它的分段，高度分段可以设定多段来控制斧柄的弯曲，高度分段参数设置为 12。

任务三　刃口与斧头结构的制作

步骤 1：按 M 键打开“材质编辑器”，指定一个材质球给选中的斧头，然后将材质球参数的不透明度设置为 20 即可。在视图中就能够看到图片模板，方便调整结构和造型。将斧头转化为可编辑多边形，以便进行点、线、面的调整（图 4-1-5）。

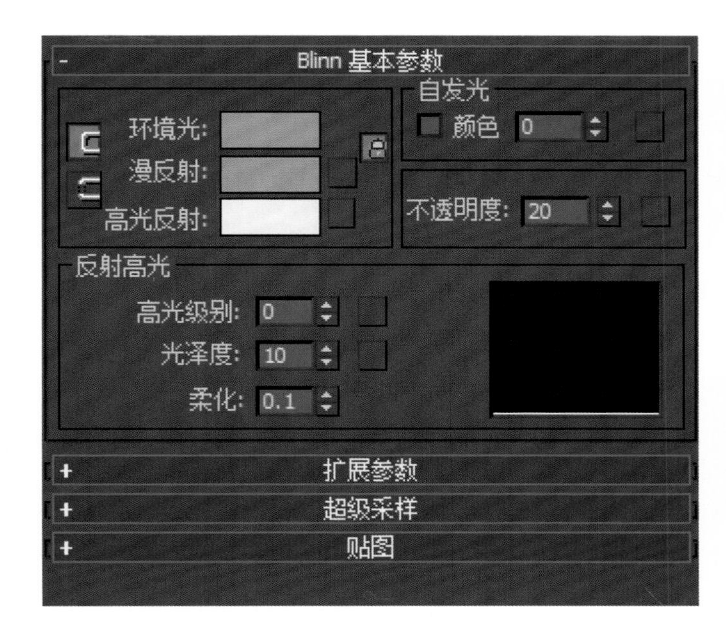

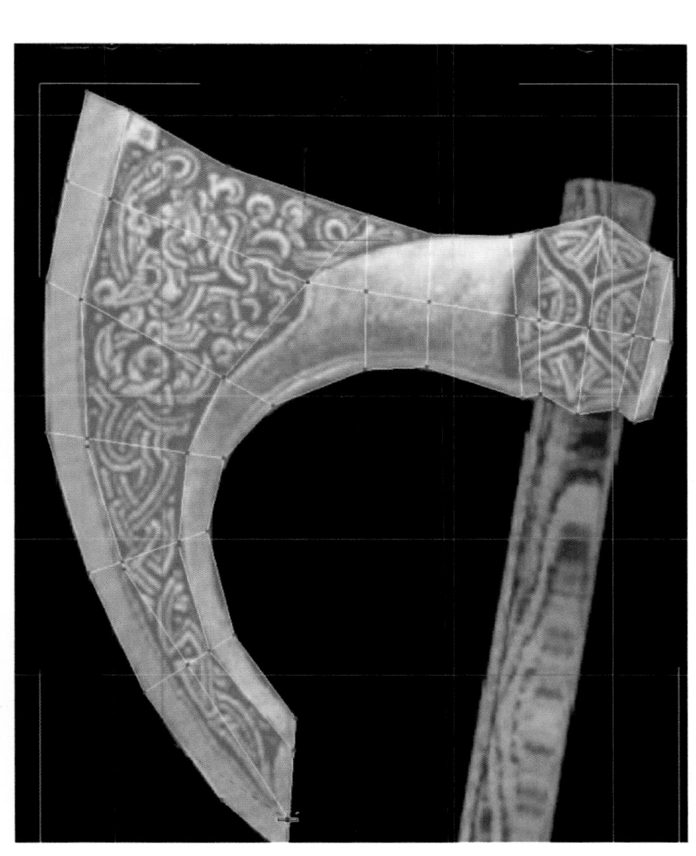

图 4-1-5　不透明度和点、线、面调整

步骤 2：把斧头的线连起来，执行修改参数中的“切割”命令，对斧头进行布线，尽量保证每个面都是四边形。然后在顶视图和透视图中检查，尽量保证线在结构上，对斧头上的点进行多次调整确保能体现斧头的结构。

步骤 3：调整斧头造型后，要找到锋利的刃口部分，将刃口上的点进行压缩拉扁，选择多个点时按住 Ctrl 键加选，调整好刃口的宽度及斧身的高度（图 4-1-6 和图 4-1-7）。

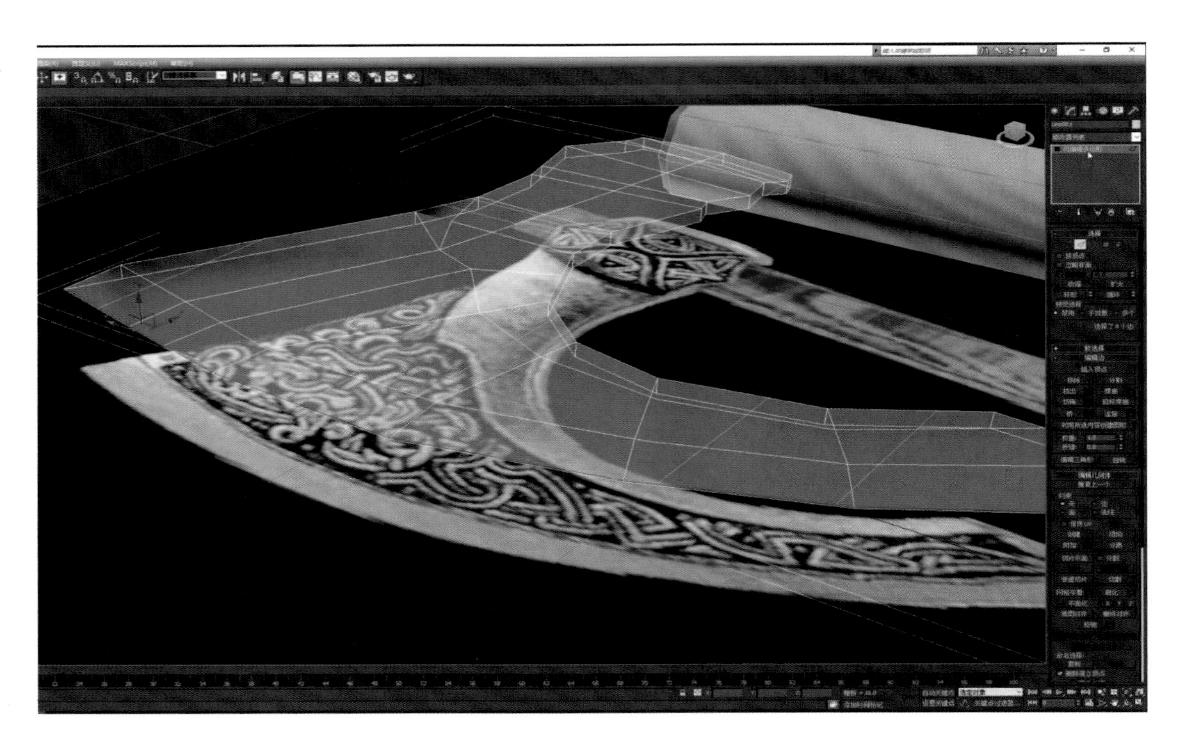

图 4-1-6 调整造型 1

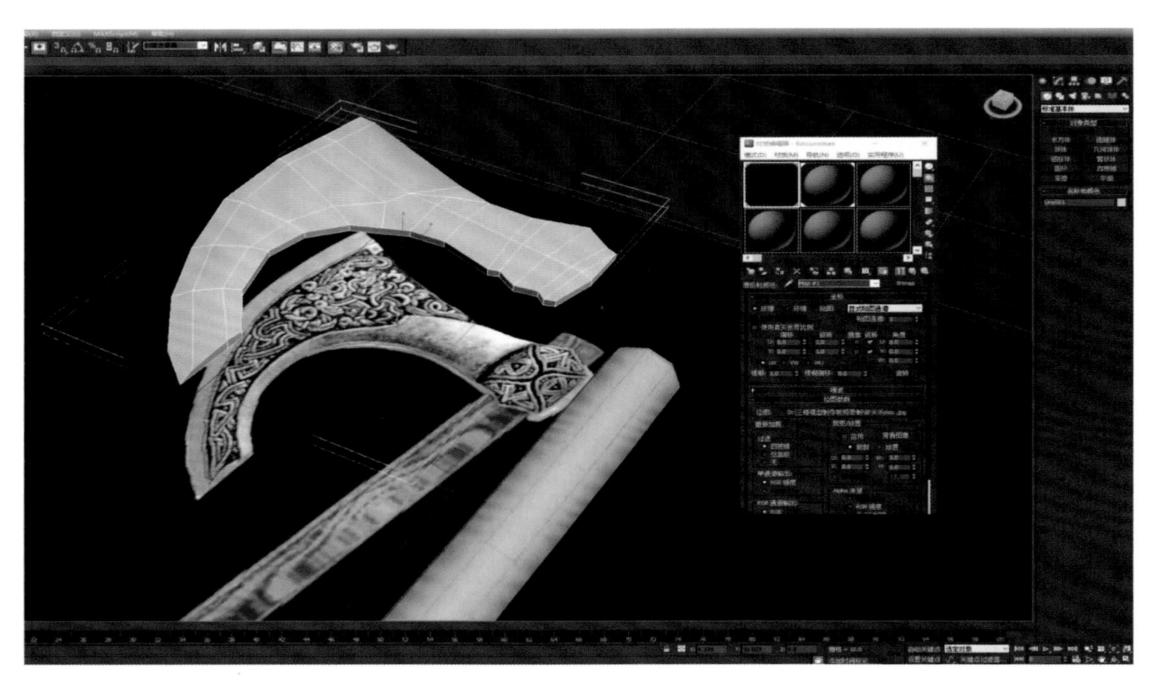

图 4-1-7 调整造型 2

任务四　斧柄的制作

步骤 1：选中斧头按快捷键 F4 显示布线结构。线的准确度需准确地表达斧头的造型。

步骤 2：点开“修改器”列表，找到 FFD 变形器选择“FFD4×4×4”选项来控制点，移动控制点达到战斧柄的效果即可（图 4-1-8 和图 4-1-9）。

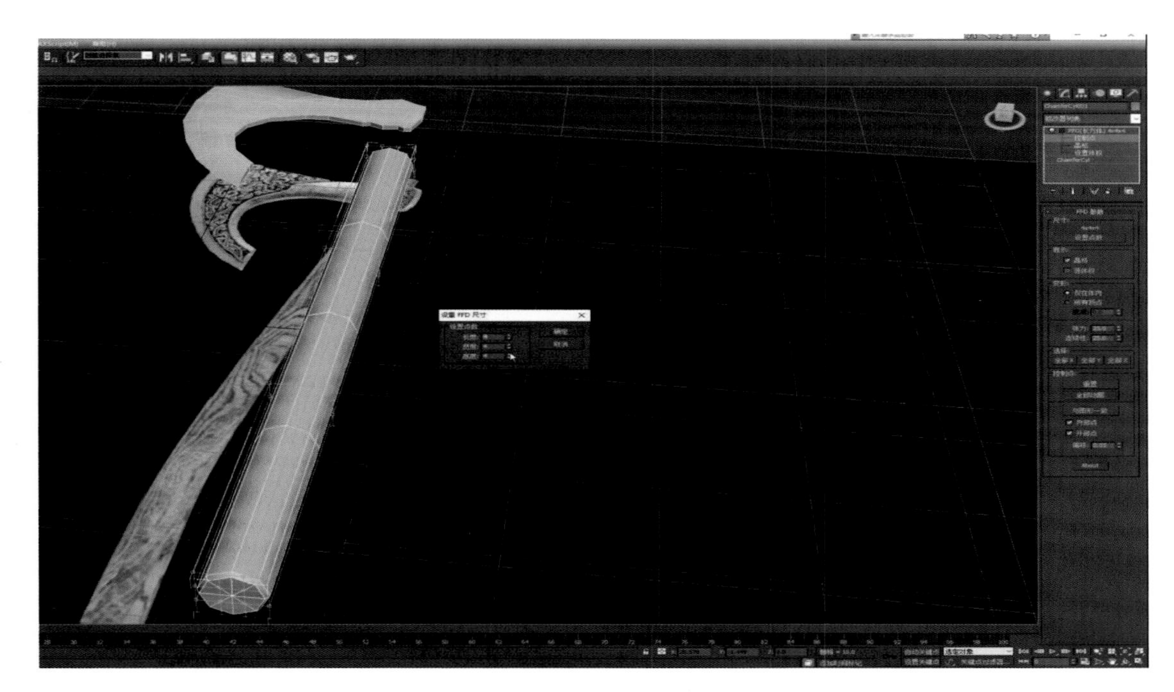

图 4-1-8　战斧柄造型 1

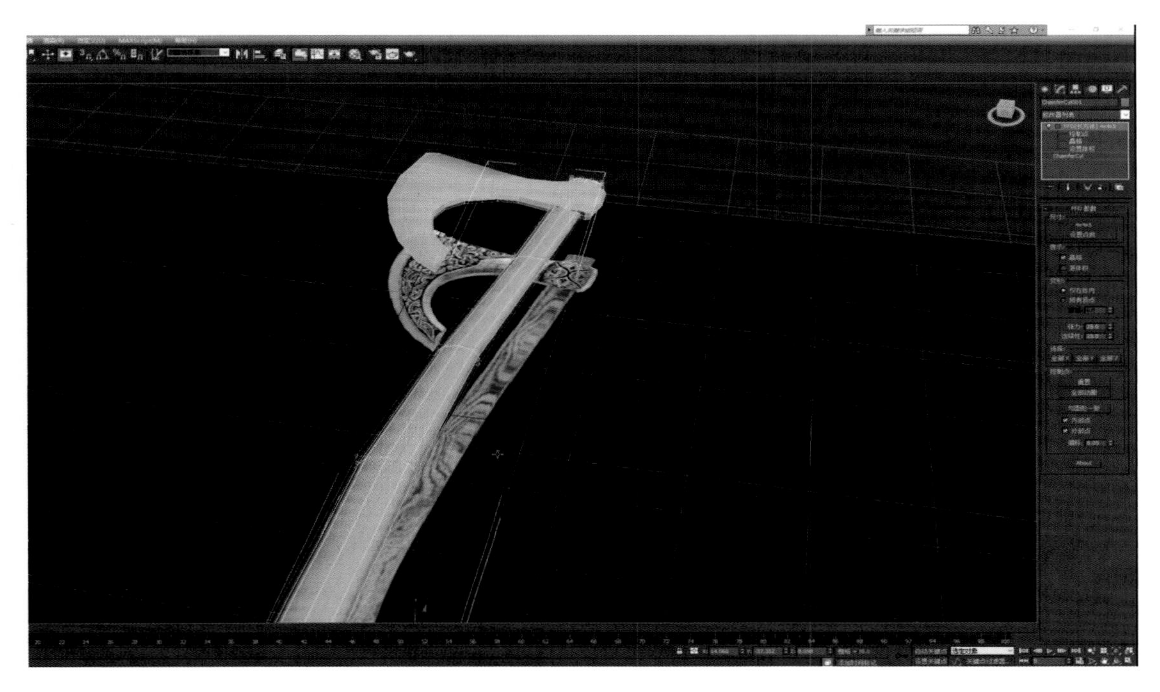

图 4-1-9　战斧柄造型 2

任务五 战斧 uvw 贴图与展开

步骤 1：指定一个材质球给创建好的斧头，在修改器列表中添加 UVW 贴图，再选择 UVW 展开命令，在参数中单击展开编辑器，在编辑器中将 UV 点与位图纹理匹配。

步骤 2：UVW 点可以通过按 E 键进行旋转，也可以通过按 W 键进行移动，根据模型上的 UV 点对应所贴的图，这样贴图显示就会更准确（图 4-1-10 和图 4-1-11）。

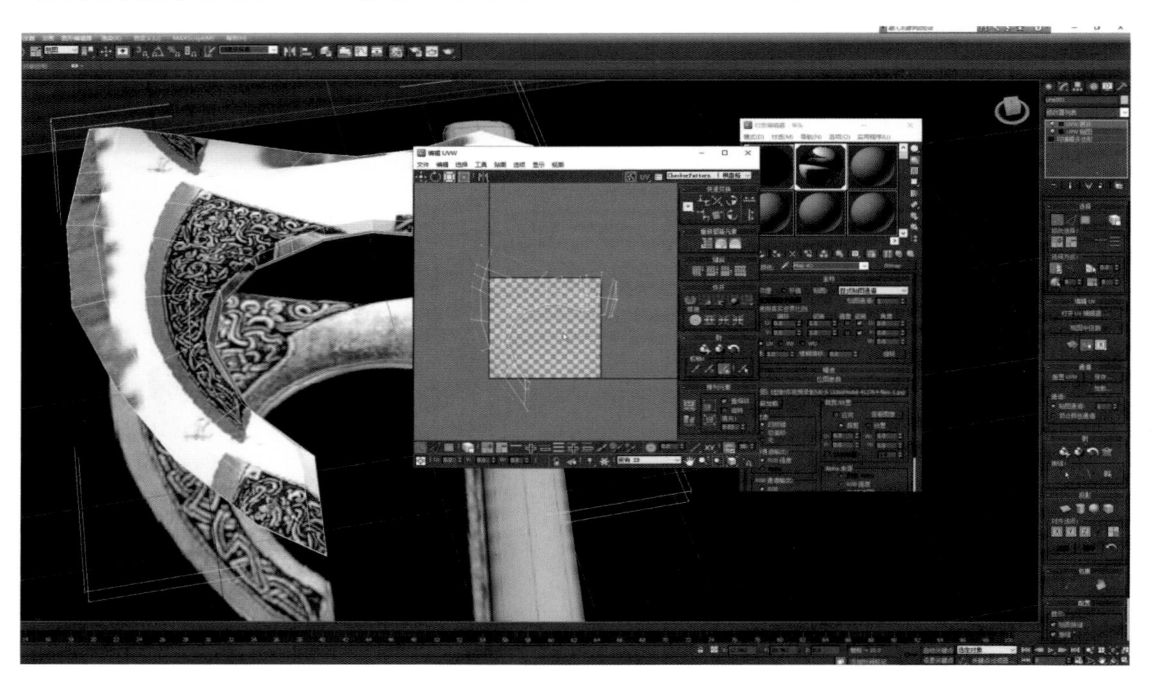

图 4-1-10 贴图制作

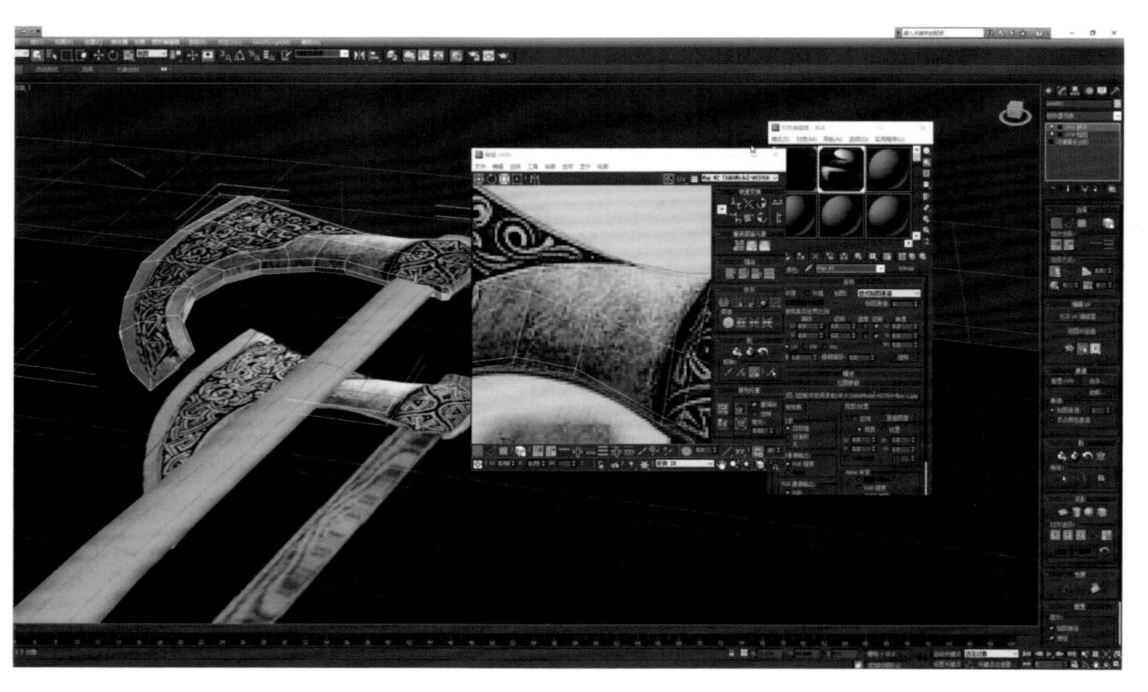

图 4-1-11 贴图调整

步骤 3：斧头柄具有木头的纹理，也要用到 UVW 贴图，采用圆柱形的方式进行贴图，然后调整好圆柱形的显示范围即可完成斧柄的贴图操作（图 4-1-12）。

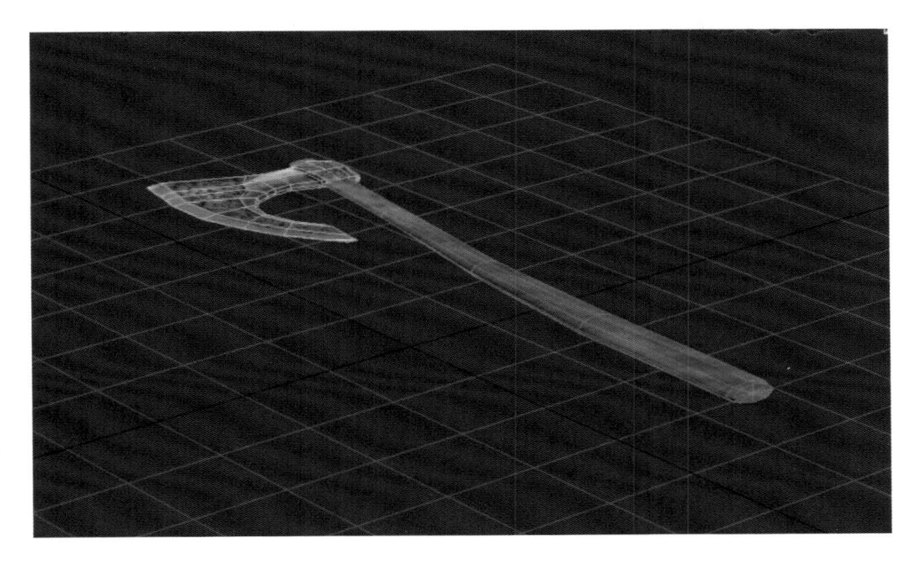

图 4-1-12 战斧造型

任务六 灯光与渲染

步骤 1：创建 Vray 灯光，箭头方向代表光照向这个方向，指向战斧，接着创建一块地面，地面用 Vray 平面来创建并把这个平面放在战斧的下方（图 4-1-13）。

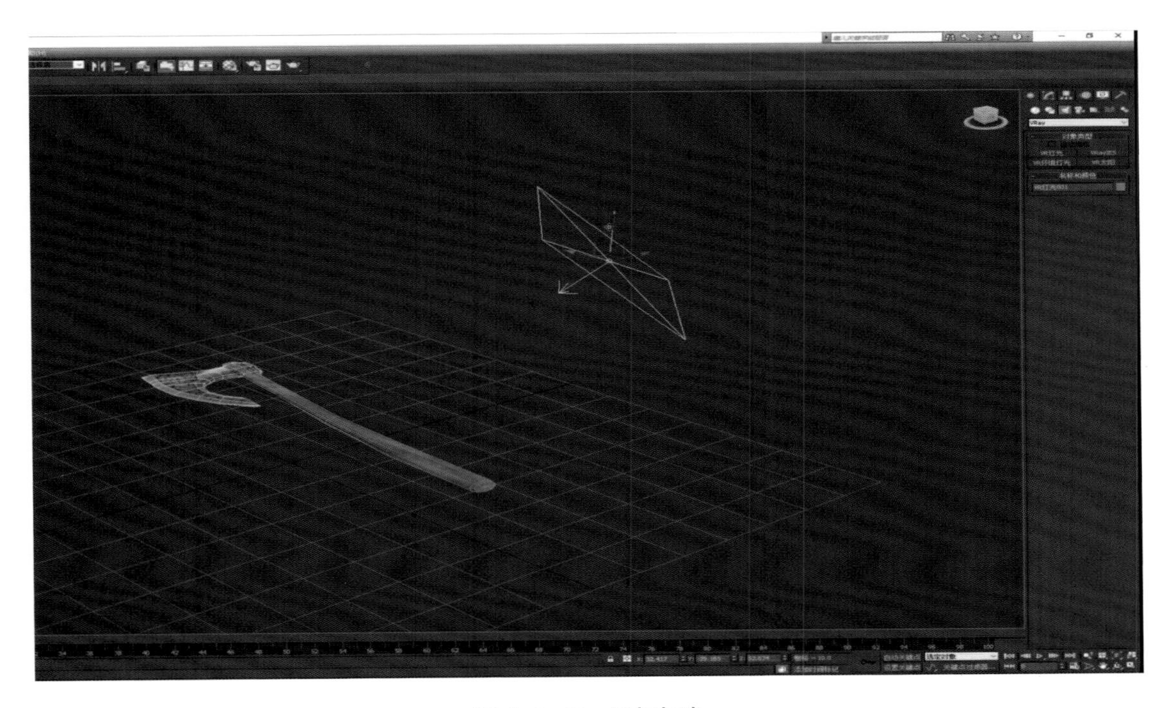

图 4-1-13 添加灯光

步骤 2：对战斧进行首次渲染，渲染时采用 Vray 渲染器，对环境光、间接照明的选项进行勾选，渲染小图时，在公用参数里面设置图片大小为 640×480 进行测试渲染。由于斧头的纹理是有凹凸感的，在材质贴图上将颜色贴图复制给凹凸贴图，斧柄也做相应的凹凸贴图，渲染就会更加真实。

步骤 3：根据渲染效果，不断调整灯光位置和强度，最终渲染 1 920×1 080 相对比较清晰的图，如图 4-1-14 所示。

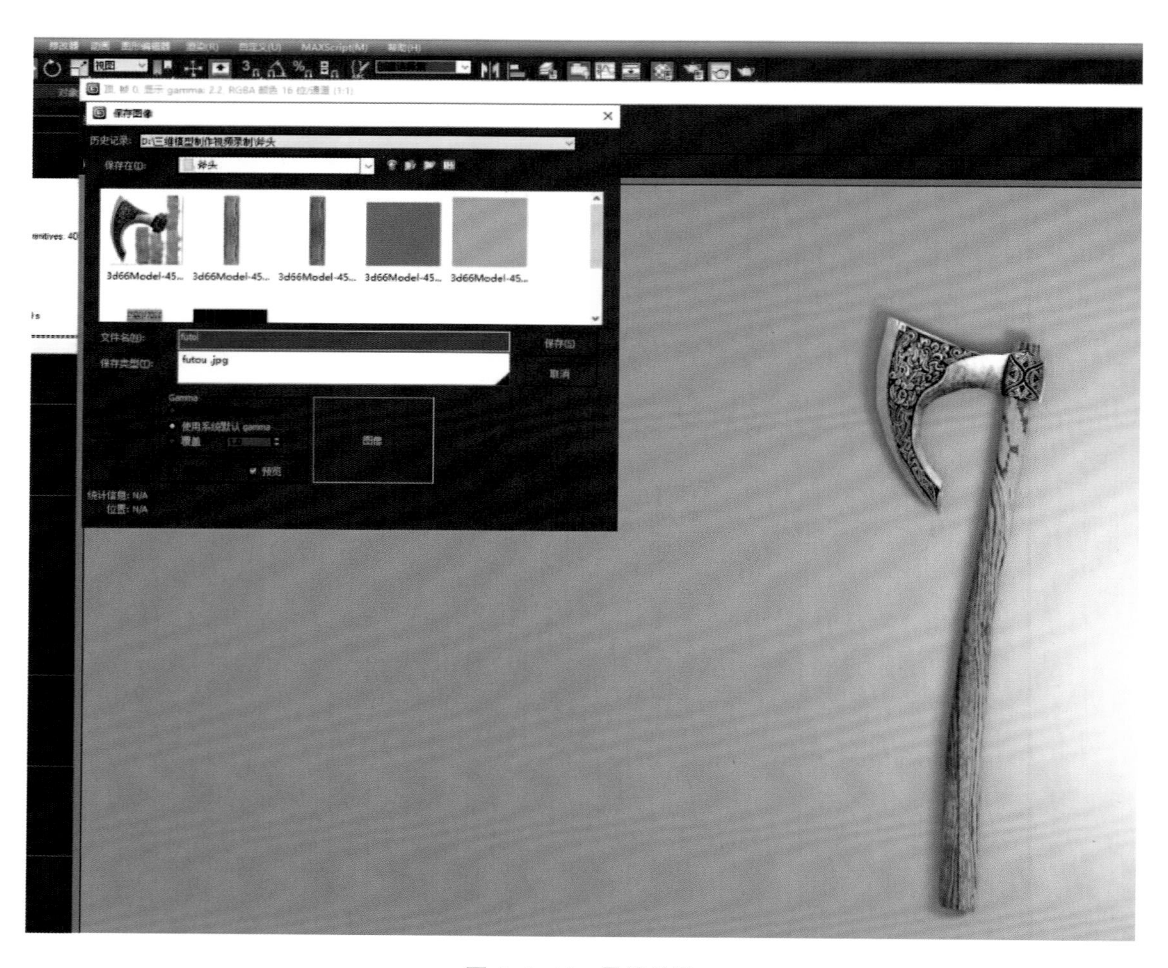

图 4-1-14　最终效果

课后训练：运用本项目所学的知识制作一把匕首。

项目二　卡通场景模型

项目描述

在 3ds Max 中，除 Nurbs 建模外，多边形建模也很快捷，这次我们结合之前学习的多边形建模和材质知识来搭建一栋房屋，这栋房屋的特点是高墙青瓦。

本案例源自实际企业动画项目，项目学习中适当缩减理论教学比重，增加企业岗位需求讲解和实际业务实训所需的技能，培养学生解决实际问题的能力和综合实践能力。

最终效果如图 4-2-1 所示。

图 4-2-1　最终效果

任务一　图片导入

步骤 1：房子图片的导入。在 Photoshop 软件中打开一张效果图，查看它的画布大小，宽度为 67.73 cm、高度为 38 cm。

步骤 2：打开 3ds Max 软件，建立一个平面作为模板，长度设置为 67.73 cm，宽度设置为 38 cm，按 M 键打开“材质编辑器”，选中平面将材质球指定给它，单击漫反射右边的按钮，选择位图文件（图 4-2-2）。

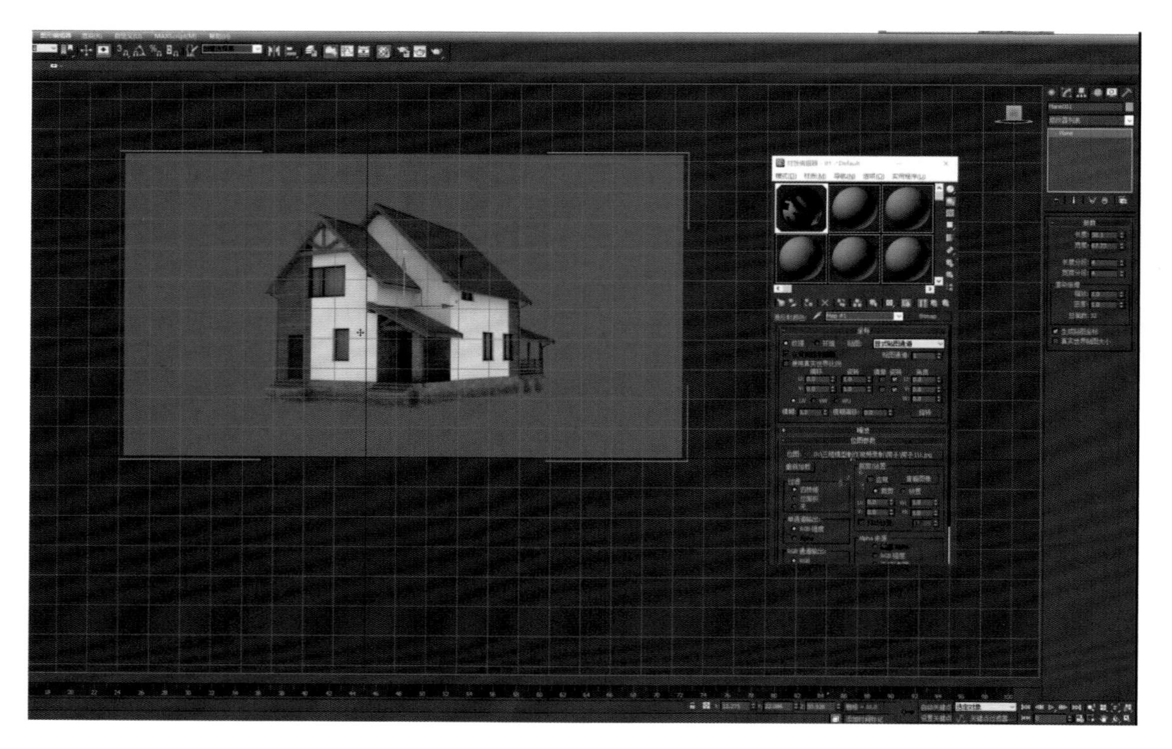

图 4-2-2 指定材质

小提示: *如果发现这个房子贴图显示出来是变形的，是因为 X 轴和 Y 轴的数值影响着长度和宽度的选项，只要把长度参数和宽度参数调换位置即可。最后将整个模板旋转 90° 就完成了图片导入任务。*

任务二 分析图纸、几何体的使用

模板已经创建好了，接下来根据这张图进行分析，思考用什么样的几何体能够更好地创建房子的结构。三角形的屋顶、四方形的房体可以用标准基本体里面的长方体进行编辑，对照效果图的比例来创建几何体。创建三角形的屋顶及四方形的房体结构，进入修改面板对长方体进行加线，将它转化为可编辑多边形，将基本的几何体通过编辑调整点、线、面所需要的房体结构。瓦可以采用图形画线的方式来表达，由于瓦是比较圆滑的，那么对点进行调整，将点进行平滑即可，然后使用“轮廓”命令，选中整根线进行挤出就可以快速制作成一片瓦，密集的瓦只需将瓦复制出来即可完成（图 4-2-3）。

任务三 单位设置及房子的整体构架

步骤 1: 创建的时候要注意保持与效果图的比例一致，首先设置好单位，选择菜单栏中的“自定义”选项，单击“单位设置”按钮，在弹出的对话框中选择“公制”单选按钮，将“米”改为“毫米”，再单击“确定”按钮即可完成单位设置。建立房体结构，确定房子的高度，高度基本上确立后再确定它的宽度。建立前面房体结构后按 Shift 键移动复制，然后将它进行放大，作为右边叠加的房体结构（图 4-2-4 和图 4-2-5）。

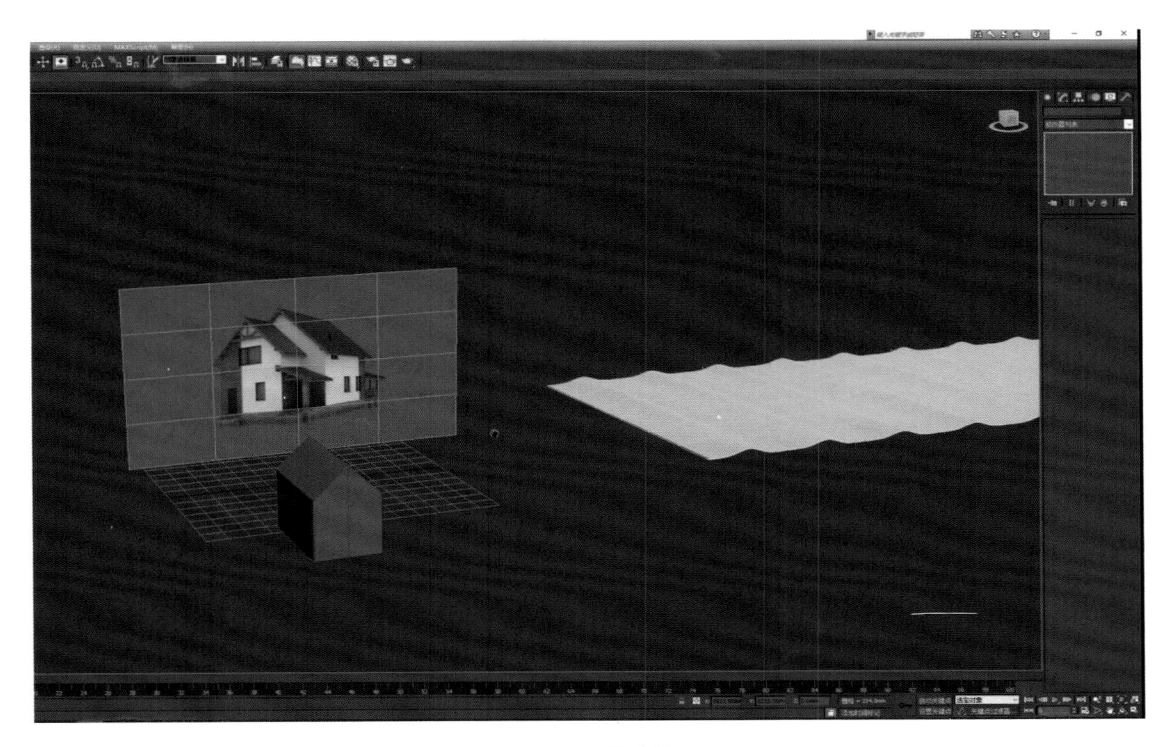

图 4-2-3　最终效果

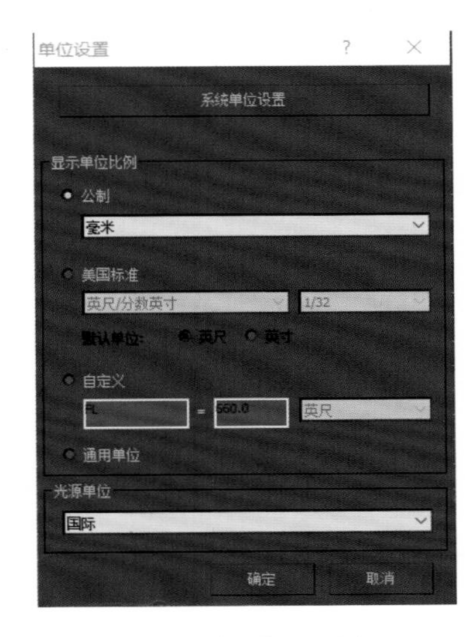

图 4-2-4　单位设置

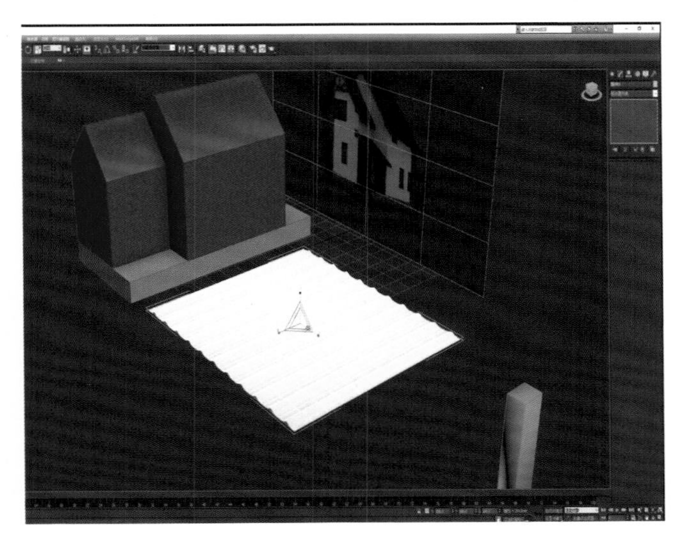

图 4-2-5　模型制作

步骤 2：制作地基，选择标准的长方体来制作，将它转换为可编辑多边形，选中边、面进行调整，按 F 键进入前视图，需要与效果图的比例一致。屋顶上的瓦是有坡度的，先制作成平面的，然后进行旋转，墙体挨近瓦的位置需要制作横梁，横梁采用长方体进行制作（图 4-2-6）。

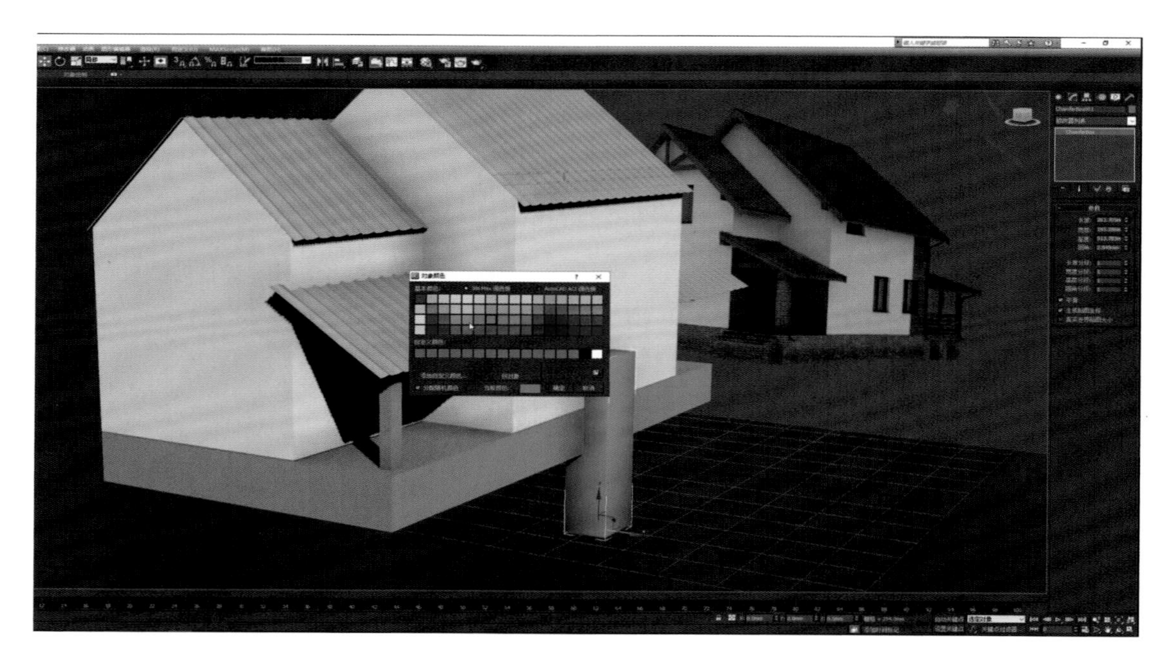

图 4-2-6 模型制作

任务四 梁柱的创建

步骤 1：先采用长方体来进行制作，颜色统一选择橙色。按 T 键进入顶视图，将柱子的比例调整好，按 R 键进行缩放，摆好位置。墙体结构选择白色，瓦选择灰色，体现房子的整体性。

步骤 2：在视图左上角单击鼠标右键，选择“平滑 + 高光”，把照明和阴影改成默认灯光照亮，以方便后面的显示操作，防止太亮而看不清楚。横梁主要是位置的摆放要正确，相似的横梁按 Shift 键进行复制，然后进行缩放、旋转摆放，根据图片模板进行调整完成（图 4-2-7）。

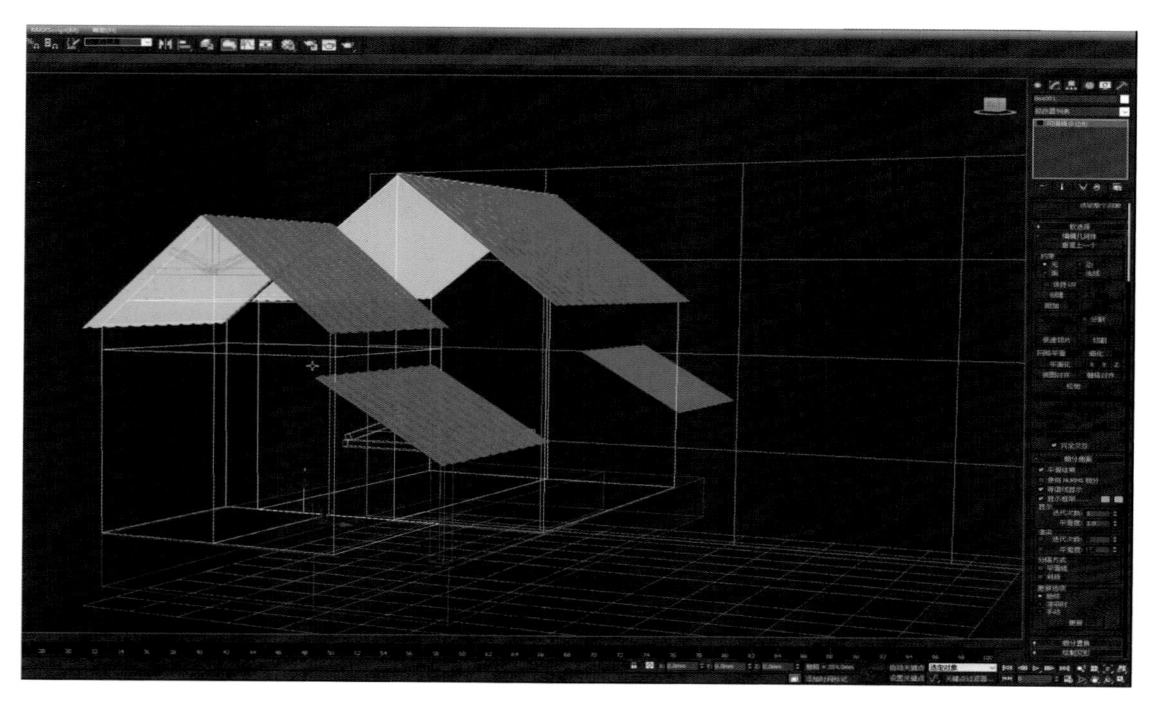

图 4-2-7 调整效果

任务五　门窗的创建

步骤 1：确定好门和窗的位置，采用添加线来确定。按 F 键进入前视图进行整体加线，使用“快速切片”命令，切线时需把线条拉直，选择窗户的面执行“挤出”命令，弹出“参数”对话框，把参数调成负值，这样窗户就凹进去了，再单击“确定”按钮即可。按 M 键进入“材质编辑器”，将材质球指定给窗户的面，调节不透明度参数值为 50。然后用同样的方法做其余的小窗户，调整材质为半透明，完成窗户的建模。

步骤 2：制作门，选中门的面执行“挤出”命令，弹出参数对话框，把参数调成负值，这样门就凹进去了，再单击“确定”按钮即可。从地面开始，确定好高度和宽度，按 M 键进入“材质编辑器”，给它指定一个材质球并选择颜色，用同样的方法制作其余的门，将门、窗的比例调整正确方便后面直接给材质贴图（图 4-2-8）。

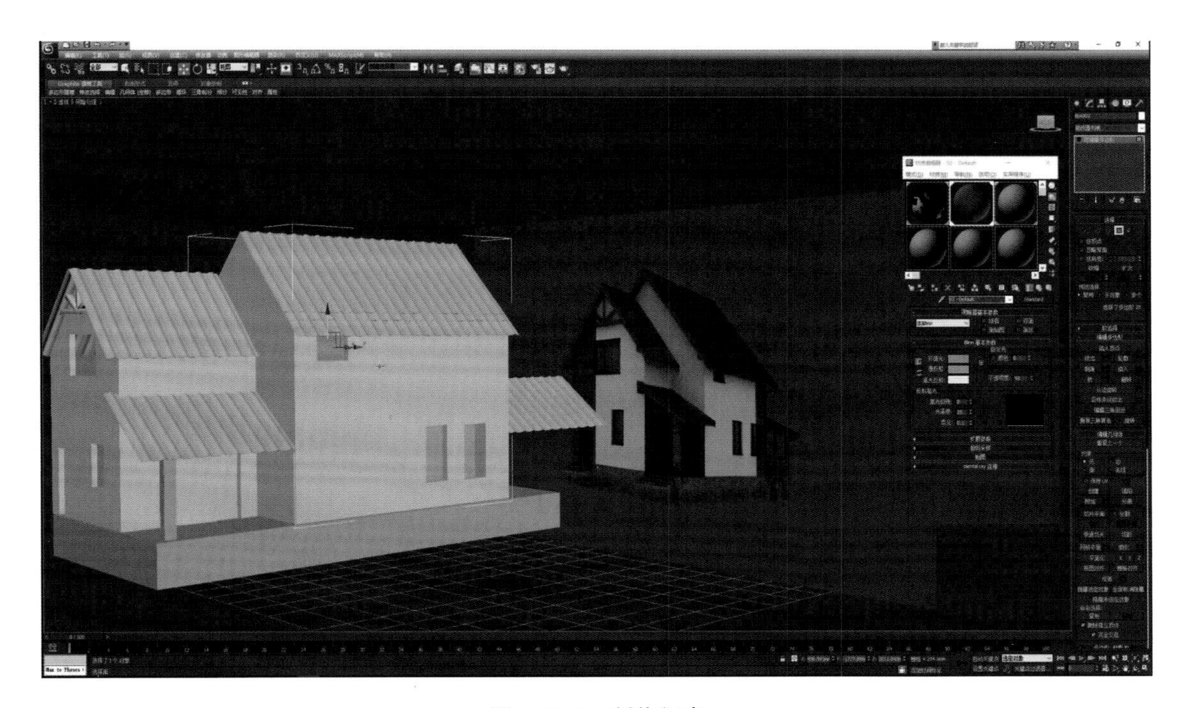

图 4-2-8　制作门窗

任务六　其他道具的创建

步骤 1：其他道具的创建包括台阶、支撑柱、管道的制作，也更能体现建模方法的运用。创建支撑柱，可以直接复制，按 F 键进入前视图，将之转换为可编辑多边形，进行调整。选择用线绘制，然后使用修改器菜单里面的网格编辑挤出，然后对台阶进行缩放调整，按 M 键进入“材质编辑器”，统一赋予台阶颜色（图 4-2-9）。

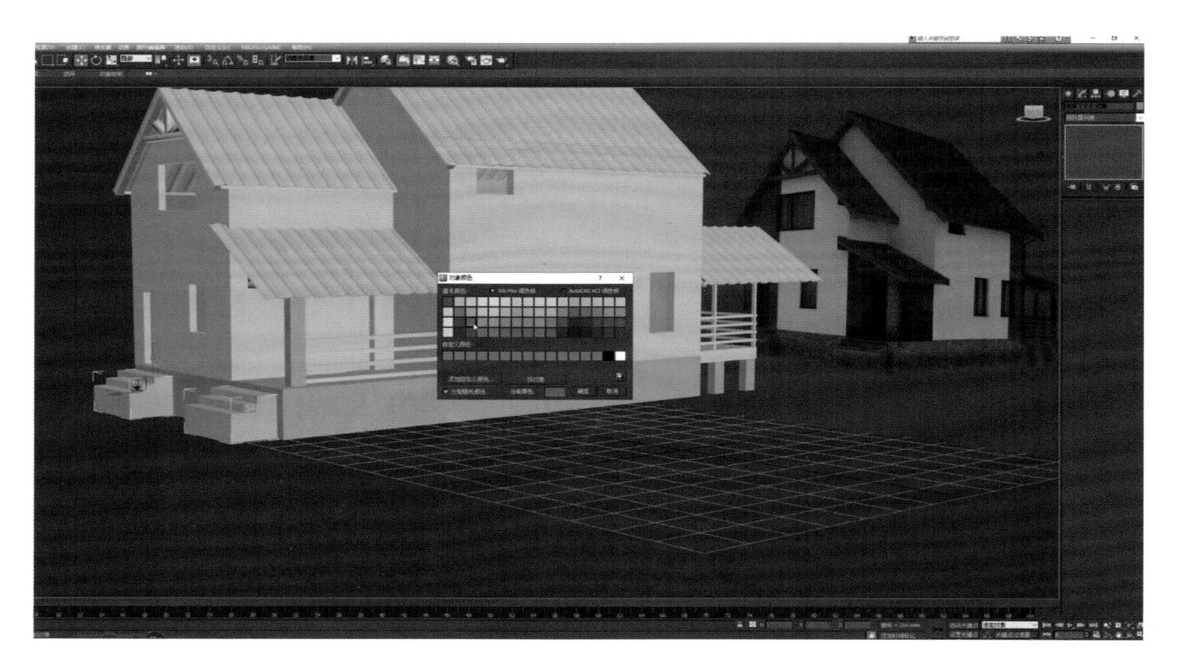

图 4-2-9 赋予台阶颜色

步骤 2: 制作门窗的框架，采用标准基本体来制作。创建一个长方体，按 R 键拉伸竖起来，然后按“Alt + A”快捷键对齐放在门窗上。用同样的方法，制作旁边的窗户。接下来制作出水管道，先进行管道路径绘制，然后调整点绘制成管道的路径，接着执行复合对象里面的“放样”命令，获取圆圈图形，管道就制作完成了（图 4-2-10）。

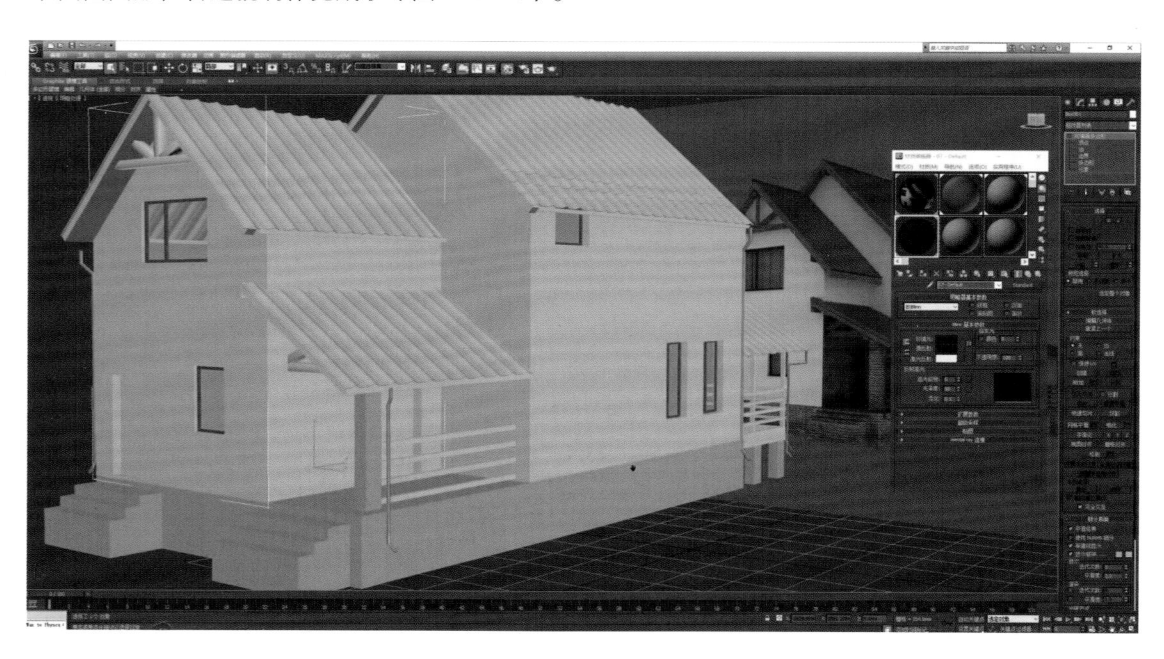

图 4-2-10 制作门窗框架

任务七　房子贴图的合理方式

步骤 1：合理的贴图方式，如这块台面是采用砖块贴图纹理，按 M 键，选择 Vray 基本材质球，选择“漫反射”选项，贴图选择砖块纹理图片，将贴好图的材质球指定给选定对象即可。在修改器列表执行“UVW 贴图”命令，选择长方体方式，调整 UVW 贴图下面的范围进行移动，使得砖块形成下面深、上面浅的砖纹理，体现年代感。用同样的方法设置柱子的 UVW 贴图方式，对它的范围和旋转角度进行调整（图 4-2-11）。

图 4-2-11　制作贴图

步骤 2：墙体贴图。先选择墙体，将它转换为可编辑多边形，所有的面都需要木纹贴图，选中要贴木纹的面，然后赋予 Vray 的标准材质，然后选择“漫反射”选项，选择位图文件，选中纹理即可。在修改器列表执行“UVW 贴图”命令，选择长方体方式，调整 UVW 贴图。用这种方式可以把剩下的贴图全部贴好，包括门框、横梁及窗帘的贴图（图 4-2-12 和图 4-2-13）。

任务八　树木环境的添加及渲染

步骤 1：房子的环境。将房子的周边种上树，然后创建好灯光，再对它进行渲染表现。房子的地面可以直接用 Vray 平面来制作。

步骤 2：3ds Max 里面有自带的植物，如苏格兰的松树，复制一排，就会显得有氛围，可以对它进行放大与缩小操作，与房子的大小比例匹配即可，颜色可以根据需要进行调整，完成对植物的创建。

步骤 3：进行测试渲染，渲染所花时间会比较长，因为渲染快慢与图片大小有关，植物数量越多，那么渲染的速度也会越慢。种植棕榈树，在渲染设置的时候，调整漫反射，如果反射值太高就适当降低，图片大小设置成 1 280 × 720，其他参数默认即可（图 4-2-14）。

图 4-2-12 墙体贴图

图 4-2-13 渲染效果

步骤 4：创建灯光时可以模拟太阳光或者是白天的情景，最终把渲染的图在 Photoshop 软件里进行处理，把背景处理成海边，营造整个环境氛围。根据需要可以创建多个 Vray 灯光。在 Photoshop 软件中进行处理时，需要背景和房子渲染的角度一致，再进行处理，最后保存图片格式即可（图 4-2-15）。

图 4-2-14　树木制作

图 4-2-15　最终效果

课后训练：运用本项目所学的知识制作一个八角亭。

项目三 游戏场景模型

项目描述

游戏场景主要由场景建筑及场景环境等组成。其中最为重要的是场景建筑，一款游戏场景建筑往往反映出游戏的时代背景及风格；而场景环境又在场景中起着非常重要的烘托气氛的作用，因此，游戏场景直接影响游戏玩家的体验，也是一款游戏值得浓墨设计的重点。本项目通过场景案例完整讲述了游戏场景模型的制作规范。

本案例对照职业岗位要求，强化学生的技能培养，坚持以职业岗位群体为本，注重一能多用。

任务一 原画分析与大型创建

步骤 1：选择原画图片风车，放到 Photoshop 软件中打开，观察原画使用不同颜色的笔标出大致的外形，明确制作步骤，如图 4-3-1 和图 4-3-2 所示。

图 4-3-1 原画

图 4-3-2 用铅笔标出大致的外形

步骤 2：创建与保存。双击桌面图标运行 3ds Max 2018，执行“文件”→“保存”命令，在弹出的储存文件窗口“名称”中输入“fangzi”，单击“保存”按钮关闭窗口，保存为“fangzi.max”文件。在右侧命令面板中执行（“创建”）→（“几何体”）→ Box （“长方体”）命令，在“透视图”中拖动光标，创建图 4-3-3 所示的长方体，并将其转换为可编辑多边形，如图 4-3-4 所示。

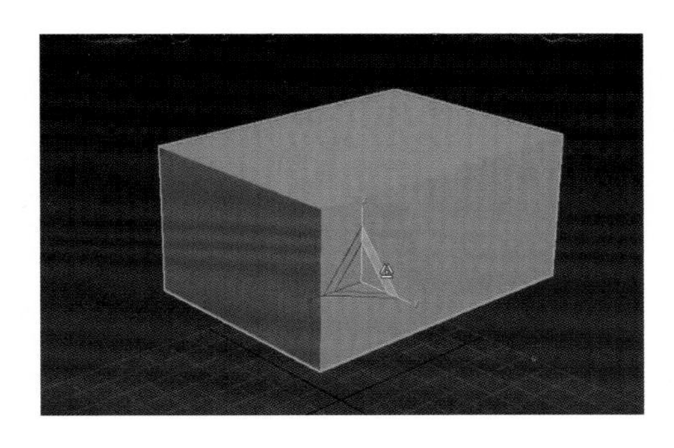

图 4-3-3　创建长方体

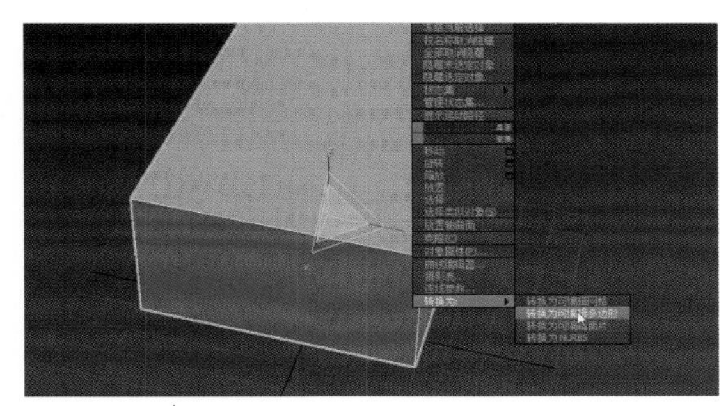

图 4-3-4　可编辑多边形

步骤 3：执行“边编辑”命令框选所创建的长方体一侧的循环边，如图 4-3-5 所示。在右侧菜单“编辑”菜单→“编辑边”命令中执行“连接”命令，如图 4-3-6 所示。为选中的循环边添加一条中线，并选中顶面一根单独的线向上位移作出房顶的三角形结构，如图 4-3-7 所示。

图 4-3-5　框选循环边

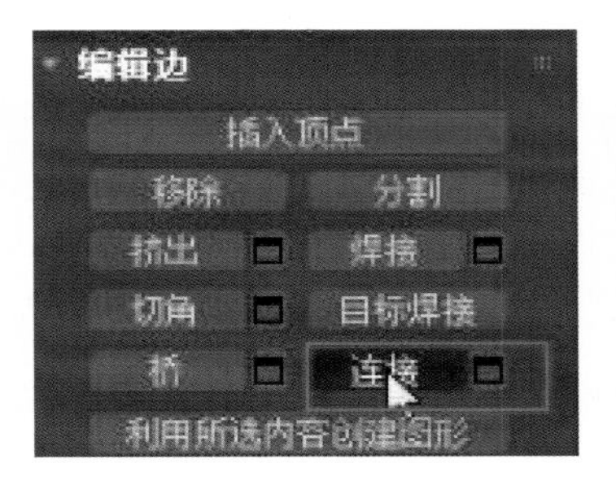

图 4-3-6　“连接”命令

图 4-3-7　房顶

步骤 4：复制制作好的模型（图 4-3-8）并将其缩小与参考的原画相符合，如图 4-3-9 所示。激活模型的线框显示模式，将缩小的模型中房顶往下压，如图 4-3-10 所示。

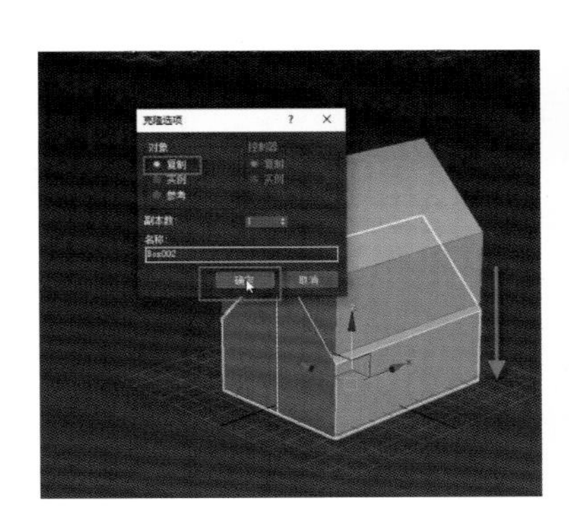

图 4-3-8　复制模型 1

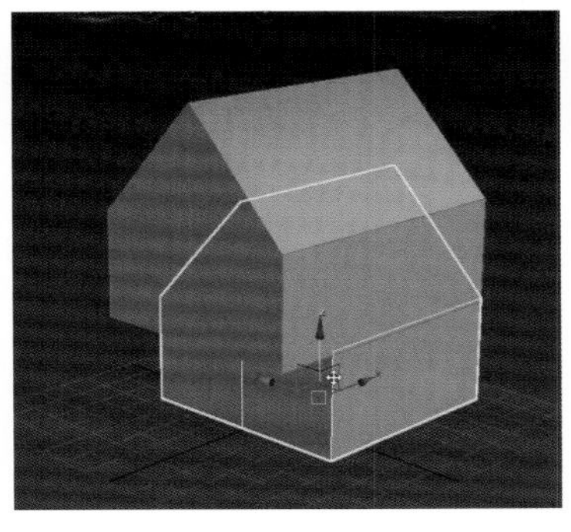

图 4-3-9　缩小模型 1

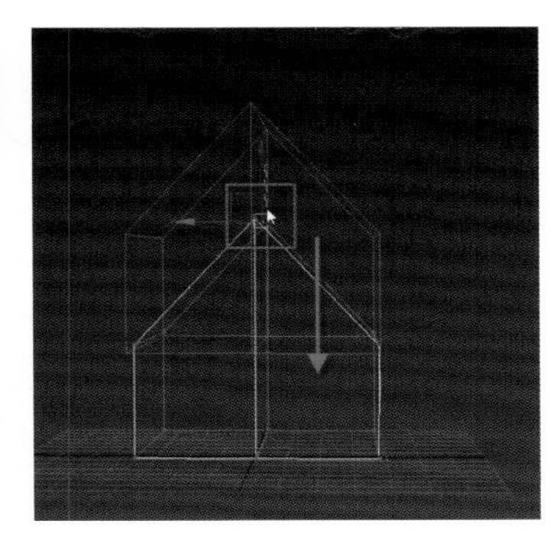

图 4-3-10　房顶下压

步骤 5：复制制作好的模型（图 4-3-11）并将其缩小与参考的原画相符合，如图 4-3-12 所示。图 4-3-13 和图 4-3-14 方法同上。

图 4-3-11　复制模型 2

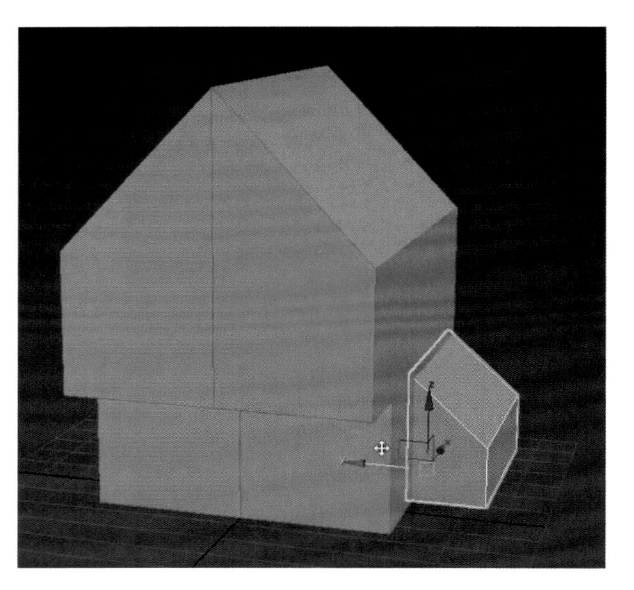

图 4-3-12　缩小模型 2

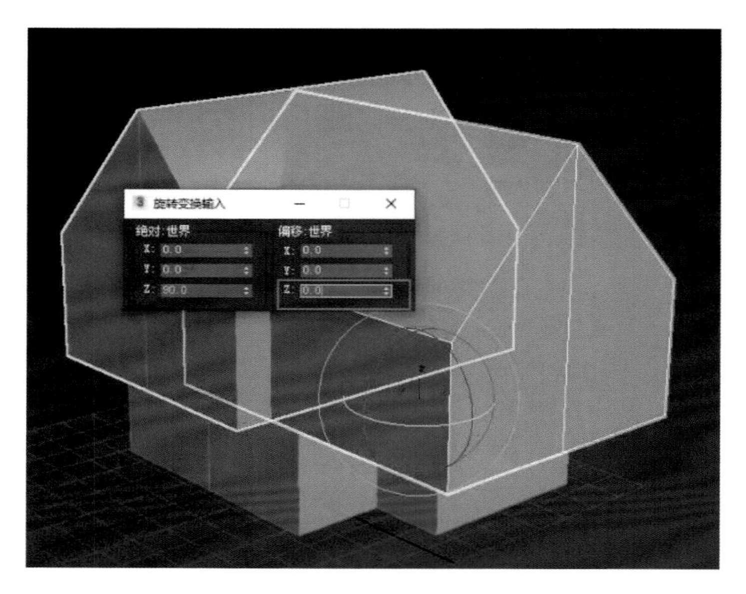

图 4-3-13　复制模型 3

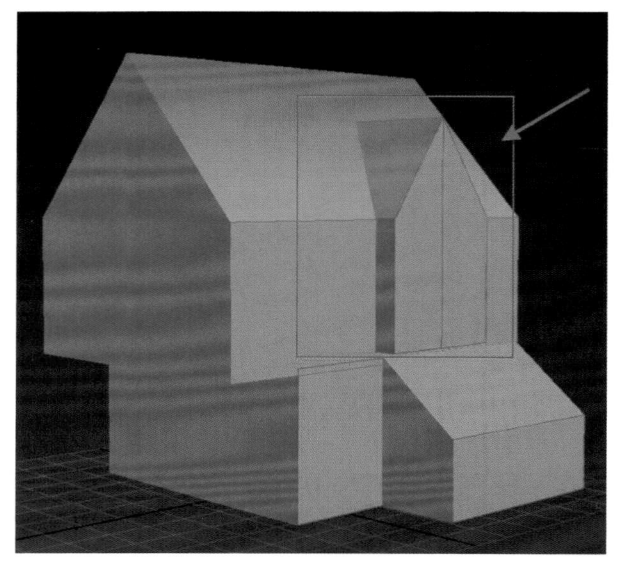

图 4-3-14　缩小模型 3

步骤 6：将图中所选择的默认材质球添加到模型上，如图 4-3-15 示。

步骤 7：创建图 4-3-16 所示的长方体来制作阁楼。选中制作的长方体的顶面，如图 4-3-17 所示，使用“挤出”工具，将向上挤出数值改为 0。如图 4-3-18 所示，执行右侧“编辑”菜单中的“编辑多边形”→“轮廓”命令，将所选顶面扩大固定数值，如图 4-3-19 所示。再次执行“挤出”命令，向上挤出一个阁楼，如图 4-3-20 所示。如图 4-3-21 所示，选中右侧“切割”工具为阁楼添加图 4-3-22 所示的红线。

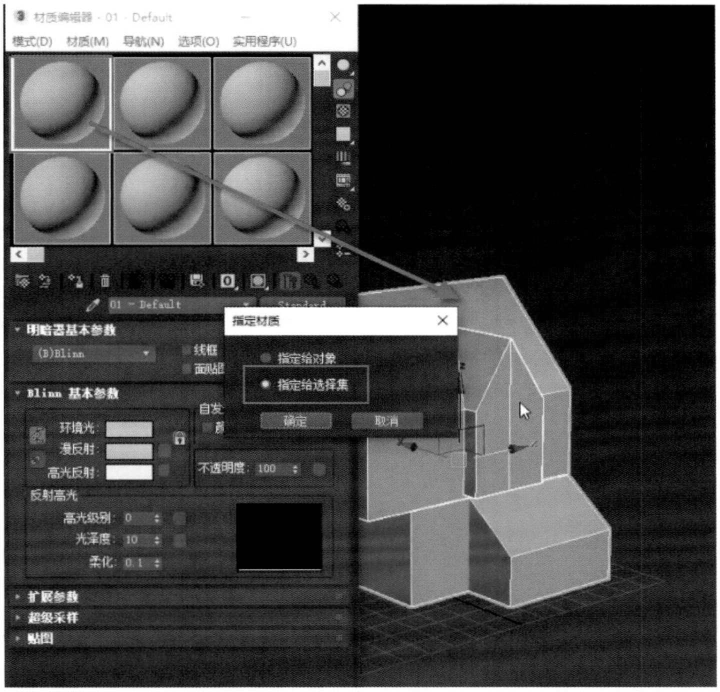

图 4-3-15　添加材质球

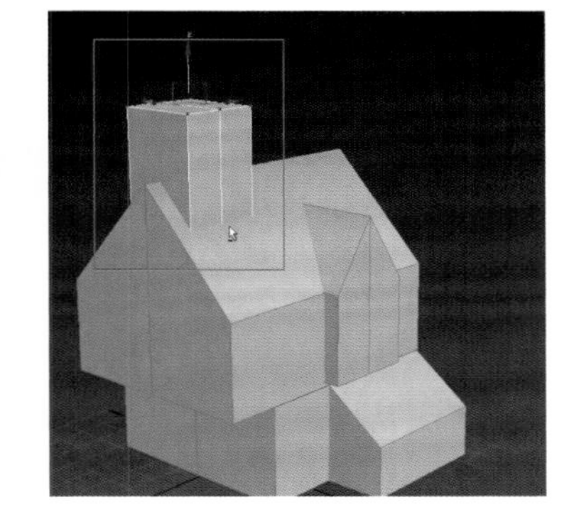

图 4-3-16　创建长方体

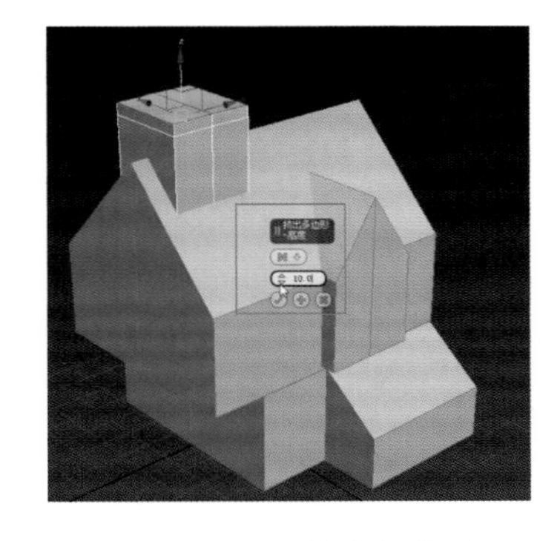

图 4-3-17　挤出多边形

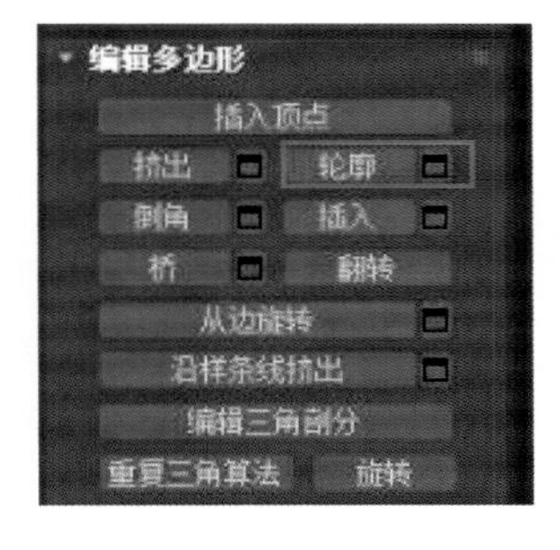

图 4-3-18　选择“轮廓”

图 4-3-19　扩大固定数值

图 4-3-20　挤出阁楼

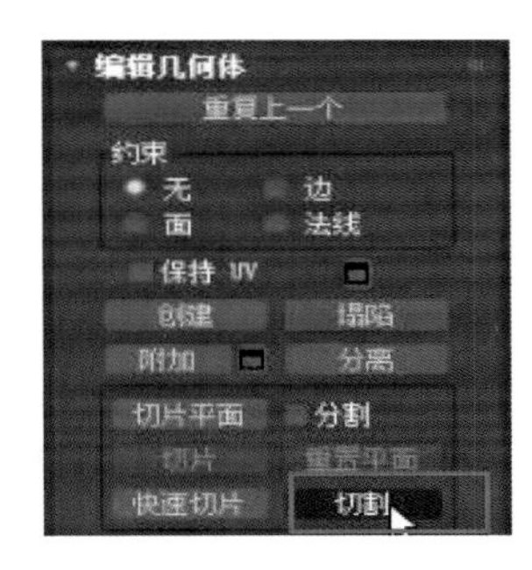

图 4-3-21　选择“切割”

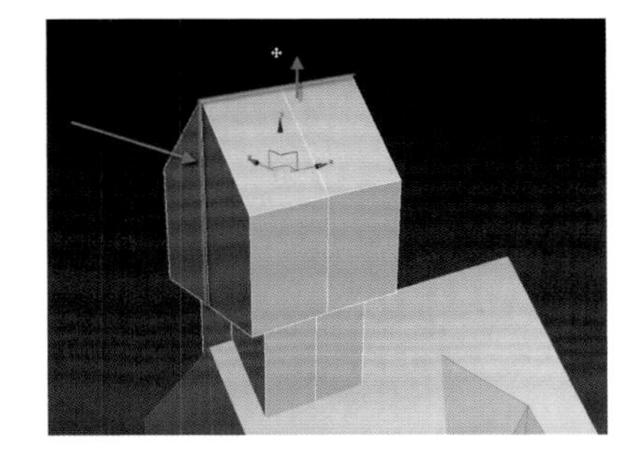

图 4-3-22　添加“红线”

步骤 8：使用“切割”工具在图 4-3-23 所示的箭头方向添加线，选中里面的两个顶点，按照箭头所示的方向向内挤压（图 4-3-24）。框选图 4-3-25 所示的线段，使用“连接”工具，为其添加一条中线。使用“缩放”工具将所添加的中线向内挤压，如图 4-3-26 所示。

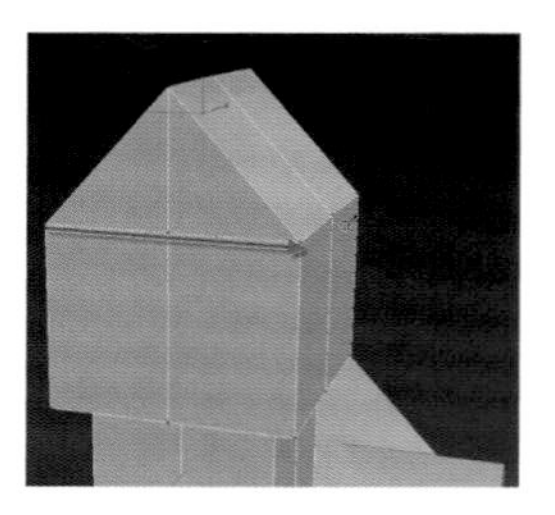

图 4-3-23 添加线

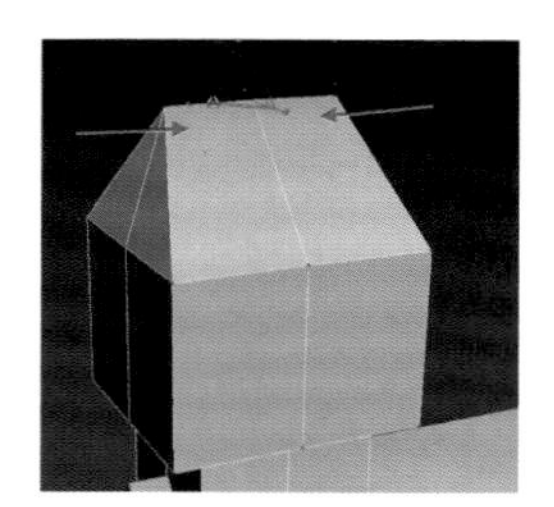
图 4-3-24 向内挤压 1

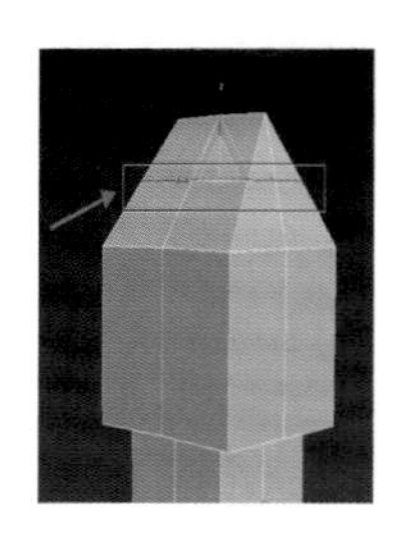
图 4-3-25 添加中线

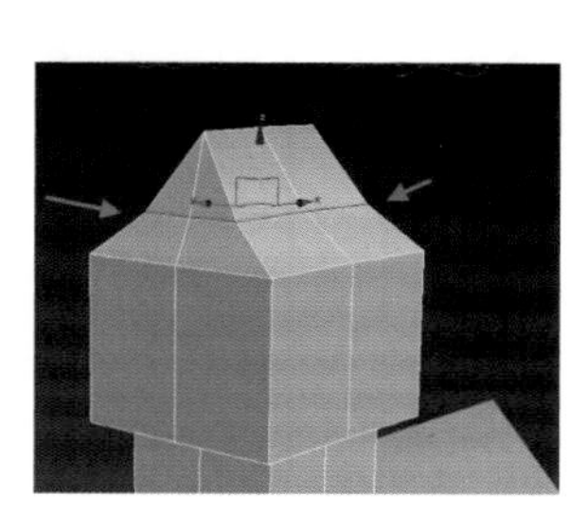
图 4-3-26 向内挤压 2

步骤 9：创建图 4-3-27 所示的圆柱体，并挤出一段距离（图 4-3-28），在图 4-3-29 所示的圆柱体前方添加两条循环边，选中图 4-3-30 所示的面并挤出。

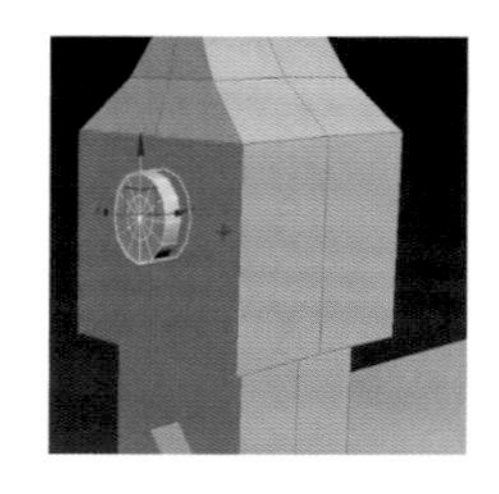
图 4-3-27 创建圆柱体

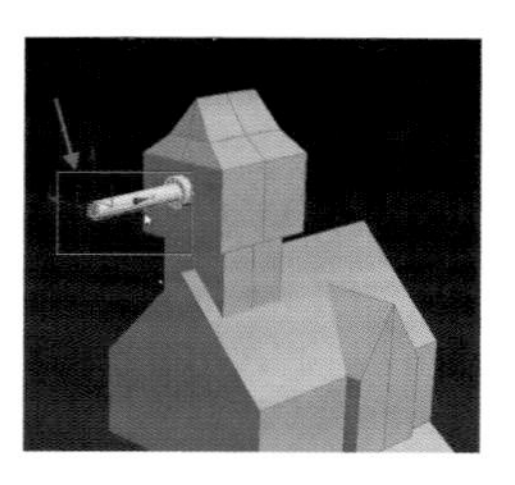
图 4-3-28 向外挤出

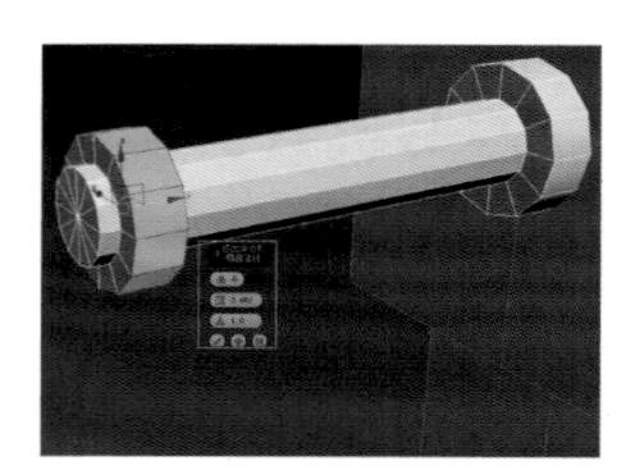
图 4-3-29 添加循环边

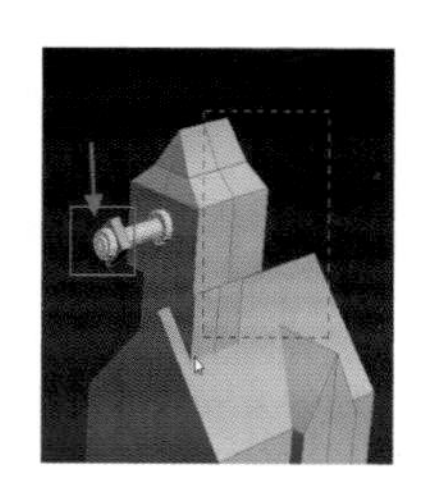
图 4-3-30 挤出

步骤 10：创建一个正方体，并将其按所示轴向旋转 45°。按照如图 4-3-31 所示的箭头方向将中心坐标轴改为局部方向。将创建的正方体复制一个。使用“缩放”工具，按照图 4-3-32 所示的指令方向向内挤压。将所选择的长方体拉长做成风车的轴，如图 4-3-33 所示。

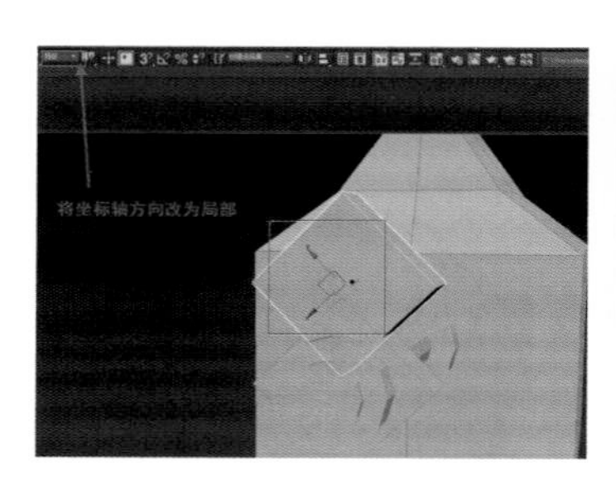
图 4-3-31 局部方向

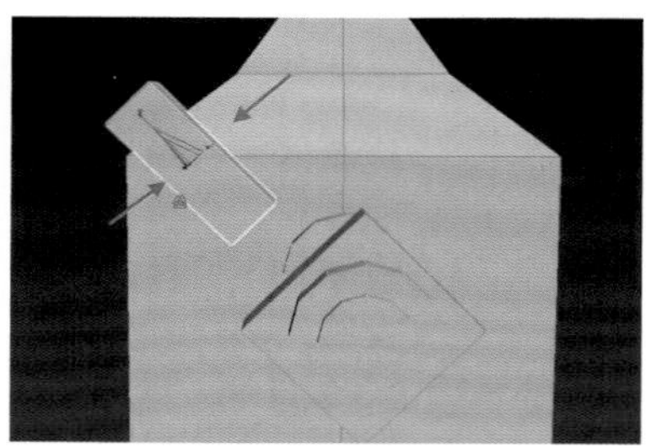
图 4-3-32 向内挤压 3

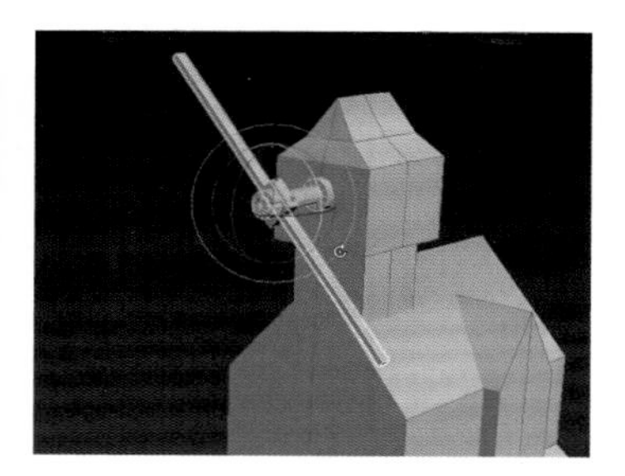
图 4-3-33 风车的轴

步骤 11：图 4-3-34 所示是分析风车扇叶的原画，图 4-3-35 所示是复制出的中心轴模型，将其缩短并旋转。创建长方体制作风车扇叶横轴并复制三根，如图 4-3-36 所示。

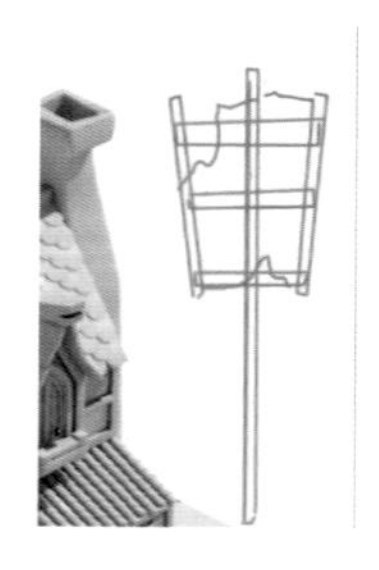
图 4-3-34 风车扇叶的原画

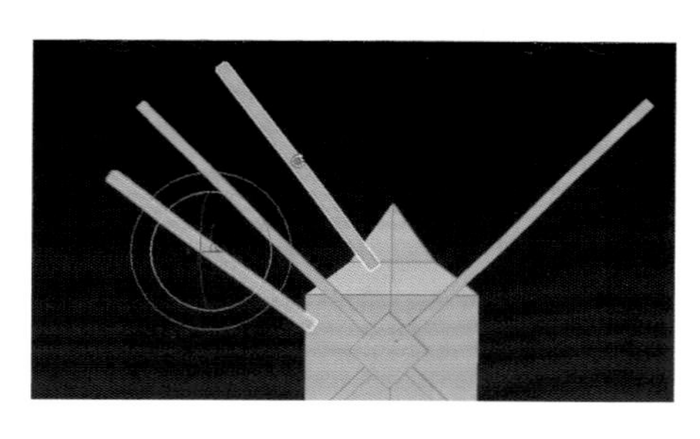
图 4-3-35 中心轴模型

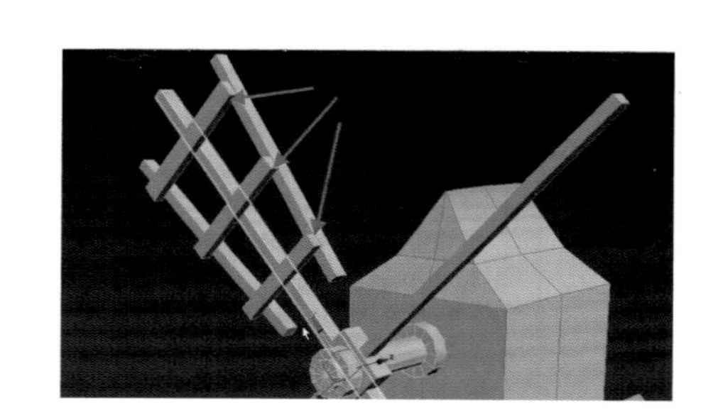
图 4-3-36 创建长方体制作风车扇叶横轴并复制三根

步骤 12：创建图 4-3-37 所示的平面。使用“切割”工具在平面上添加线段，并将其调整为破损的风车扇叶的形状（图 4-3-38）。将图 4-3-39 所示的平面挤出厚度，制作出扇叶的整体效果。

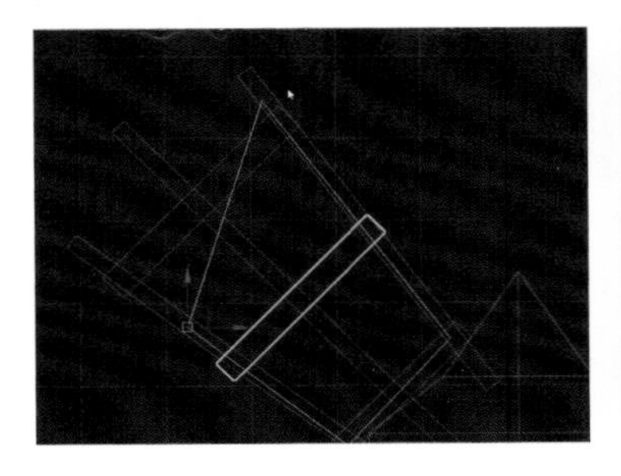

图 4-3-37　创建平面

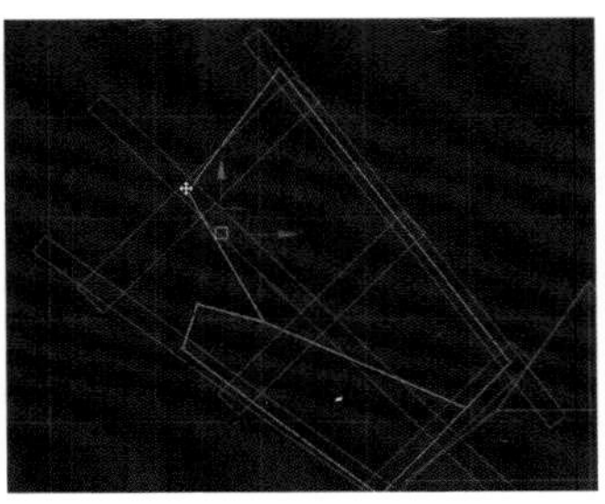

图 4-3-38　制作风车扇叶

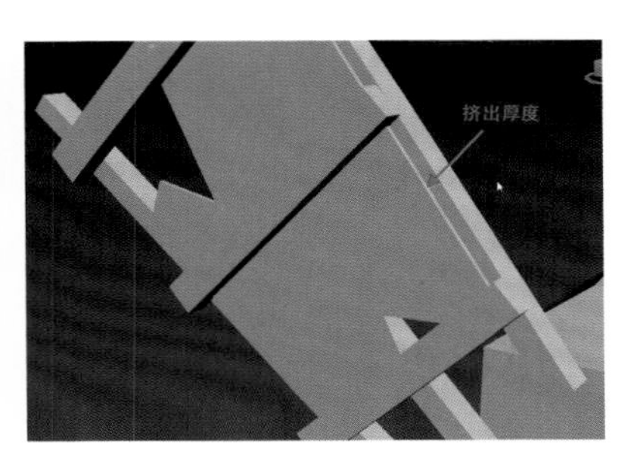

图 4-3-39　挤出扇叶厚度

步骤 13：挤出效果图 4-3-40 所示，并将制作好的单个扇叶片复制出来，修改上面的形状，如图 4-3-41 所示。风车制作完成效果如图 4-3-42 所示。

图 4-3-40　挤出效果

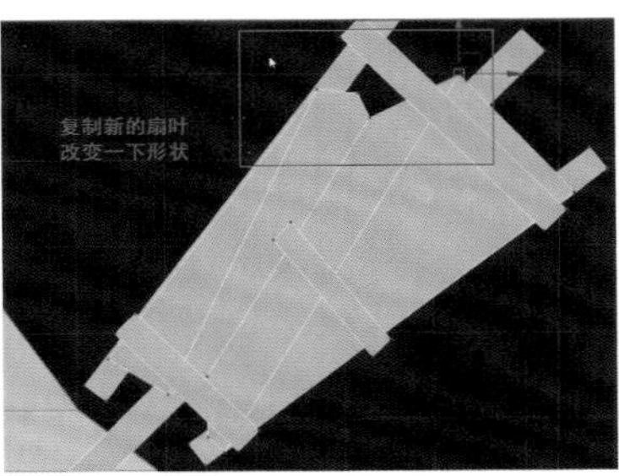

图 4-3-41　修改扇叶形状

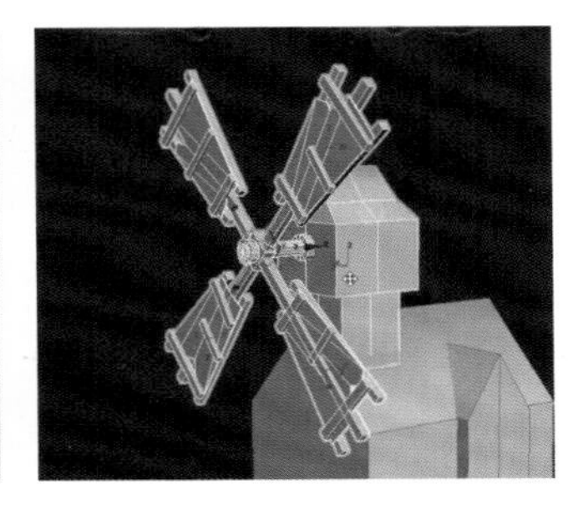

图 4-3-42　风车制作完成

步骤 14：如图 4-3-43 所示，选中房屋屋顶上的顶面并复制出来。使用“挤出”工具将其挤出固定一个数值，如图 4-3-44 所示。激活边编辑命令，选中图 4-3-45 所示的边，执行右侧的“编辑”菜单中的“桥接”命令，桥接图 4-3-45 所示的面。

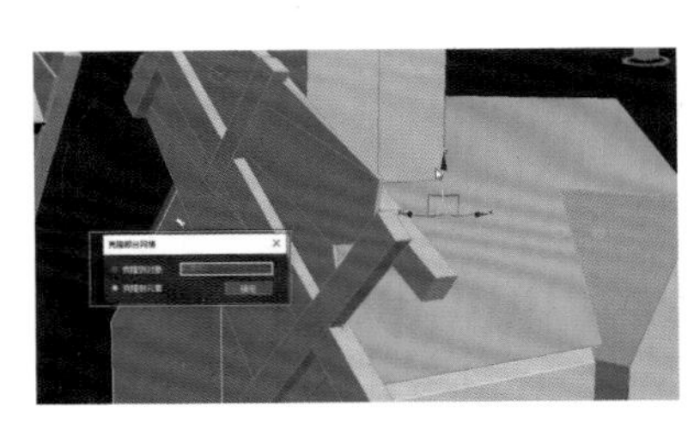

图 4-3-43　复制顶面

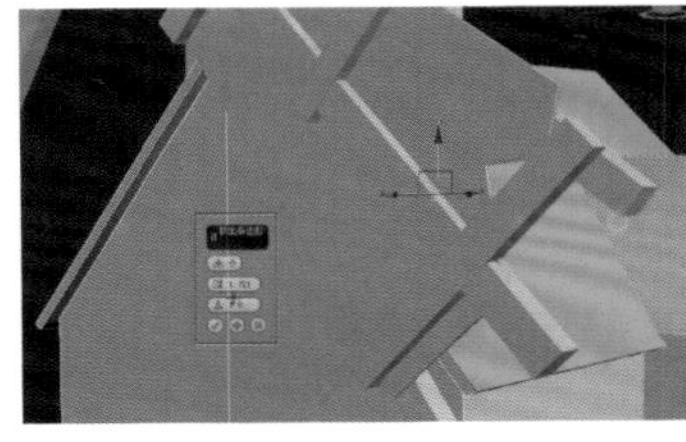

图 4-3-44　挤出固定数值 1

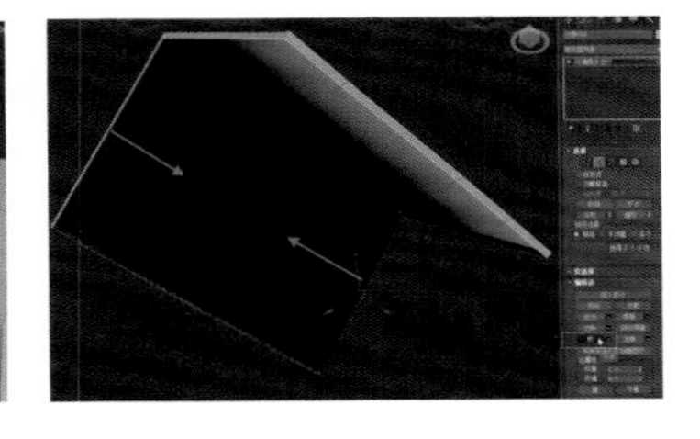

图 4-3-45　桥接面

步骤 15：选择图 4-3-46 所示的房屋侧面，使用“挤出”工具将其挤出，并将挤出数值改为 0（图 4-3-47）。使用“轮廓”工具将选中的面轮廓向内缩放固定数值，如图 4-3-48 所示。轮廓缩放后将选中面删除。

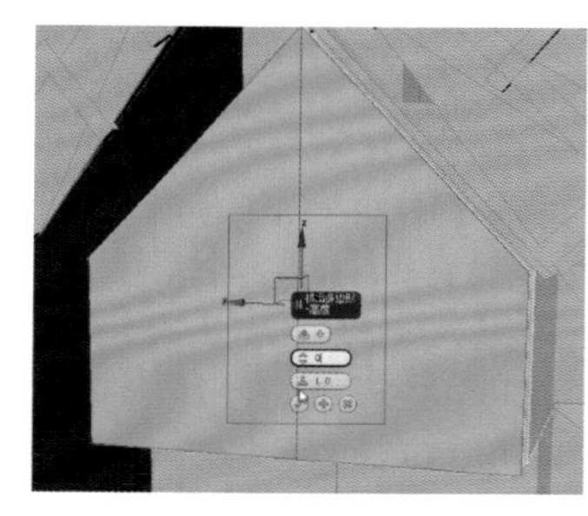

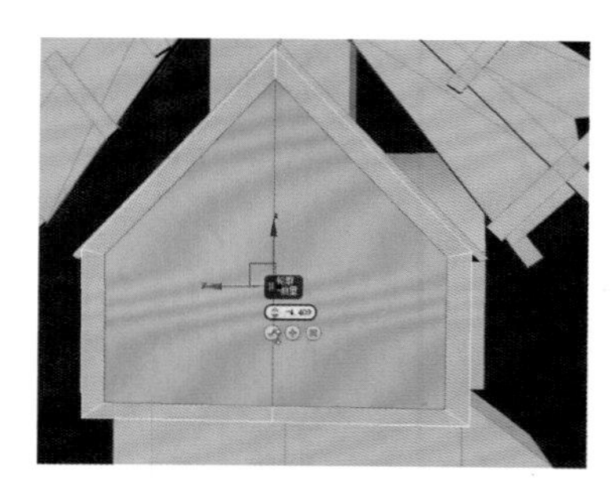

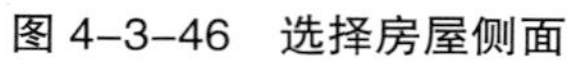

图 4-3-46 选择房屋侧面　图 4-3-47 挤出数值改为“0”　图 4-3-48 缩放轮廓

步骤 16：删除面后的效果如图 4-3-49 所示。选中该模型的面使用“挤出”工具，挤出固定的数值如图 4-3-50 所示，激活面选择图 4-3-51 中框选的面，并复制到上方。创建两个纵向的长方体，并将其复制摆放到合适的位置，如图 4-3-52 所示。

图 4-3-49 删除面后效果　图 4-3-50 挤出固定数值 2

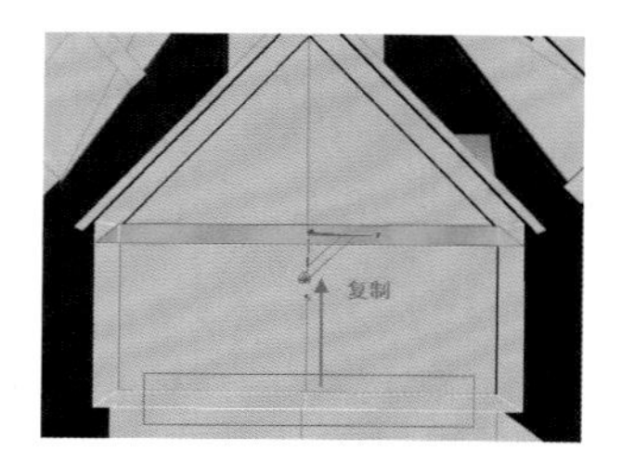

图 4-3-51 框选并复制

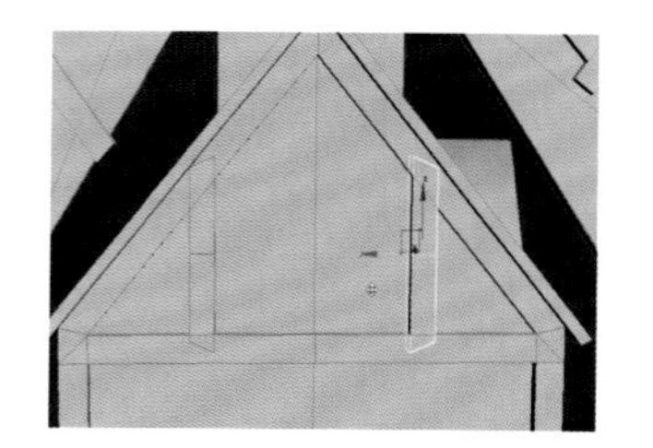

图 4-3-52 创建长方体

步骤 17：侧面边框方法同上，如图 4-3-53 所示。创建两个长方体如图 4-3-54 所示摆放，制作窗户窗台、模型，创建两个长方体，如图 4-3-55 所示。复制创建的长方体制作阳台效果如图 4-3-56 所示。

图 4-3-53 制作侧面边框

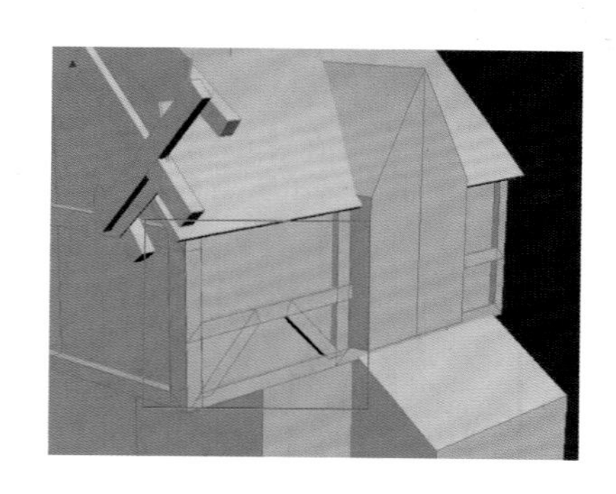

图 4-3-54 创建长方体 1

图 4-3-55　创建长方体 2

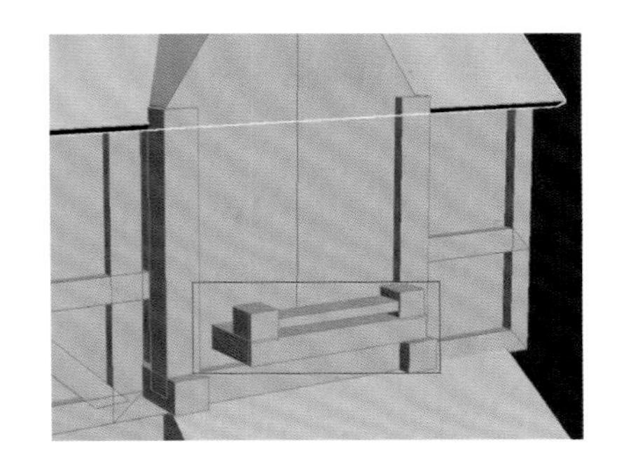

图 4-3-56　制作阳台效果

步骤 18：将房子整体复制出来，并缩小放到窗户的位置上，如图 4-3-57 所示。选中图 4-3-58 所示框选中的两条边，使用“切角”工具，如图 4-3-59 所示，将其切角边圆滑；切角数值如图 4-3-60 所示。

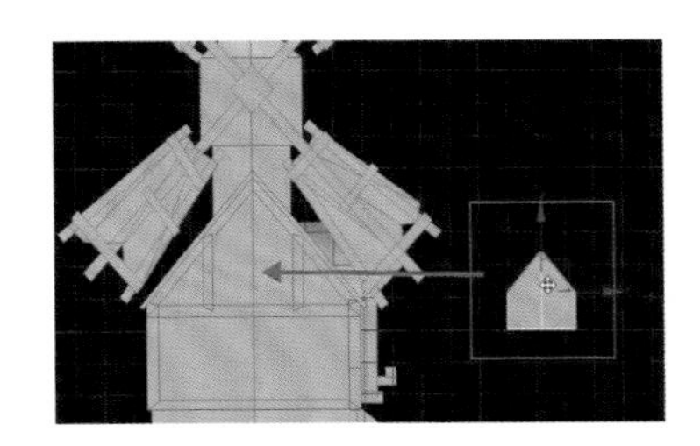

图 4-3-57　复制房子

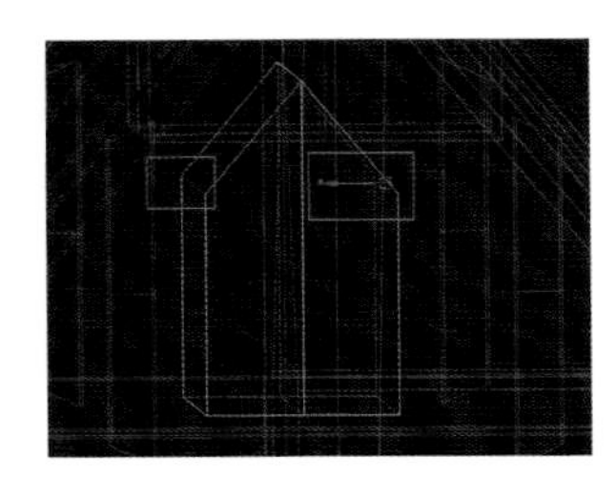

图 4-3-58　框选边

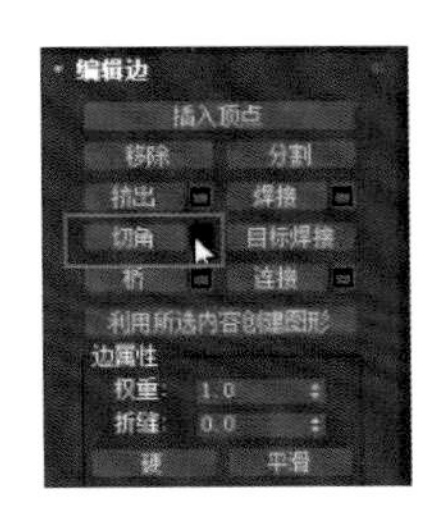

图 4-3-59　选择“切角”

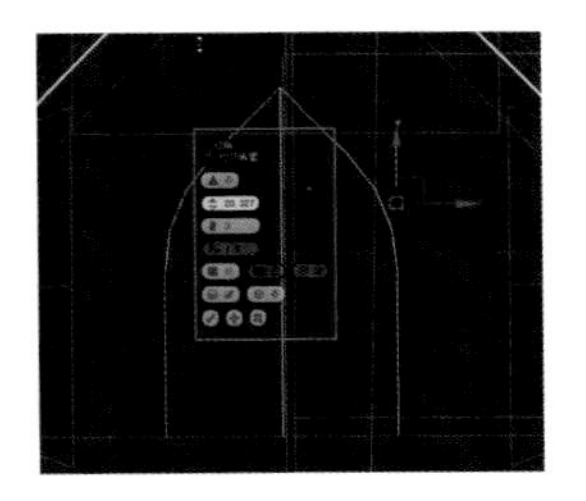

图 4-3-60　切角数值

步骤 19：制作门边框的模型。选中切好角模型侧面的面（图 4-3-61），使用“挤出”工具，将挤出数值改为 0。使用“轮廓”工具，如图 4-3-62 所示，向内缩放固定数值，再次使用“挤出”工具，向内挤出效果如图 4-3-63 所示。

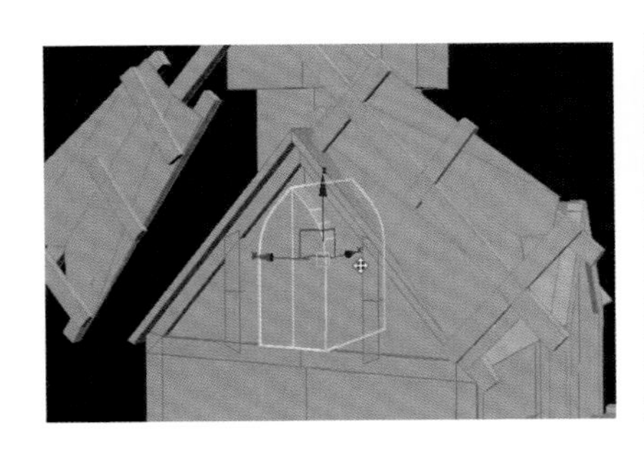

图 4-3-61　选中切好角模型侧面的面

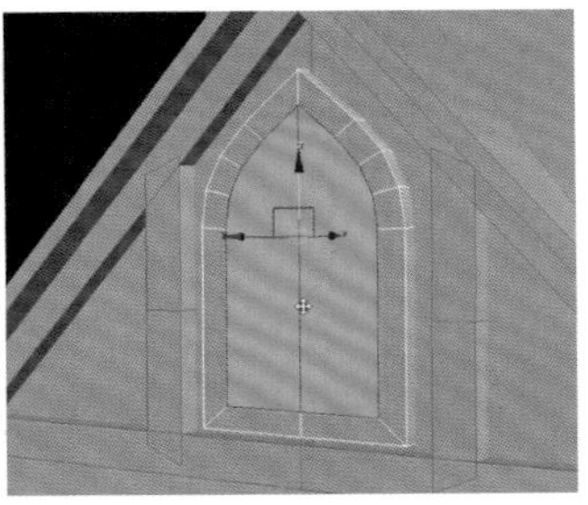

图 4-3-62　向内缩放

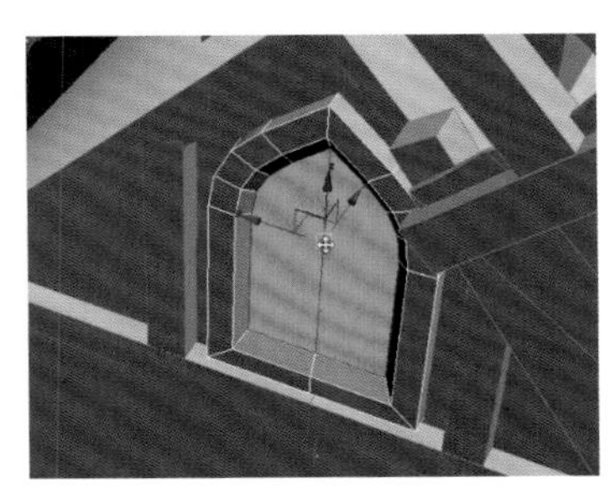

图 4-3-63　向内挤出效果

步骤 20：使用布尔运算。使用布尔运算，利用加减法制作门。首先选中房子整体的模型，单击右侧“复合对象”中的“布尔”按钮，如图 4-3-64 所示。选择框选部分的第二个对象，再次单击门模型，如图 4-3-65 所示。最后在下方框选部分差集、交集和并集，选择差集使用大模型减去小模型。制作效果如图 4-3-66 所示。将做好的门边框放到布尔好的模型上，如图 4-3-67 所示。

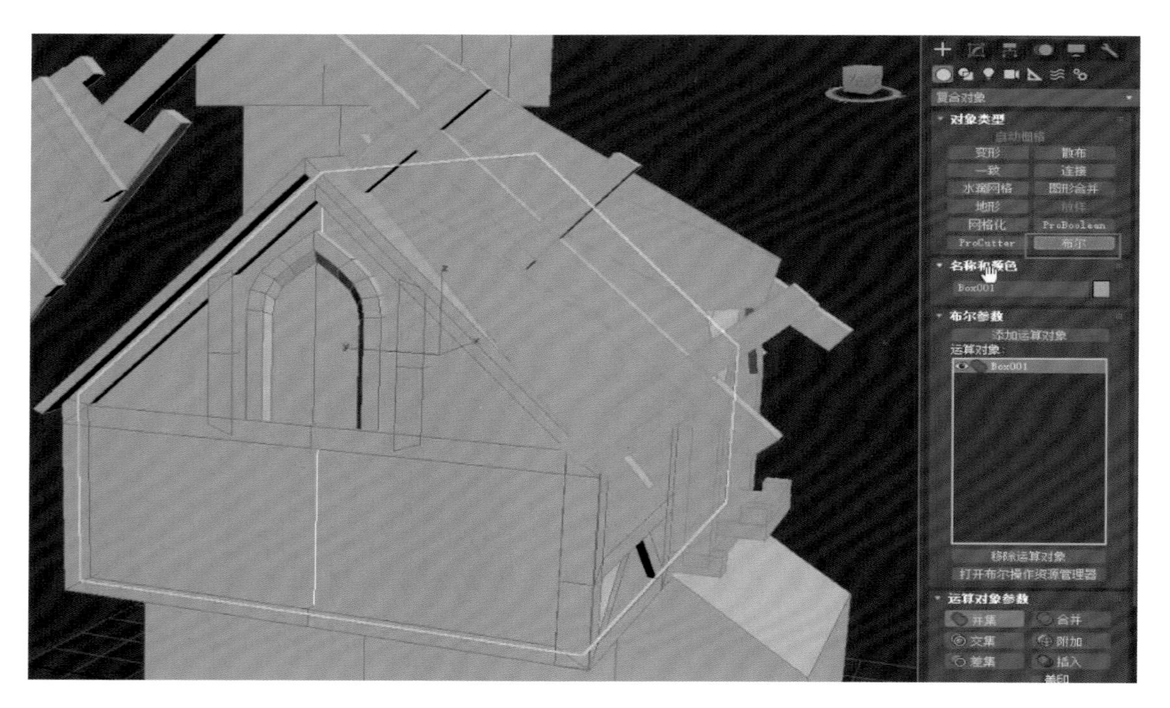

图 4-3-64　选择“布尔”

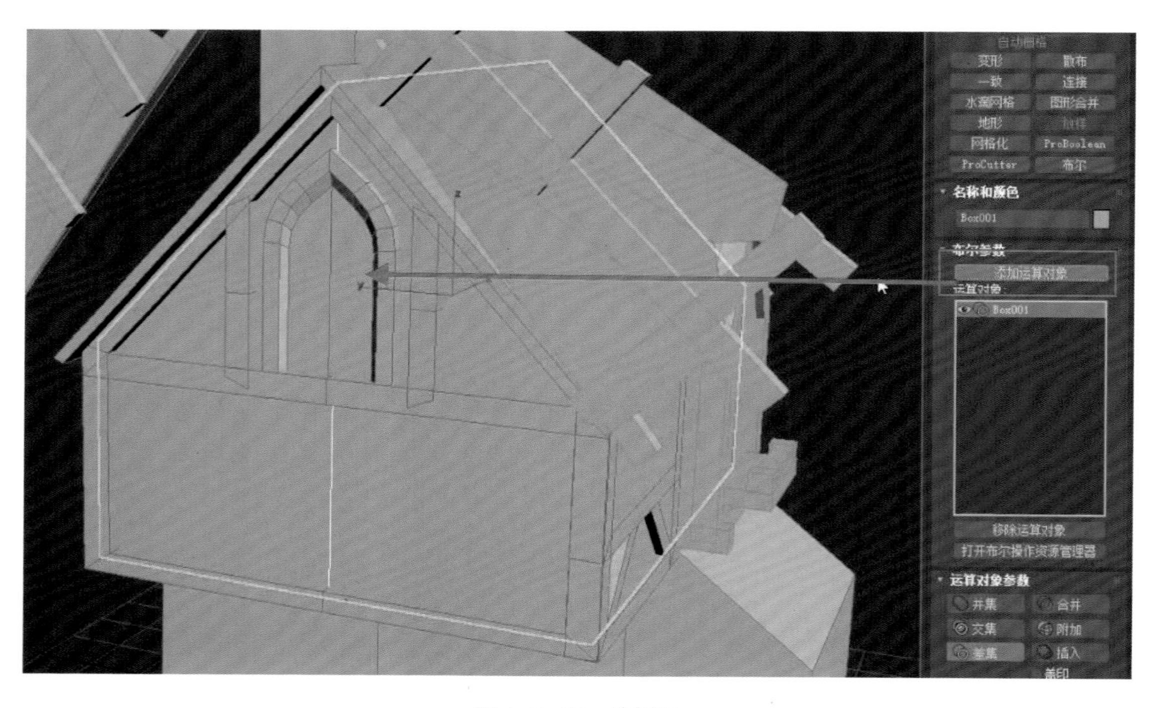

图 4-3-65　选择门

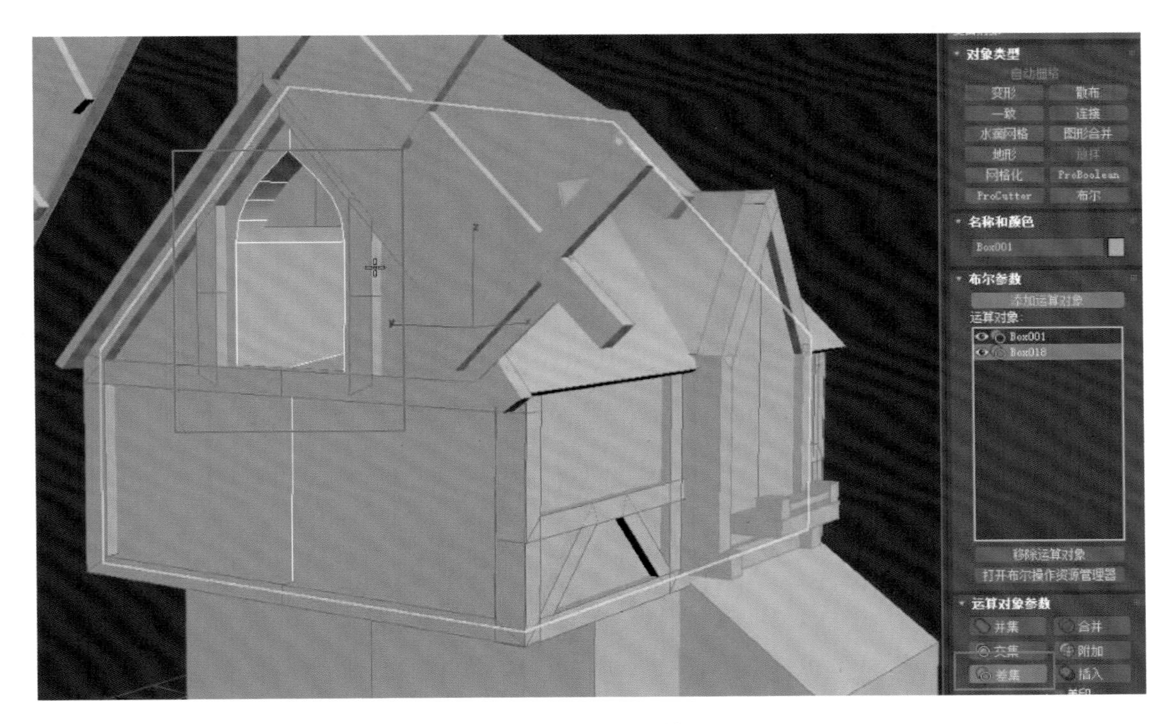

图 4-3-66　制作效果

图 4-3-67　放置门边框

步骤 21： 制作门模型。如图 4-3-68 所示，选中门上方的面，使用“挤出”工具将挤出数值改为 0。再次使用“轮廓”工具，将轮廓数值改为固定数值，如图 4-3-69 所示。门下方的面方法同上，如图 4-3-70 所示。选中所挤出来的这些面向内挤出，并将门挤出厚度。最终效果如图 4-3-71 所示。

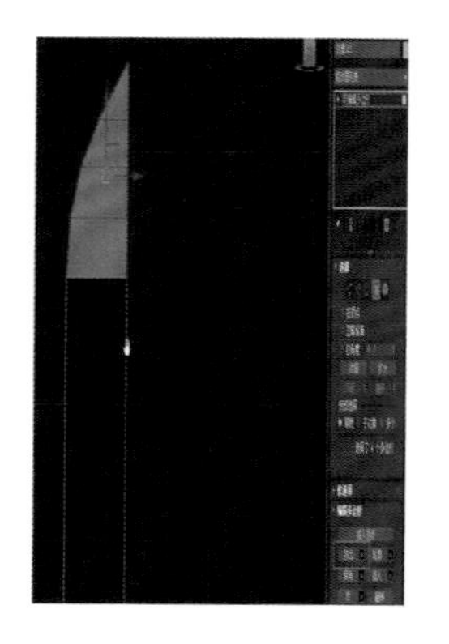

图 4-3-68 选中上方的面并挤出

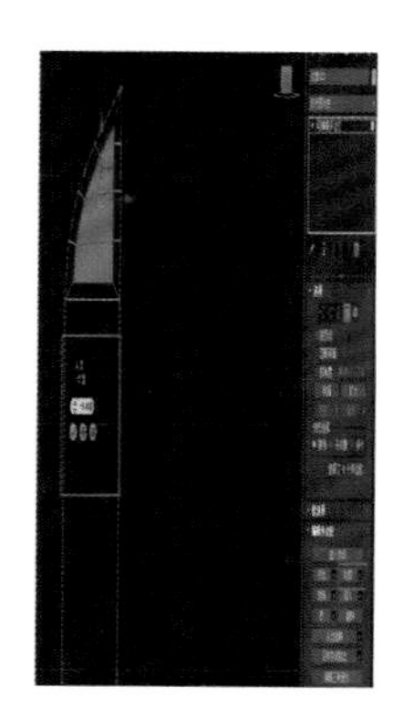

图 4-3-69 修改轮廓数值

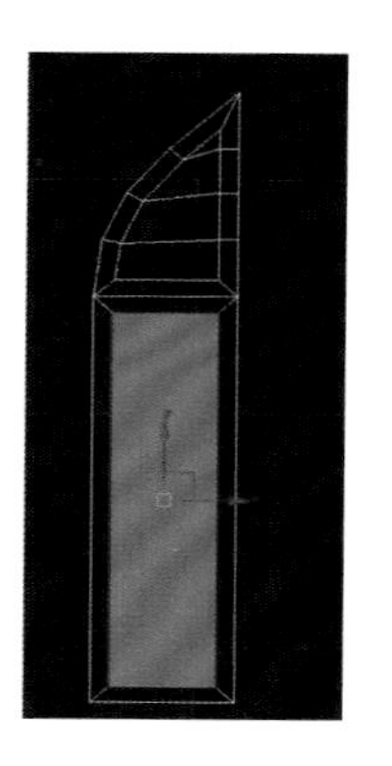

图 4-3-70 下方的面

图 4-3-71 门挤出效果

步骤 22：完成门的制作。使用镜像方法将对边的门也镜像出来并旋转。旋转复制效果如图 4-3-72 所示。创建出矩形制作阳台效果，如图 4-3-73 所示；将矩形使用“缩放”工具进行形变制作栏杆，如图 4-3-74 所示。

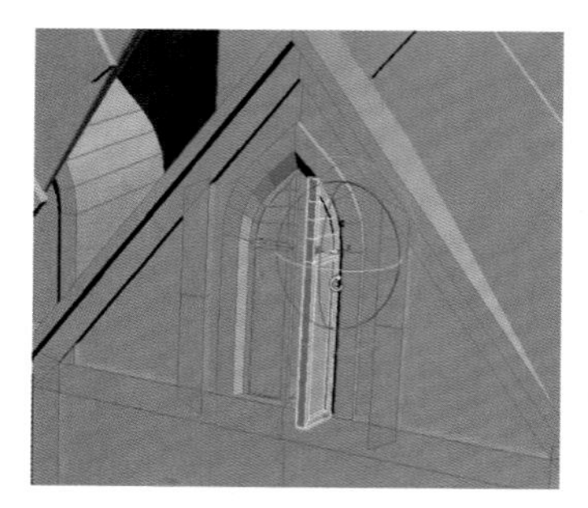

图 4-3-72 旋转复制门效果

图 4-3-73 制作阳台效果

图 4-3-74 制作栏杆

步骤 23：制作栏杆围栏效果。使用圆柱体，为圆柱体添加几条循环边。使用“缩放”工具，作出图 4-3-75 所示的效果。选中图 4-3-75 所示框选的红线，使用“切角”工具将其边缘化，效果如图 4-3-76 所示。选中图 4-3-77 所示的边，使用“塌陷”工具将选中的边进行合并。使用“软选择”工具选中顶点，对围栏最终效果进行调整，如图 4-3-78 所示。

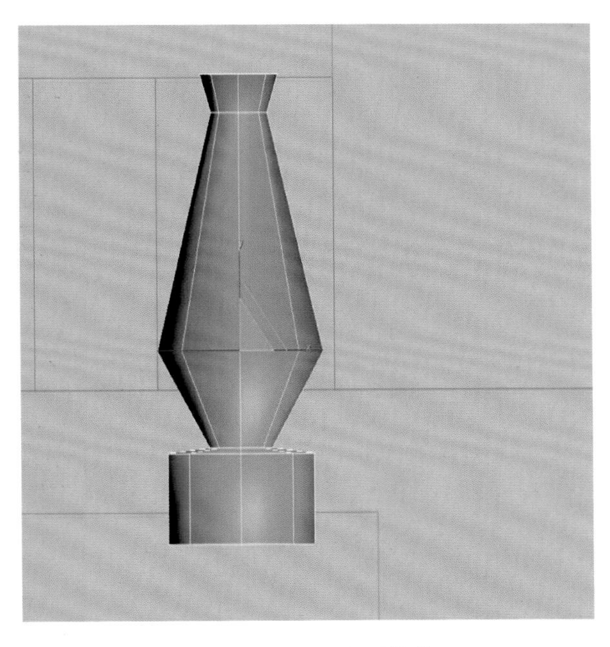

图 4-3-75　制作圆柱体

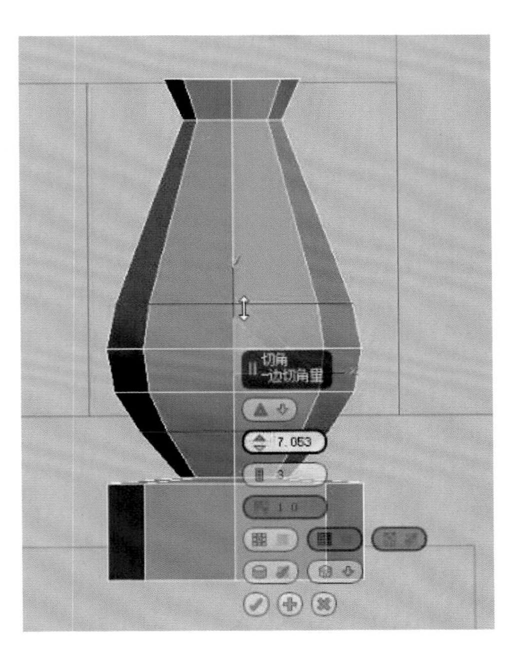

图 4-3-76　切角

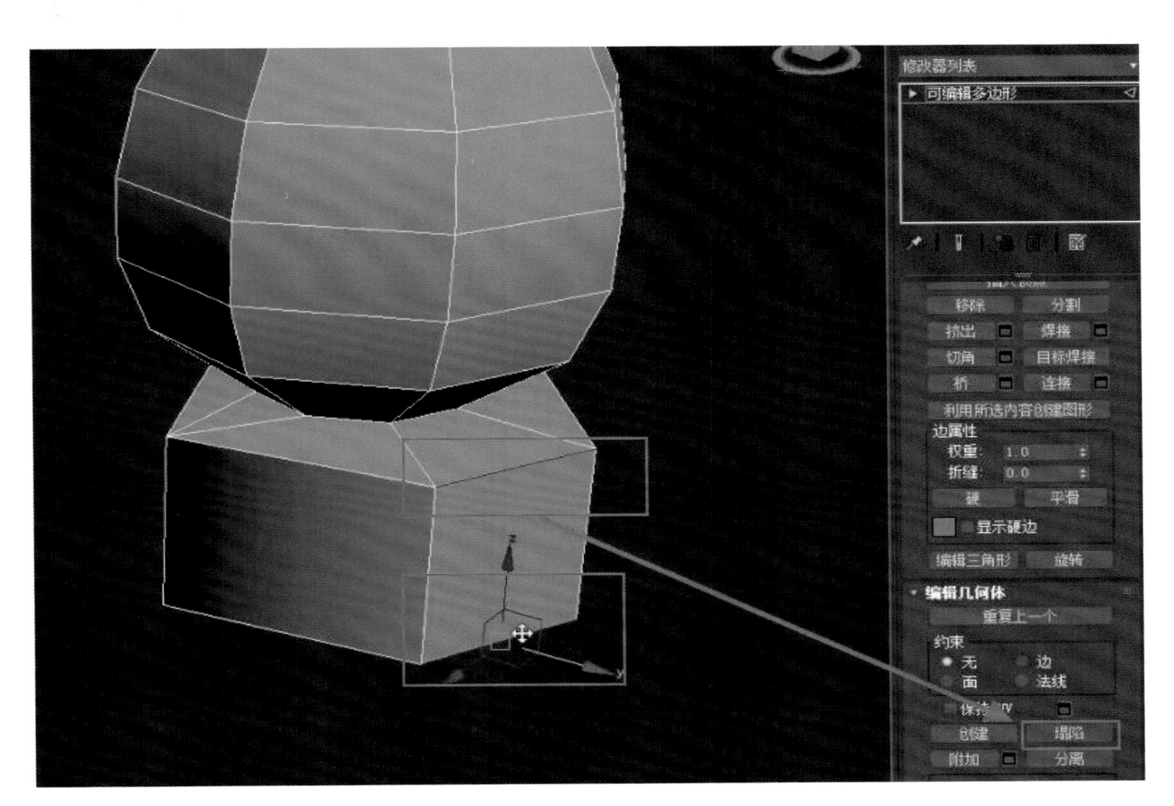

图 4-3-77　选择“塌陷”

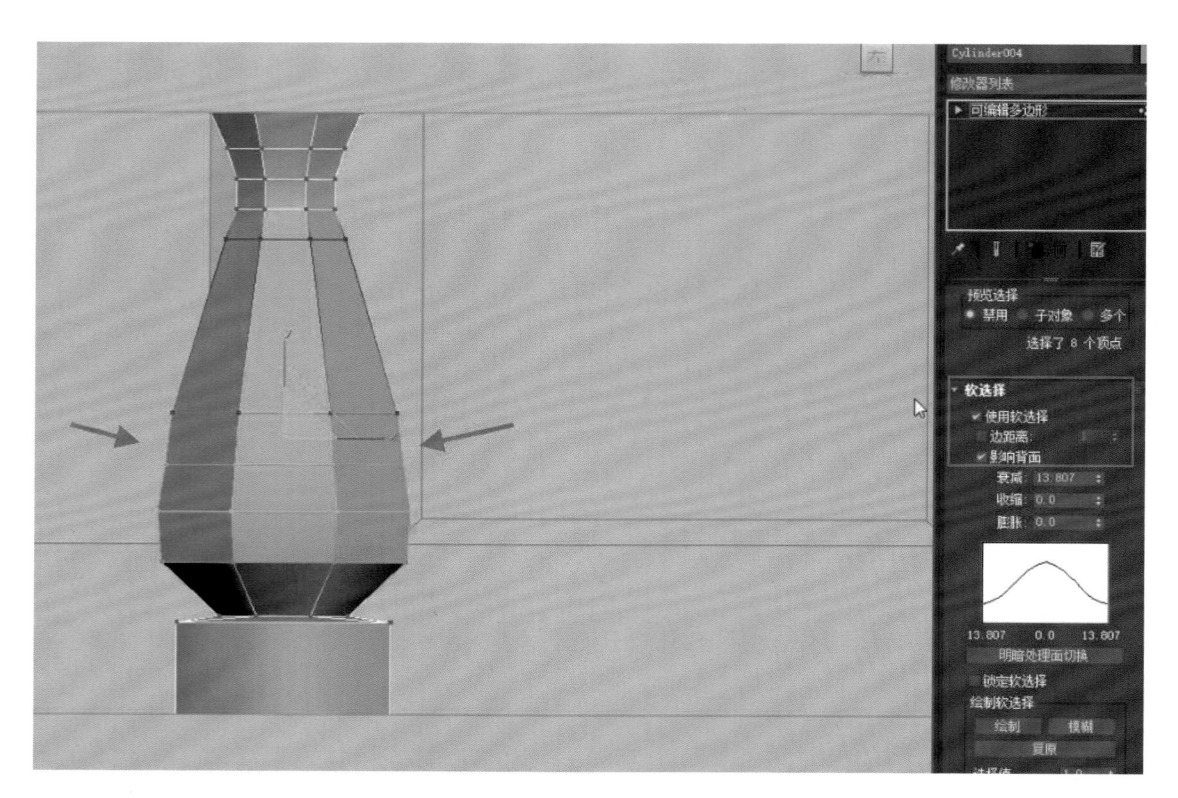

图 4-3-78 围栏效果

步骤 24：复制好的围栏并添加默认材质球效果，如图 4-3-79 和图 4-3-80 所示。

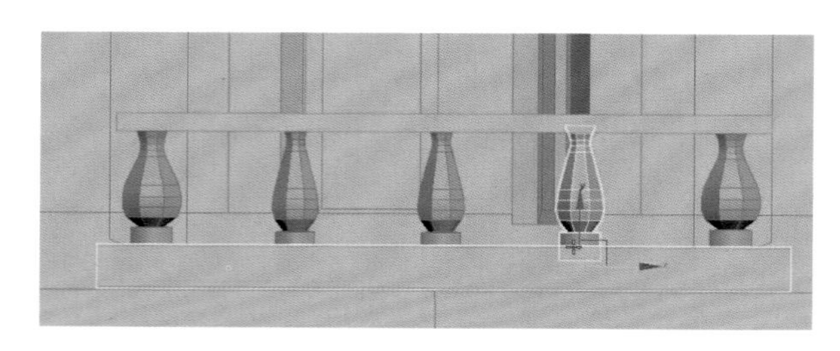

图 4-3-79 复制围栏

图 4-3-80 添加材质球效果

步骤 25：在房子侧边使用“切割”工具，切割出窗户的形状，如图 4-3-81 所示。使用“挤出”工具将窗户向内挤出，并将边框制作出来，效果如图 4-3-82 所示。复制窗户的面，将窗户的外边框制作出来，如图 4-3-83 所示。

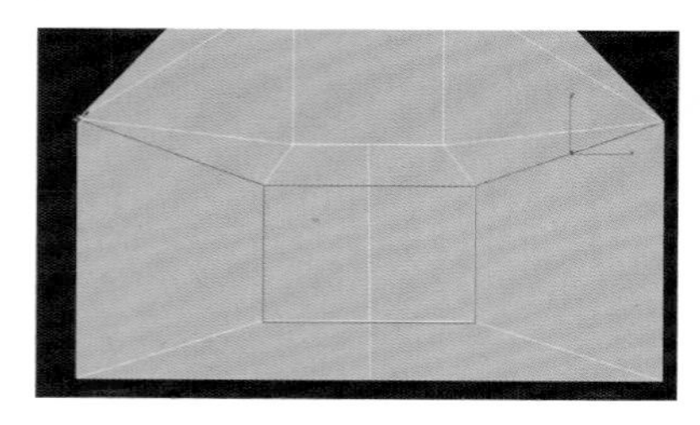

图 4-3-81 切割窗户形状

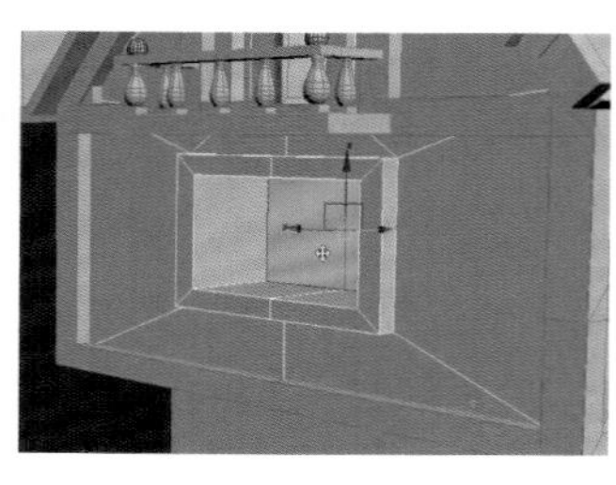

图 4-3-82 向内挤出窗户

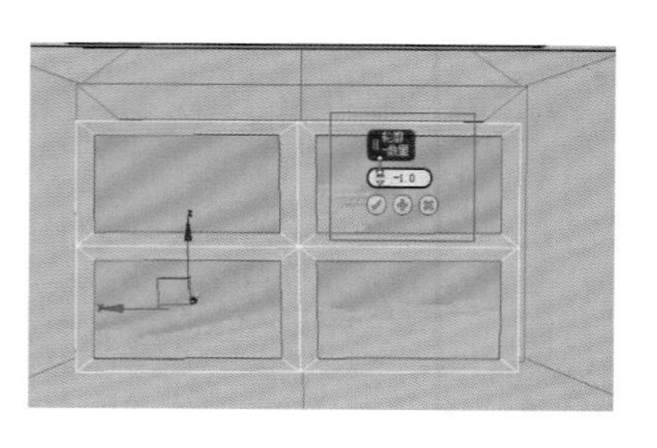

图 4-3-83 复制窗户

步骤 26：将窗户的另外一边删去，使用“挤出”工具挤出窗户的厚度，如图 4-3-84 所示，并且将窗户的另一半镜像过去，并使用“旋转”工具旋转出窗户的角度，如图 4-3-85 所示。创建矩形，使用“挤出”工具制作外窗户的窗板效果，如图 4-3-86 所示。

图 4-3-84　挤出窗户厚度

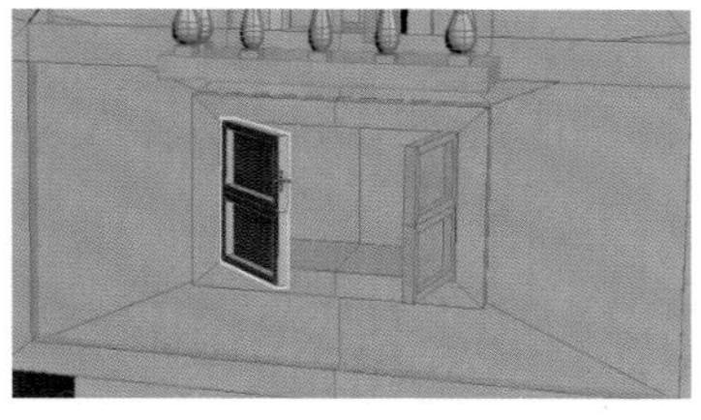
图 4-3-85　镜像旋转窗户

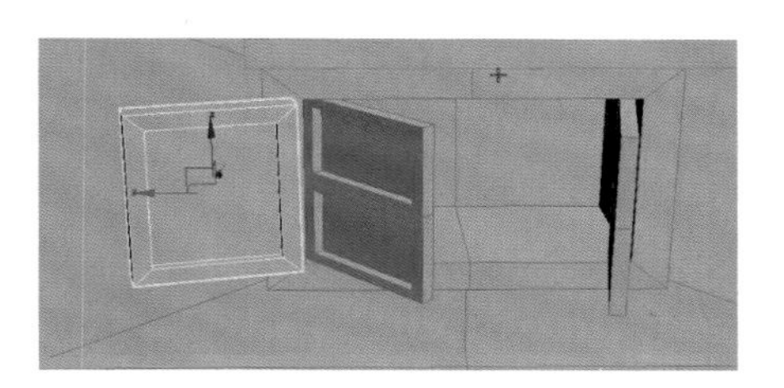
图 4-3-86　制作窗板效果

步骤 27：使用与步骤 20 相同的方法，利用布尔运算加减法来制作窗户的窗洞效果，如图 4-3-87 所示。制作效果如图 4-3-88 所示。制作窗户模型，选中所选的面挤出一定的数值，如图 4-3-89 所示。

图 4-3-87　制作窗洞

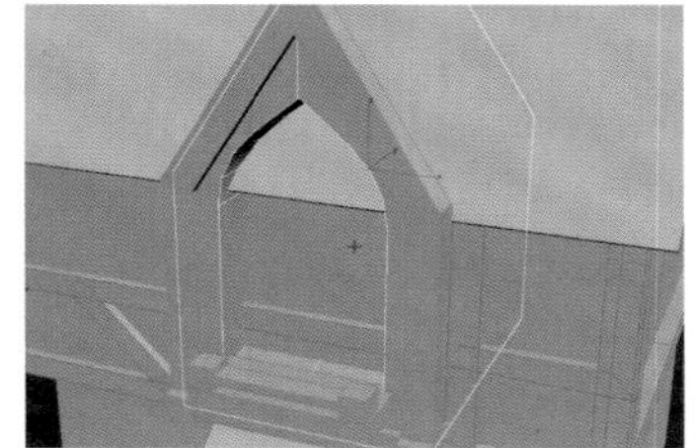
图 4-3-88　窗洞效果

图 4-3-89　挤出数值

步骤 28：如图 4-3-90 所示，创建矩形和圆环，制作窗户上面的花纹。使用“镜像”工具将窗户的另外一边制作出来，如图 4-3-91 所示，将窗户模型拼装上，效果如图 4-3-92 所示。

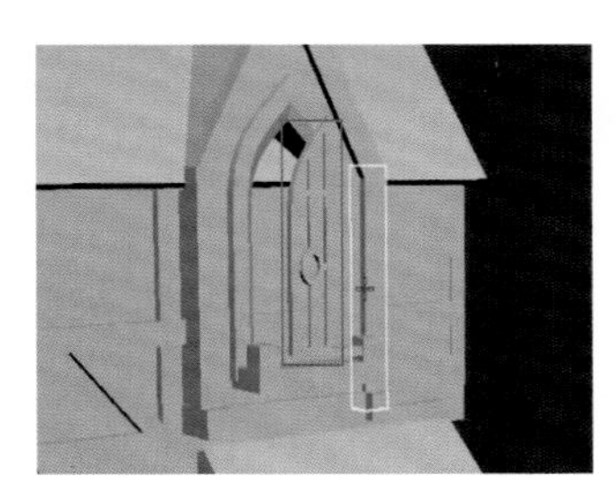
图 4-3-90　创建窗户花纹

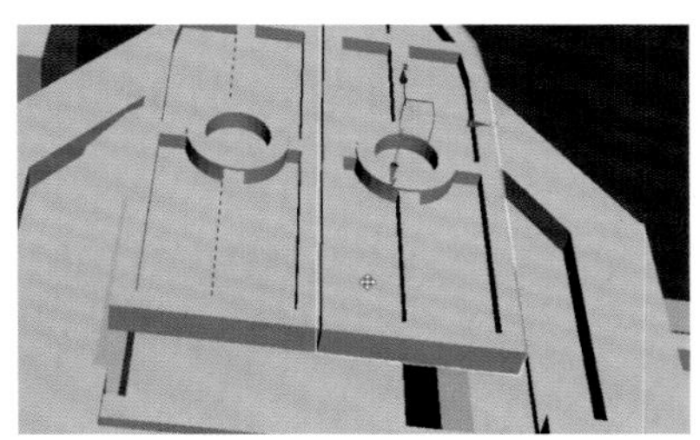
图 4-3-91　镜像窗户

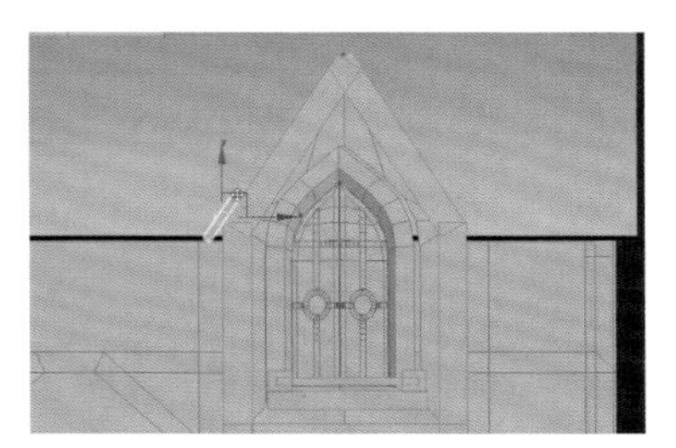
图 4-3-92　完成窗户模型

步骤 29：创建木板模型，并复制阁楼木片，效果如图 4-3-93 所示。创建“矩形”，使用“移动”工具调整基本外形，效果如图 4-3-94 所示。使用右侧属性菜单中的“切割”工具，为其添加线。调整阁楼屋顶房梁的一个缺口造型，效果如图 4-3-95 所示。将整个房子的屋顶房梁制作效果，如图 4-3-96 所示。

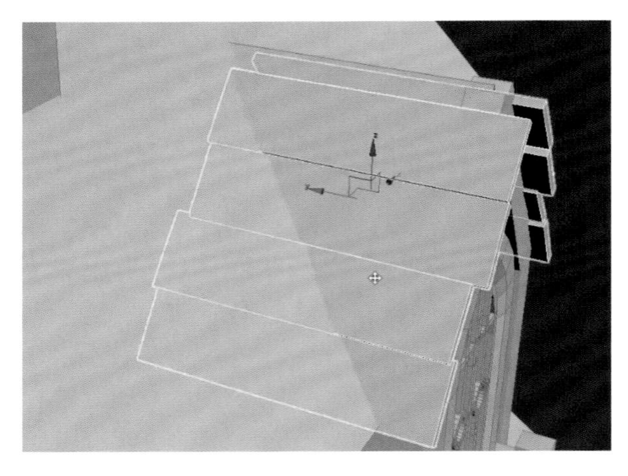

图 4-3-93 制作阁楼木片

图 4-3-94 调整基本外形

图 4-3-95 调整缺口造型

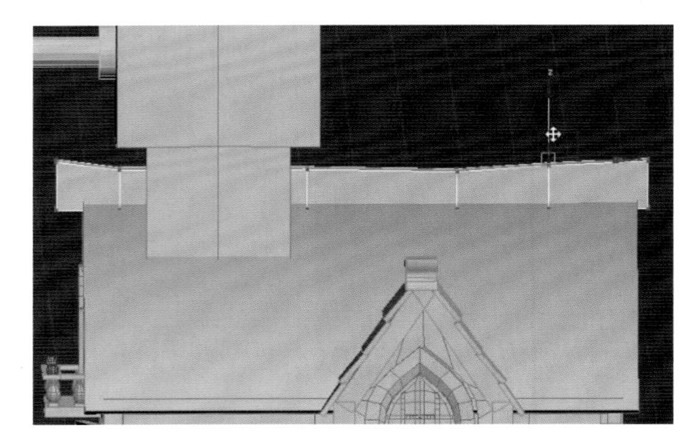

图 4-3-96 作出房梁效果

步骤 30：制作瓦片。创建一个正方体，如图 4-3-97 所示；框选所创建的正方体一侧的循环边，使用右侧“编辑”菜单中的“连接”命令连接一条中线，并使用“移动”工具调整瓦片形状，如图 4-3-98 所示；选中中间的边，使用“切角”工具将其变圆滑效果如图 4-3-99 所示。

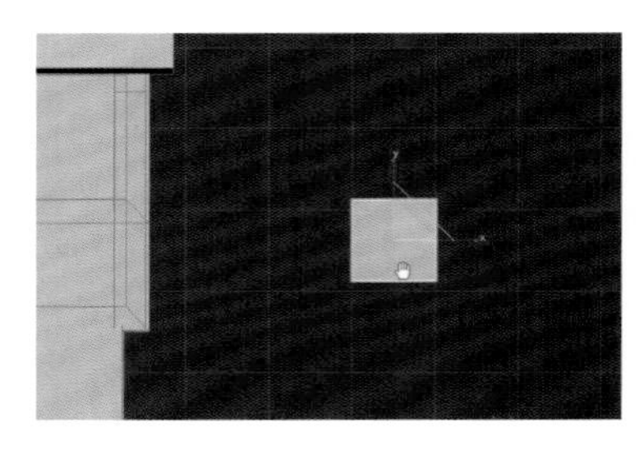

图 4-3-97 创建正方体

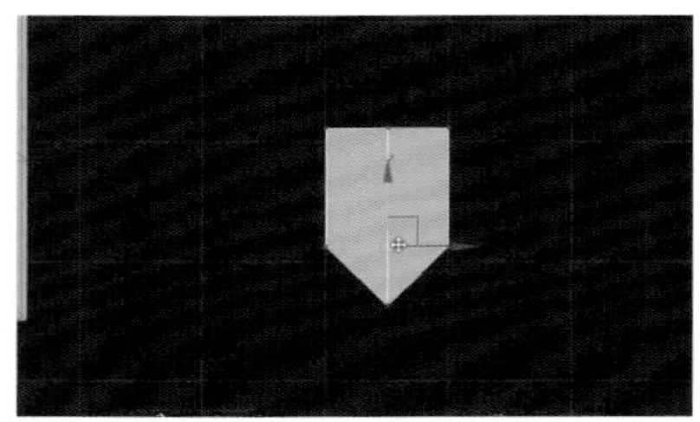

图 4-3-98 调整瓦片形状

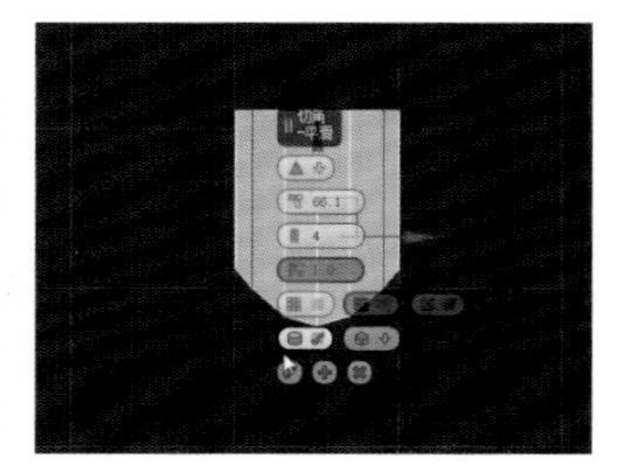

图 4-3-99 圆滑瓦片

步骤 31：选中制作好的瓦片，使用“阵列”工具，如图 4-3-100 所示。参数如图 4-3-101 所示。

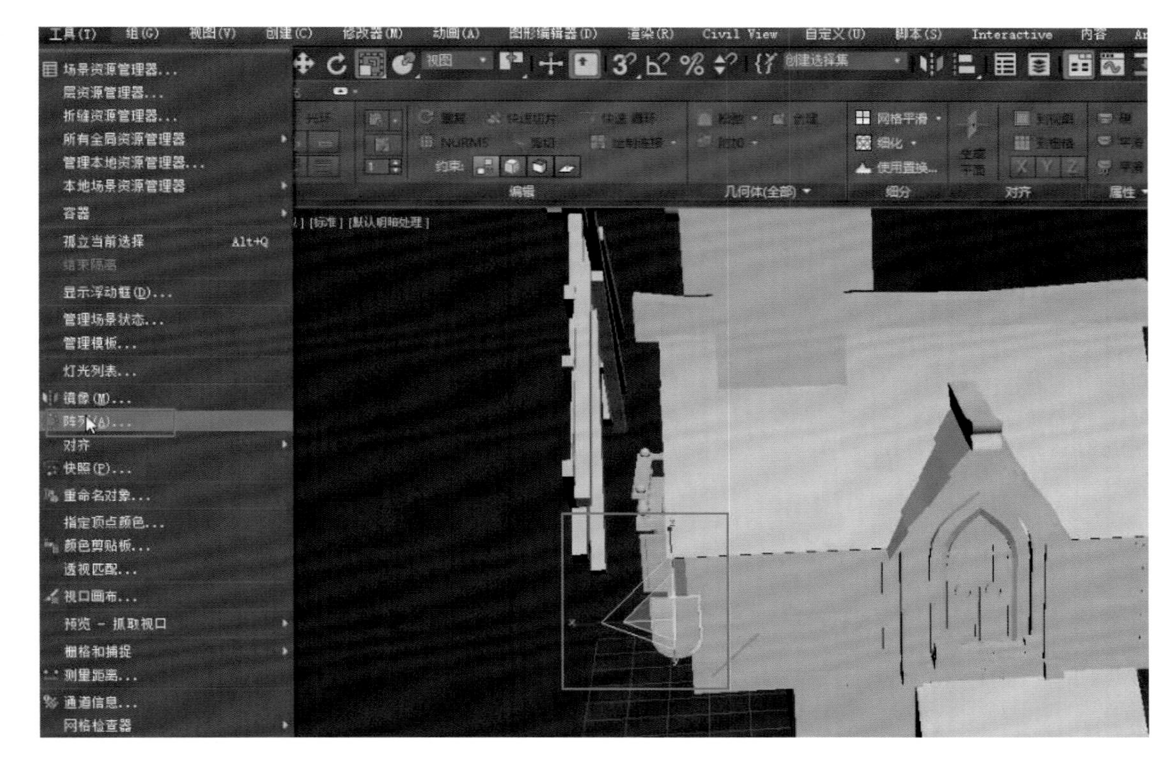

图 4-3-100 选择“阵列”

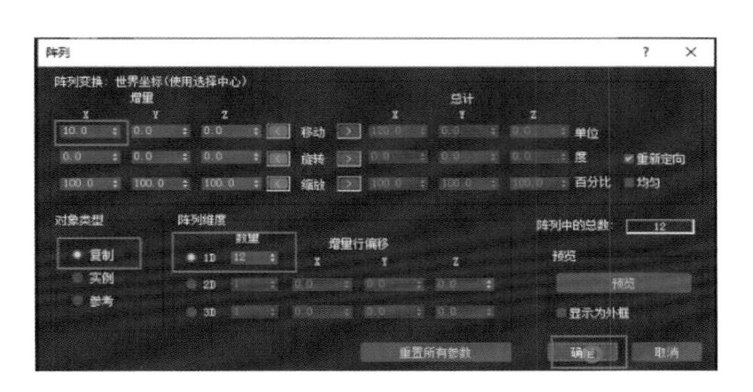

图 4-3-101 “阵列”参数

步骤 32：阵列效果如图 4-3-102 所示。复制瓦片并稍微与上方瓦片错开，效果如图 4-3-103 所示。瓦片制作效果如图 4-3-104 所示。

图 4-3-102 阵列效果

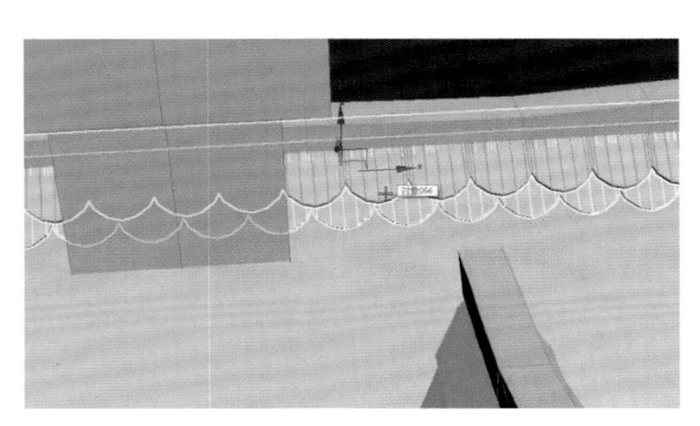
图 4-3-103 复制瓦片

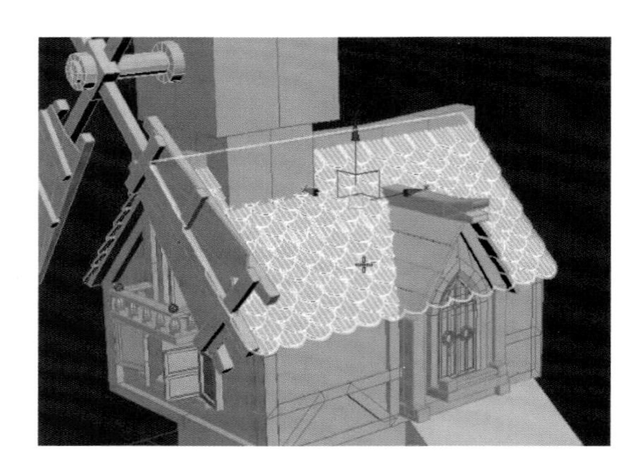

图 4-3-104 瓦片制作效果

步骤 33：制作小推车。新建矩形，使用“插入循环边”工具插入两条循环边，效果如图 4-3-105 所示。激活顶点模式，使用“缩放”工具调整其粗细大小。复制另外一条循环制作木板模型，效果如图 4-3-106 所示，使用“切割”工具切割出线条，调整上方的破损。破损效果如图 4-3-107 所示。

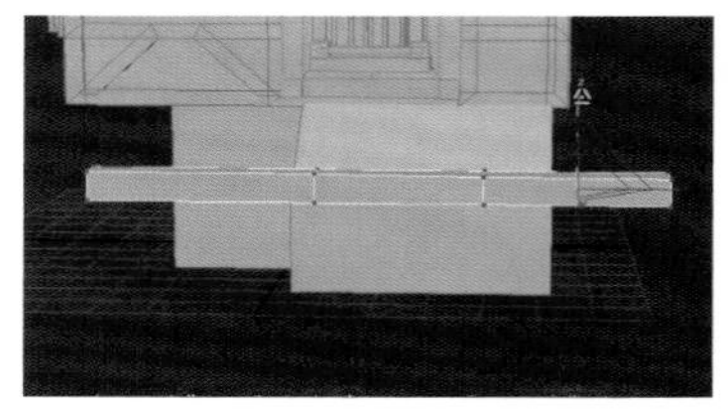

图 4-3-105 插入循环边

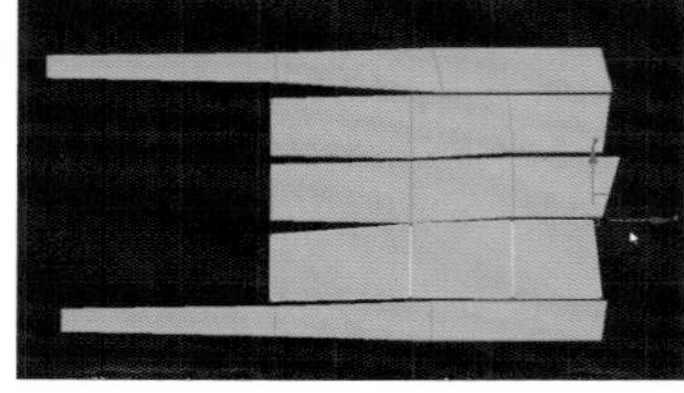

图 4-3-106 制作木板模型

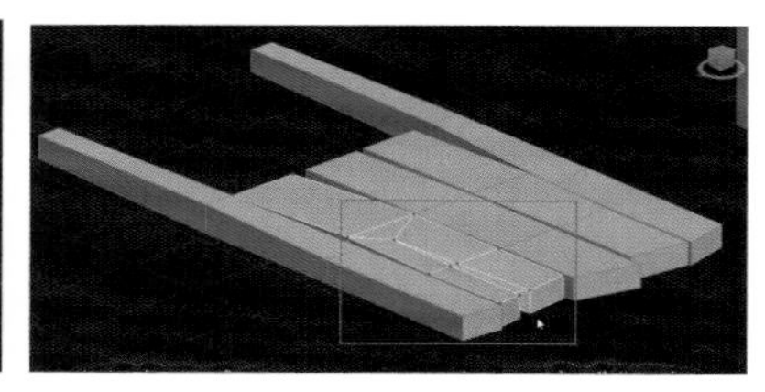

图 4-3-107 破损效果

步骤 34：将每块木块上方都作出不同的破损，效果如图 4-3-108 所示。创建新的矩形制作小推车挡板，如图 4-3-109 所示。调整小推车扶手的长度如图 4-3-110 所示。

图 4-3-108 制作破损效果

图 4-3-109 制作挡板

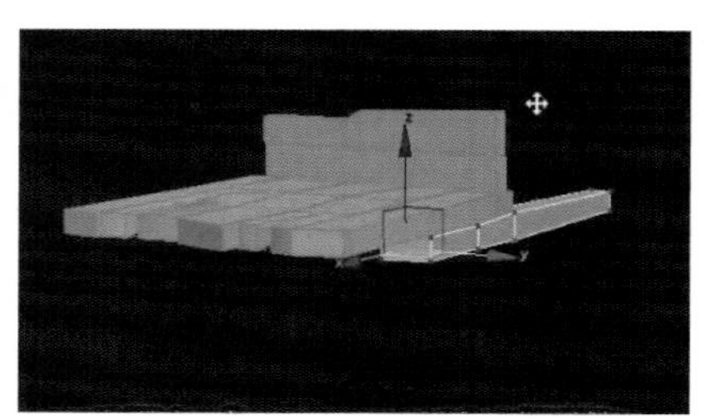

图 4-3-110 调整扶手长度

步骤 35：制作车轮模型。新建一个圆环（图 4-3-111），按照图 4-3-112 所示的参数对圆环进行调整。选中图 4-3-113 所示的面数将其挤出，效果如图 4-3-114 所示。

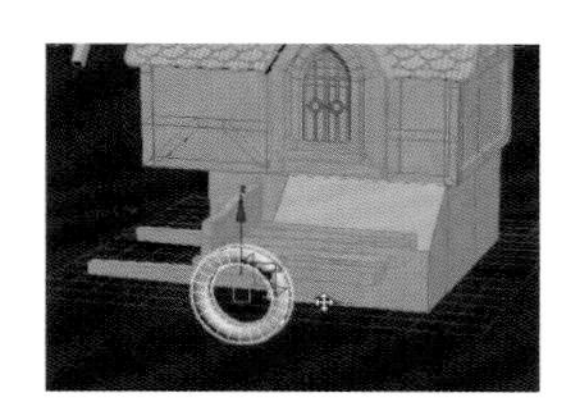

图 4-3-111　新建圆环

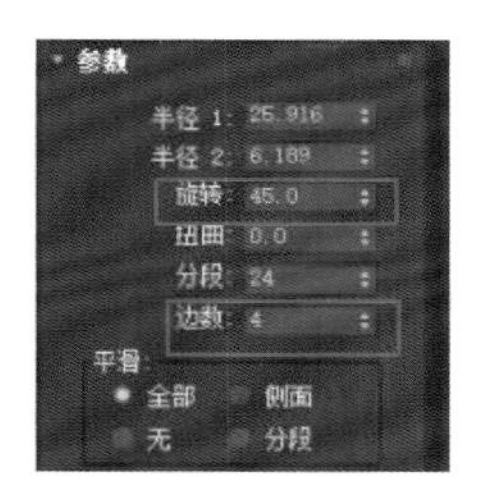

图 4-3-112　参数

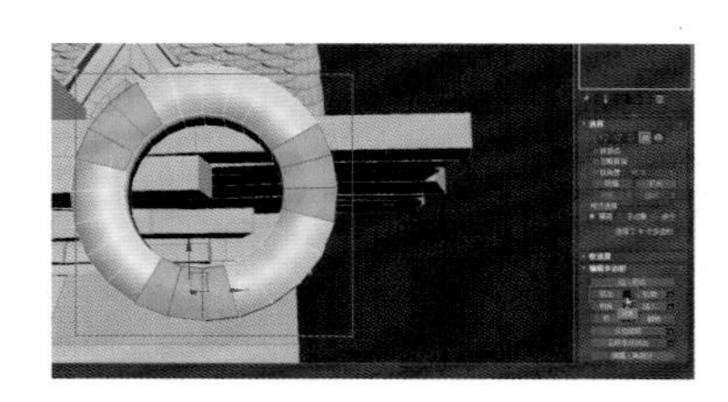

图 4-3-113　选择面数

图 4-3-114　挤出效果

步骤 36：制作车轮中心轴模型。新建一个圆柱，放到两个车轮的中间，如图 4-3-115 所示。新建长条状矩形，摆放在车轮轴心，如图 4-3-116 所示。将“角度捕捉”按钮打开，并将其角度调整为 45°，如图 4-3-117 所示。将矩形 45° 旋转复制出中心轮轴，如图 4-3-118 所示。最终效果如图 4-3-119 所示。

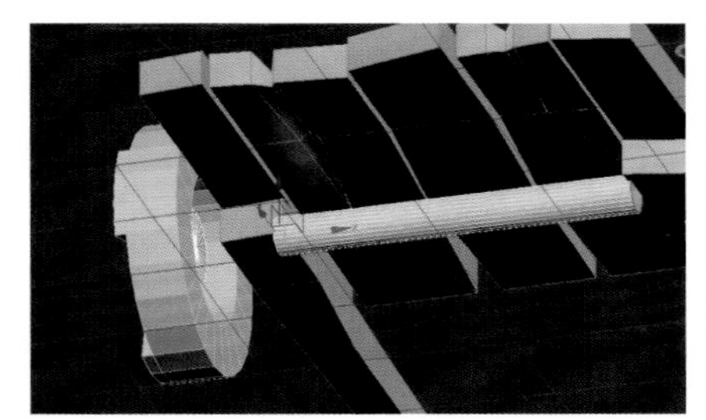

图 4-3-115　新建圆柱

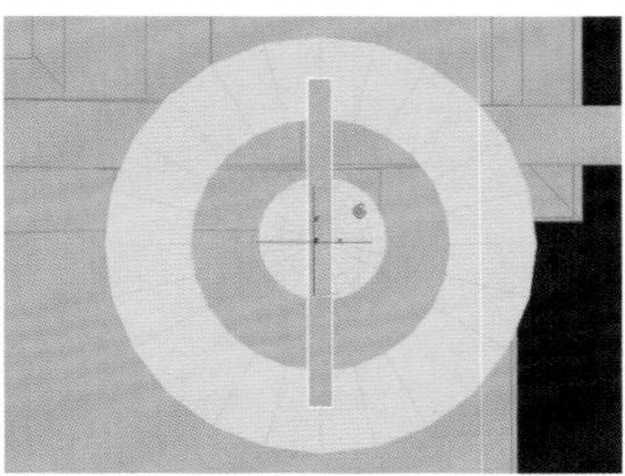

图 4-3-116　新建长条状矩形

图 4-3-117　调整捕捉角度

图 4-3-118　复制出中心轮轴

图 4-3-119　车轮中心轴最终效果

步骤 37：制作小推车上的麻袋模型。新建一个矩形，如图 4-3-120 所示，并对其执行两次“涡轮平滑”命令，如图 4-3-121 所示。激活顶点“编辑”命令，使用“软选择”工具，将其调整为比较软的麻袋模型，效果如图 4-3-122 和图 4-3-123 所示。

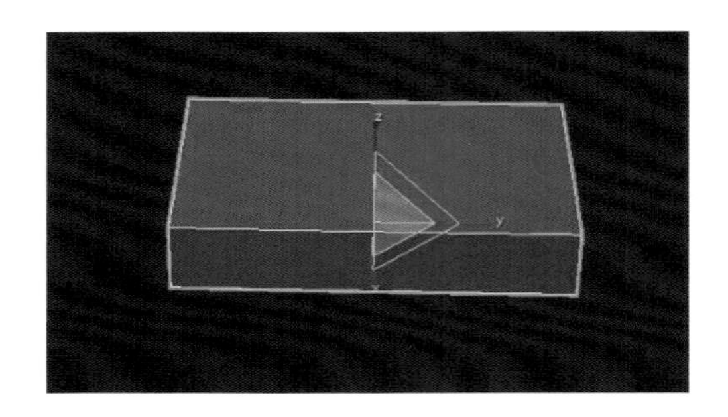

图 4-3-120 新建矩形

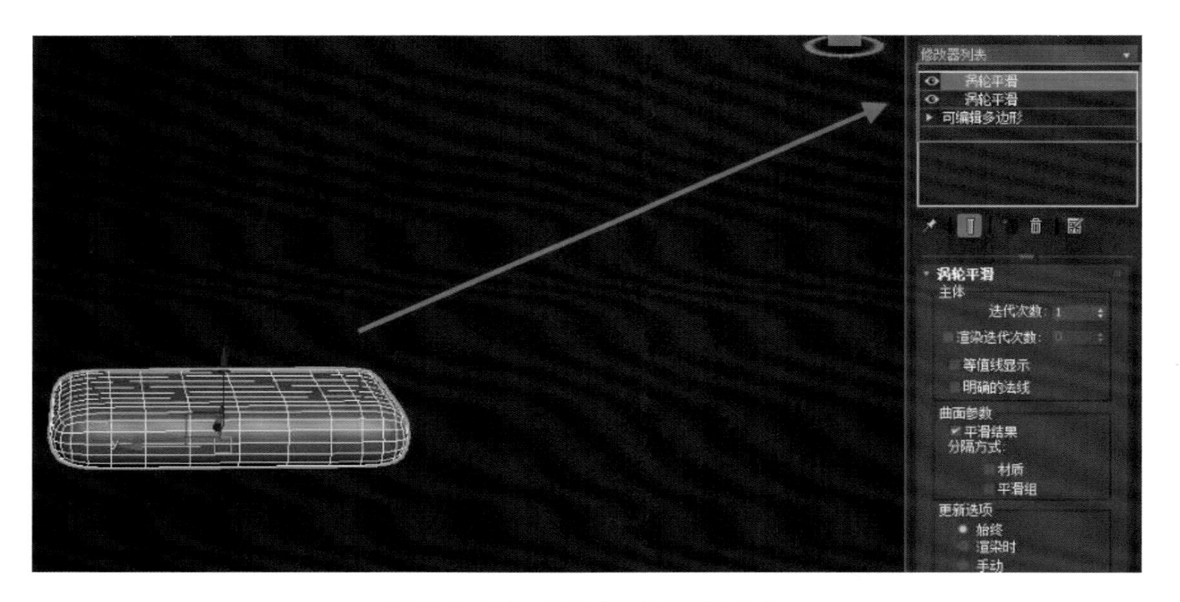

图 4-3-121 执行“涡轮平滑”命令

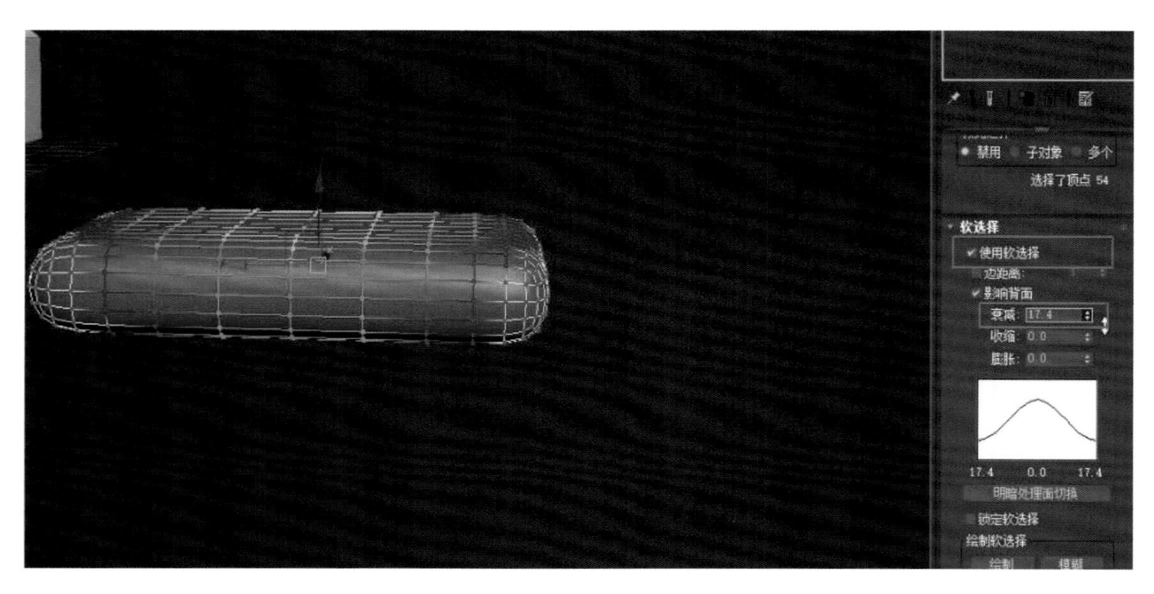

图 4-3-122 使用“软选择”工具

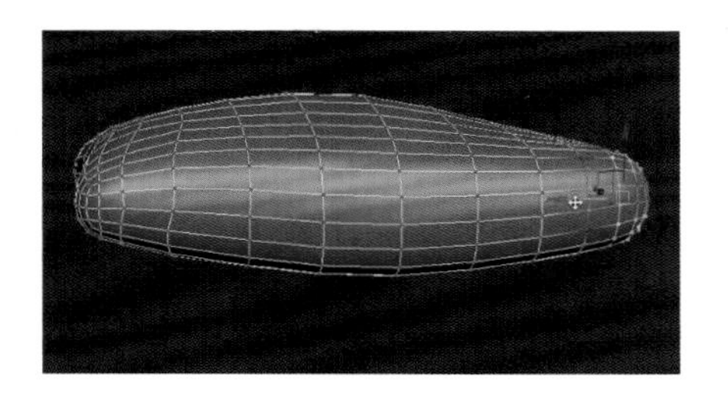

图 4-3-123　麻袋模型

最终效果如图 4-3-124 所示。

图 4-3-124　最终效果

步骤 38：制作房子旁边的小杂物间模型。首先使用制作房子木框的方法将小杂物间旁边的矩形木框制作出来，如图 4-3-125 所示。使用“切割”工具在小杂物间侧边切割出窗户的形状并向内挤出，如图 4-3-126 所示。窗户外边框效果如图 4-3-127 所示。

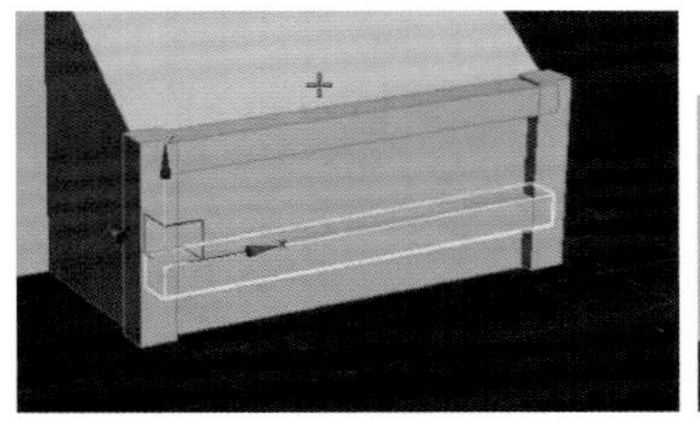

图 4-3-125　制作矩形木框

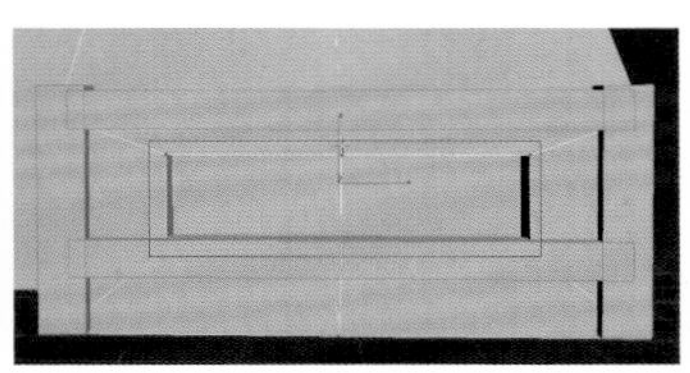

图 4-3-126　切割窗户形状

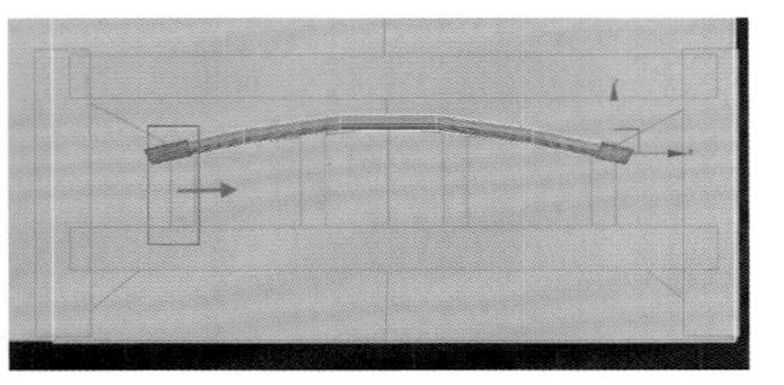

图 4-3-127　窗户外边框

步骤 39：制作房子瓦片。如图 4-3-128 所示，新建一个圆环模型，并将其从中间分开删除另一半。在圆环模型的其中一端插入“循环边”工具，并向内挤出一些细节，如图 4-3-129 所示。将制作的单独瓦片复制成一排排列出来，如图 4-3-130 所示。最后将瓦片进行复制，最终效果如图 4-3-131 所示。

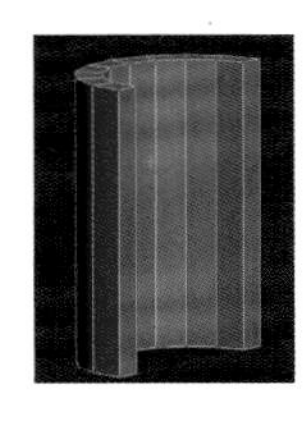

图 4-3-128　圆环模型

图 4-3-129　挤出细节

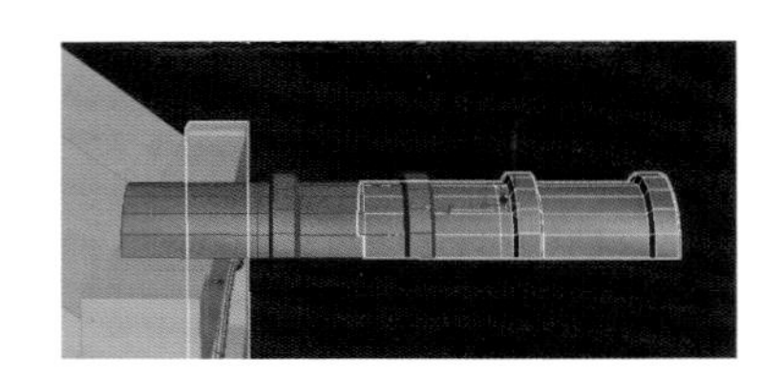

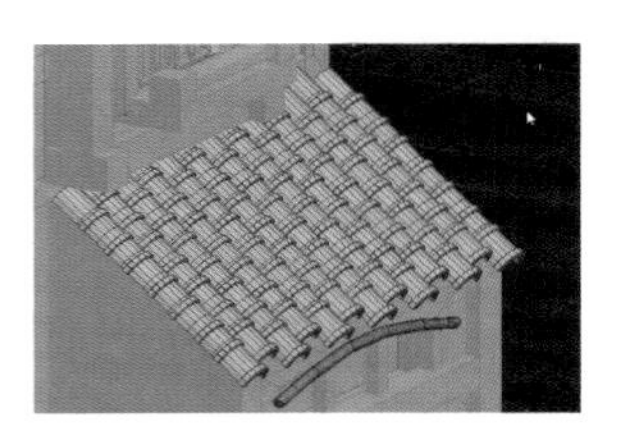

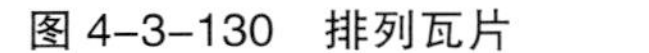

图 4-3-130 排列瓦片　　图 4-3-131 瓦片最终效果

步骤 40：制作房门，使用布尔运算将门挖出来，并将面复制挤出厚度，如图 4-3-132～图 4-3-134 所示。

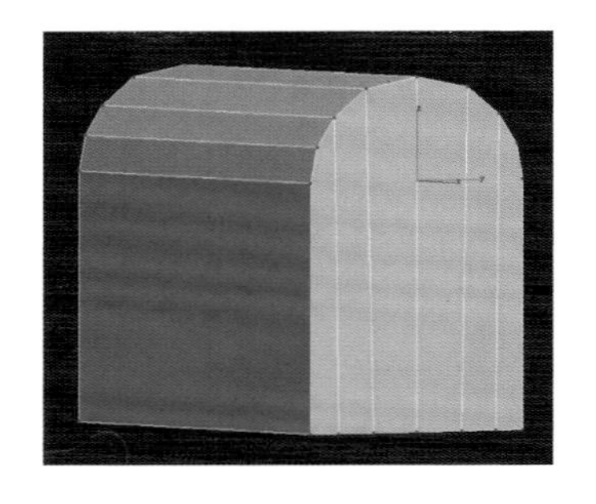

图 4-3-132 制作房门

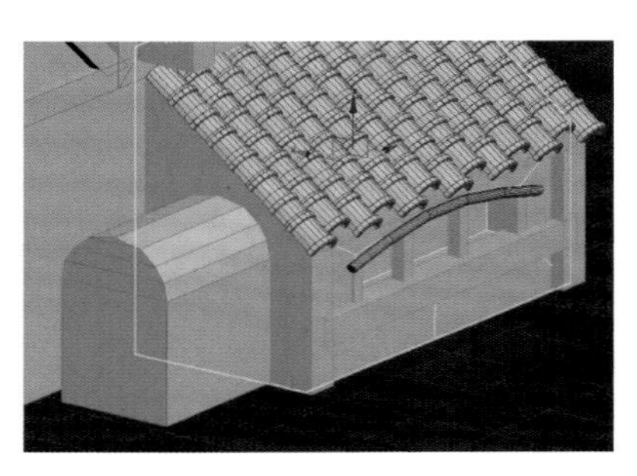

图 4-3-133 摆放门

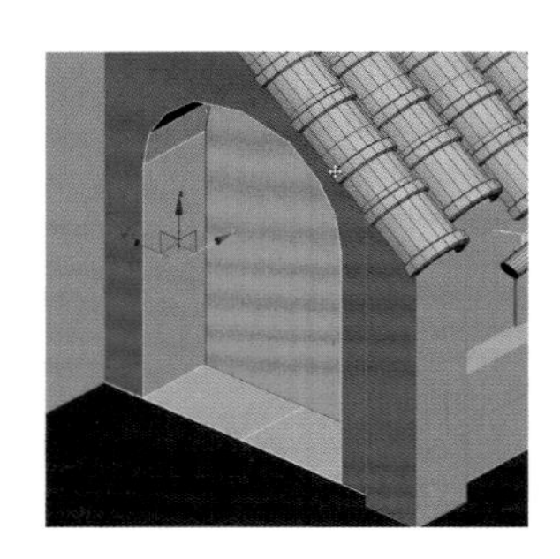

图 4-3-134 挖出门

步骤 41：将面轮廓向内挤出制作窗户并删除内边，如图 4-3-135 和图 4-3-136 所示；然后挤出门的厚度，如图 4-3-137 所示。

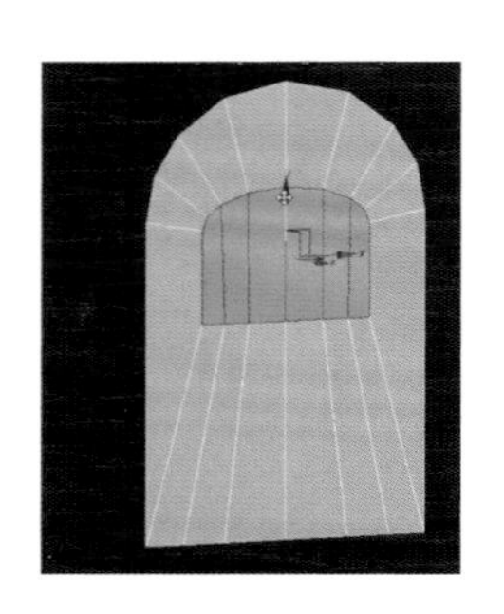

图 4-3-135 制作窗户

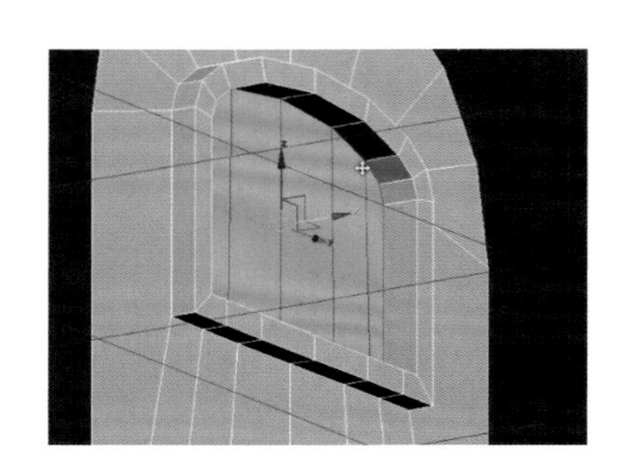

图 4-3-136 向内挤出窗户

图 4-3-137 挤出门厚度

步骤 42：制作门细节。制作条状矩形并复制交叉出来，如图 4-3-138 所示。复制门框上方的弧形曲面，制作门框顶，如图 4-3-139 所示。制作门前的半圆台阶，效果如图 4-3-140 所示。

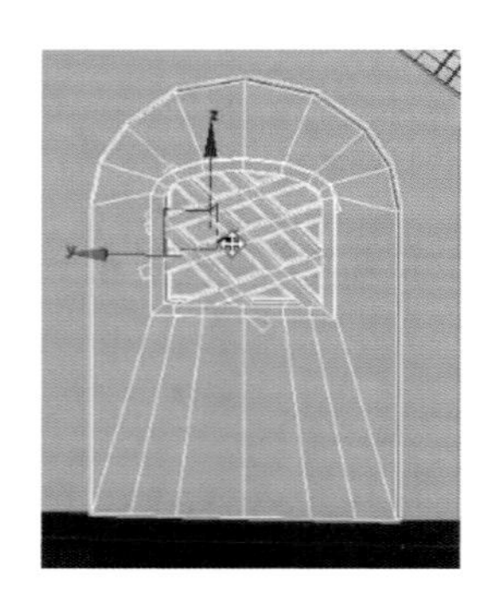

图 4-3-138 制作条状矩形

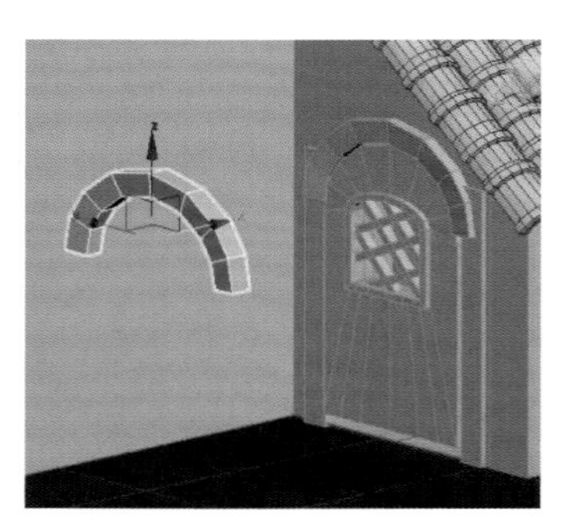

图 4-3-139 制作门框顶

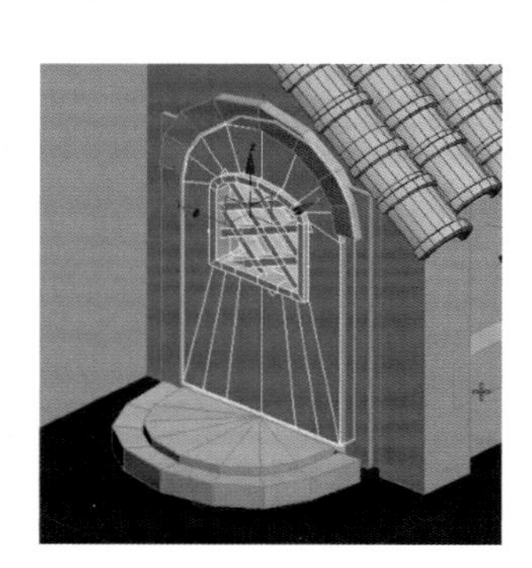

图 4-3-140 制作半圆台阶

步骤 43： 制作房子烟囱模型。新建矩形，如图 4-3-141 所示。添加循环边并进行形状的缩放，如图 4-3-142 所示。将模型进行倒角，最终效果如图 4-3-143 所示。

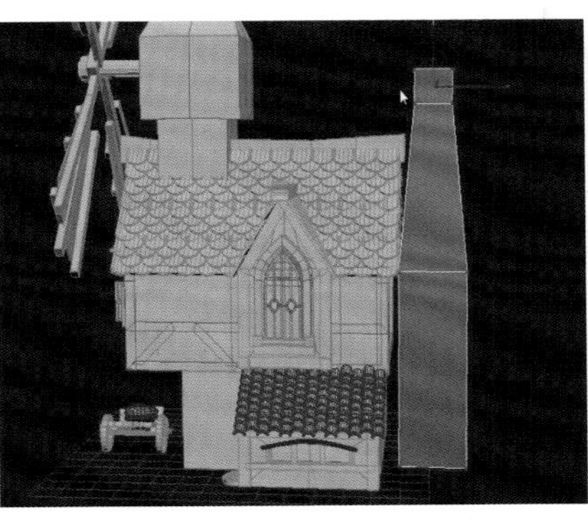

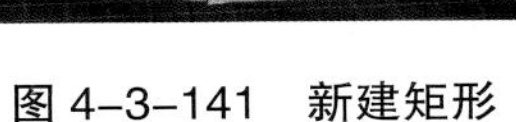
图 4-3-141　新建矩形　　图 4-3-142　缩放形状　　图 4-3-143　倒角后效果

步骤 44： 制作风车阁楼的墙壁木片模型。使用之前步骤所使用的制作木片的方法来制作五种不同形状的木片，制作效果如图 4-3-144 所示。将制作好五种不同的木片进行随机摆放，将风车阁楼的墙壁制作出来，如图 4-3-145 所示。最终效果如图 4-3-146 所示。

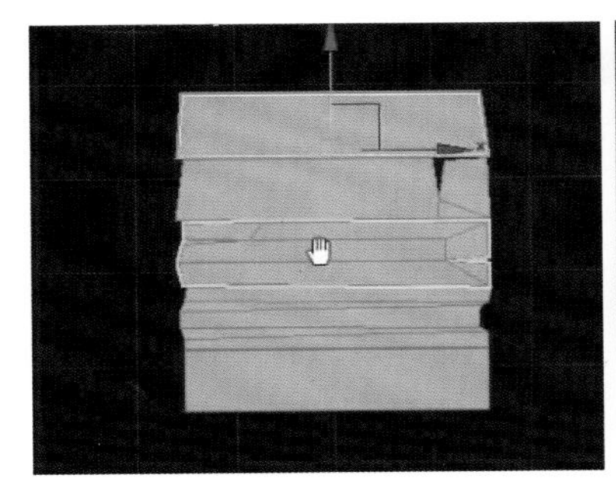
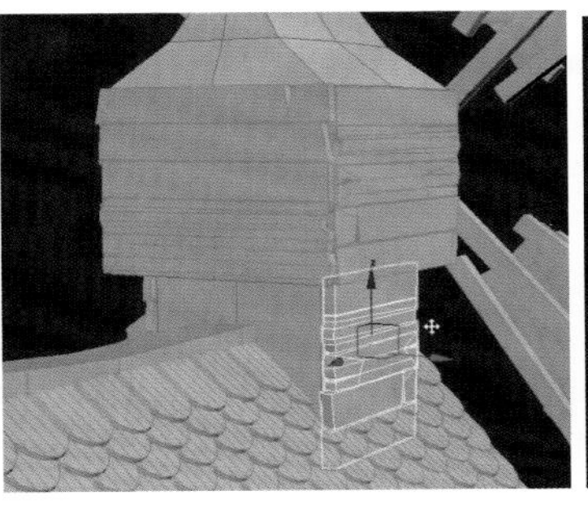
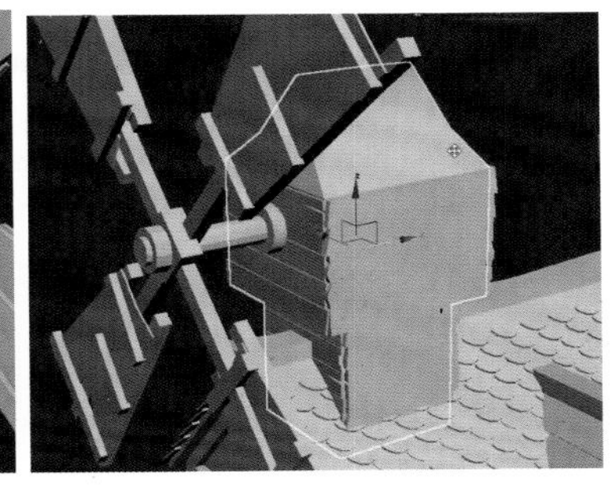

图 4-3-144　制作木片效果　　图 4-3-145　摆放木片　　图 4-3-146　墙壁木片效果

步骤 45： 如图 4-3-147 所示，使用布尔运算制作阁楼的小窗户。新建一个矩形，将矩形与阁楼进行布尔运算，效果如图 4-3-148 所示。使用新建的矩形把整个楼梯的支撑梁制作出来，效果如图 4-3-149 所示。

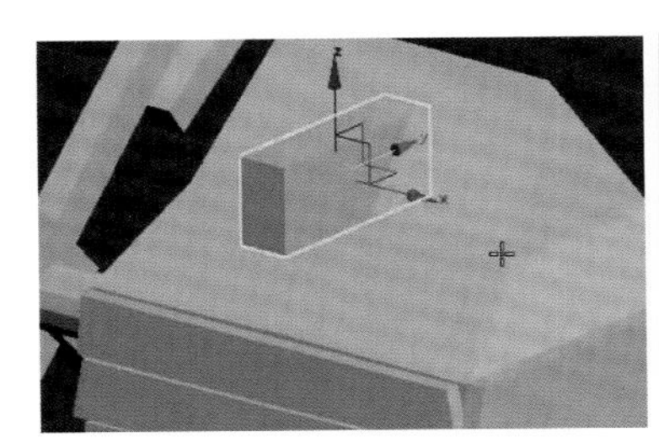
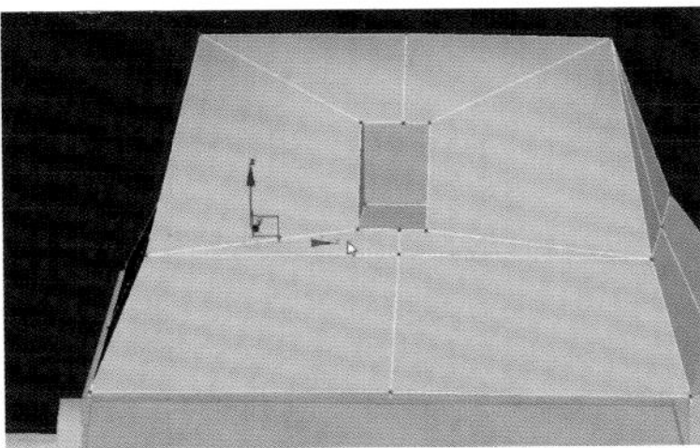
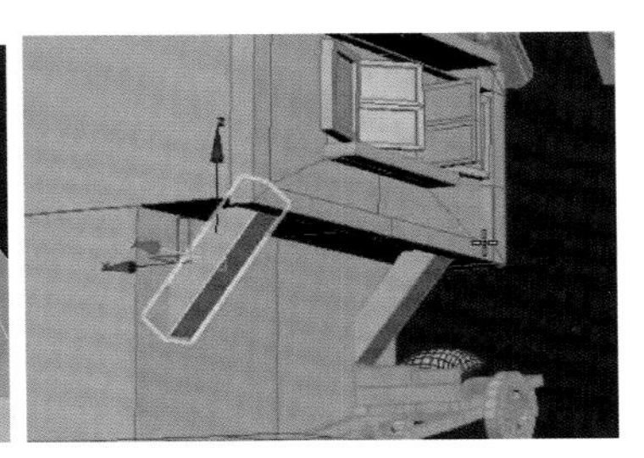

图 4-3-147　制作阁楼小窗户　　图 4-3-148　进行布尔运算　　图 4-3-149　楼梯支撑梁效果

步骤 46： 使用右侧“绘制变形”工具来制作石头纹理效果。绘制变形参数，如图 4-3-150 和图 4-3-151 所示，使用“推拉”工具、“松弛”工具来制作石头。新建一个矩形，多次使用“涡轮平滑”效果，如图 4-3-152 所示。将面数增加上去，使用“绘制变形”工具，在表面绘制纹理效果，绘制效果如图 4-3-153 所示。将制作好的石头纹理复制并摆放，摆放最终效果如图 4-3-154 所示。

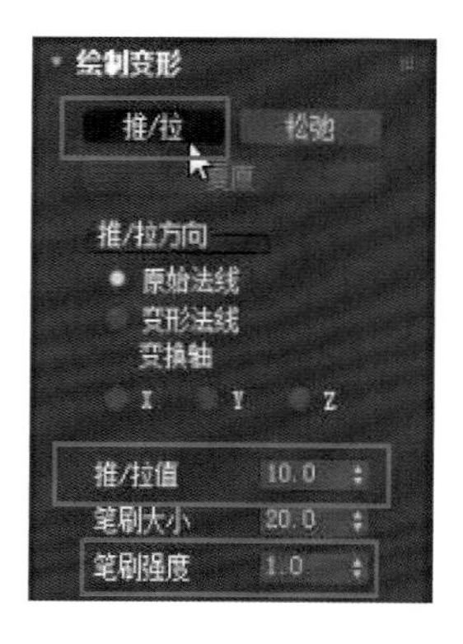

图 4-3-150 绘制变形参数 1

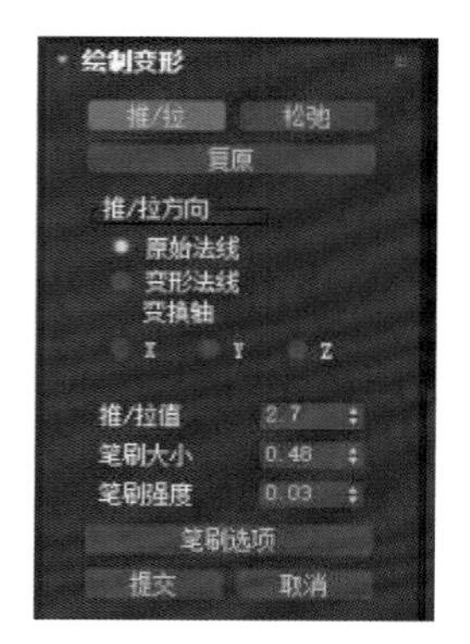

图 4-3-151 绘制变形参数 2

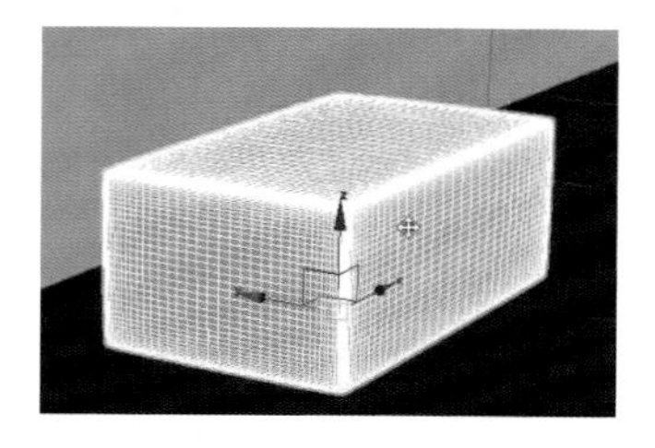

图 4-3-152 涡轮平滑效果

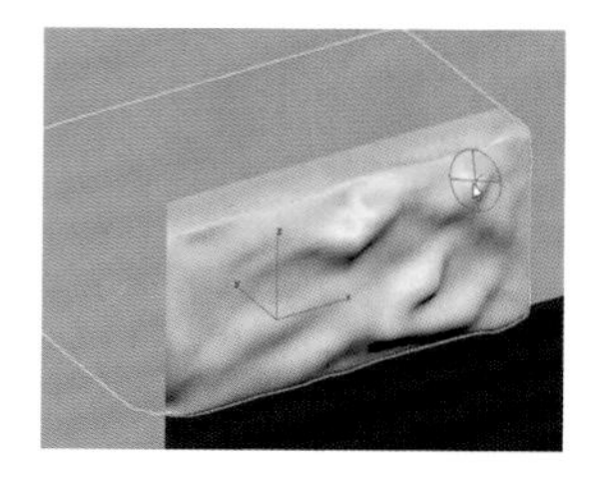

图 4-3-153 绘制纹理效果

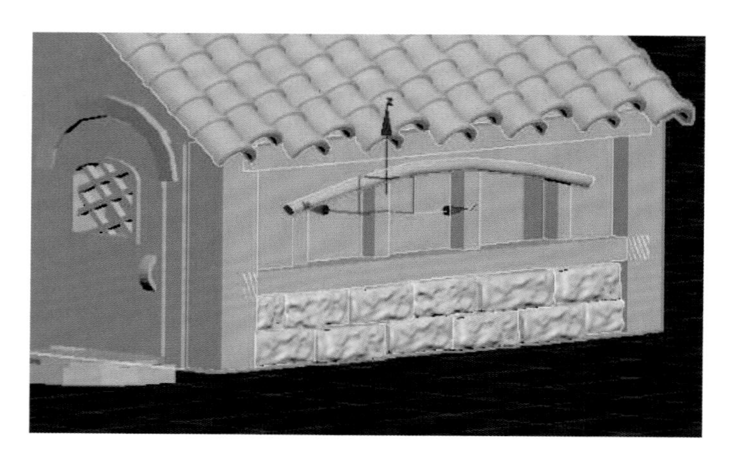

图 4-3-154 石头纹理效果

步骤 47：制作房屋角落，堆积石头模型。首先，如图 4-3-155 所示，使用“矩形”工具创建石头大致的位置与形状大小。然后激活“切割”工具在每一块石头上面切割出不同的线，效果如图 4-3-156 所示。之后使用“移动”工具调整石头的破损形状，效果如图 4-3-157 所示。在制作过程中，只需要制作七或八种不同的石头。进行复制、移动、缩放操作，制作堆积效果，如图 4-3-158 所示。最终制作完成效果如图 4-3-159 所示。

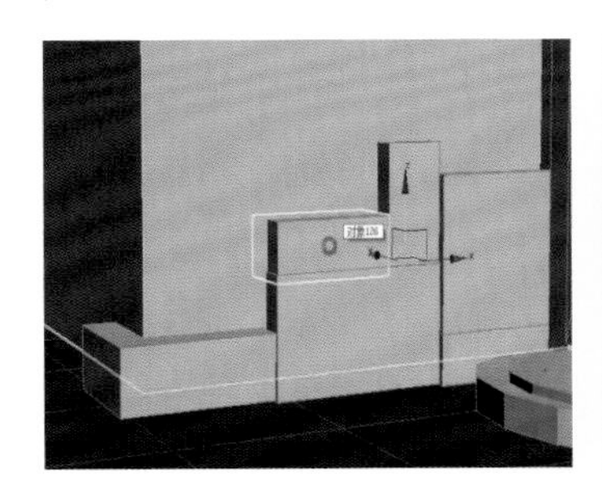

图 4-3-155　石头位置与大小

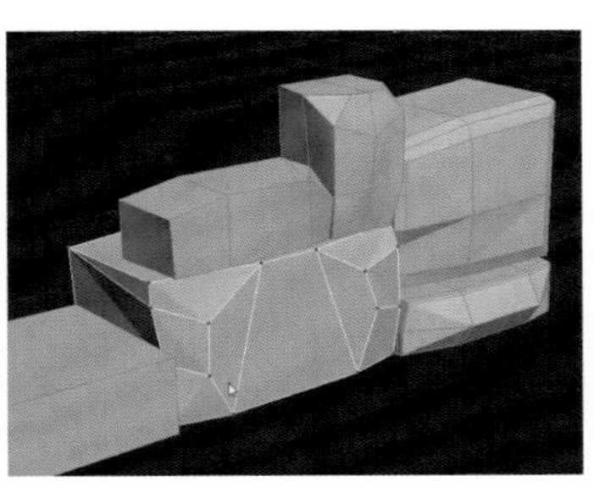

图 4-3-156　切割线

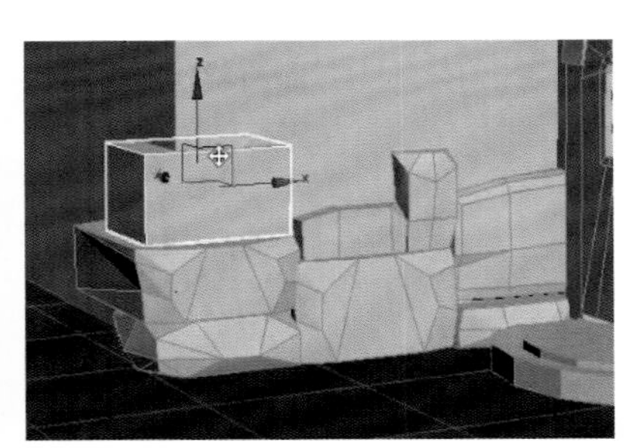

图 4-3-157　调整石头破损形状

图 4-3-158　制作堆积效果

图 4-3-159　堆积石头效果

步骤 48： 制作风车阁楼的瓦片。如图 4-3-160 所示，使用“矩形”工具，制作五种不同形状大小的瓦片。接着复制不同的瓦片造型排成一列，如图 4-3-161 所示。将所有的瓦片堆积成排陈列，效果如图 4-3-162 所示。有些瓦片过长或过宽，可以使用右侧属性菜单中的 FFD“晶格”工具进行整体调整，如图 4-3-163 所示。制作阁楼窗户方法与制作窗户方法相同，如图 4-3-164 所示。

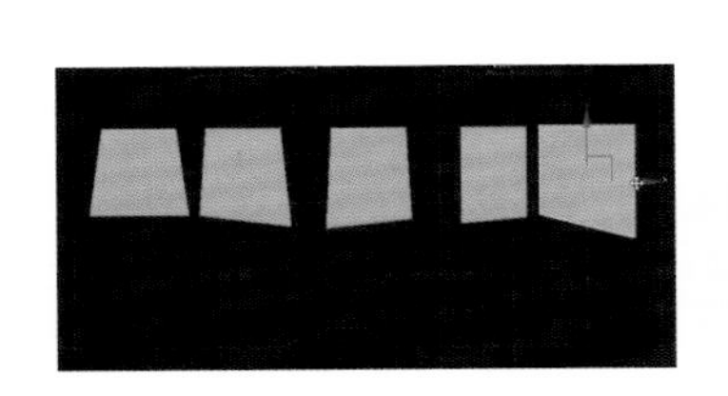

图 4-3-160　制作瓦片

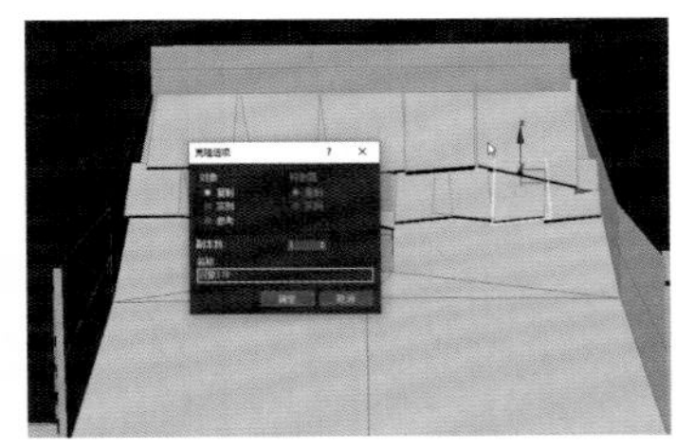

图 4-3-161　排列瓦片

图 4-3-162　堆积瓦片

图 4-3-163　整体调整

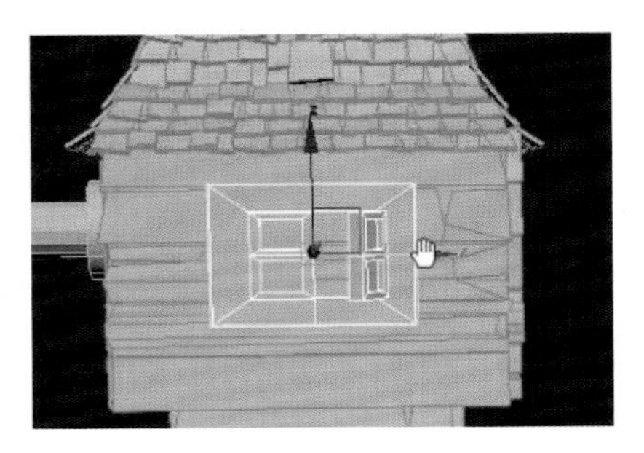

图 4-3-164　制作阁楼窗户

模型完成，如图 4-3-165 所示。

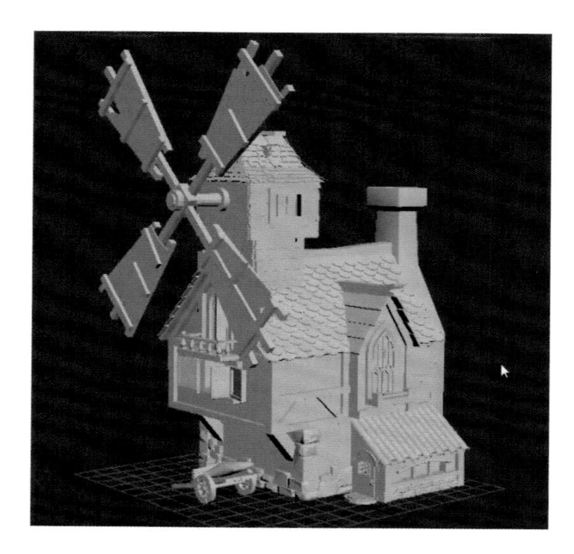

图 4-3-165　模型完成

任务二　贴图、灯光与渲染

部分所使用的功能与房子案例贴图方法几乎一致，在此不做详细解释说明。

步骤 1：将文件中的材质贴图贴在不同的材质球上，如图 4-3-166 所示。将其中一个木头材质拖入场景中的模型，如图 4-3-167 所示。使用右侧“属性”菜单中的“UVW 贴图”进行贴图调整，如图 4-3-168 所示。

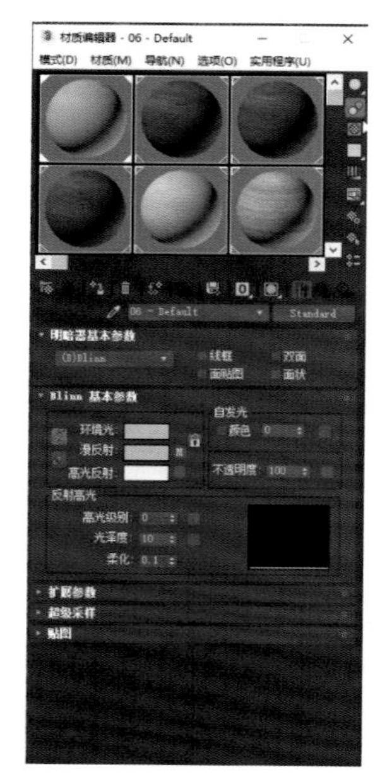

图 4-3-166　材质球

图 4-3-167　拖入木头材质

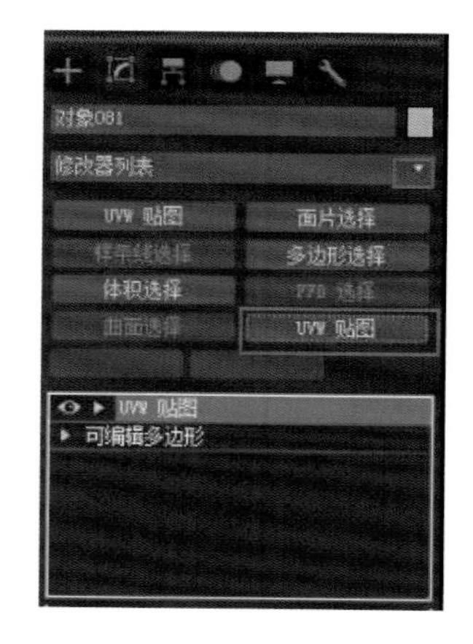

图 4-3-168　UVW 贴图

步骤 2：贴图效果如图 4-3-167 所示。图中模型表面纹理与模型实际方向不符，可以在右侧参数面板中，将贴图的映射属性改为“长方体”效果，如图 4-3-169 所示。调整效果如图 4-3-170 所示。调整结束后模型表面纹理大小不符，可以在右侧“属性”菜单中（图 4-3-171）单击“UVW 贴图”前的箭头，单击下滑栏中的“Gizmo”按钮，对它进行大小的调整与修改。调整最终效果如图 4-3-172 所示。

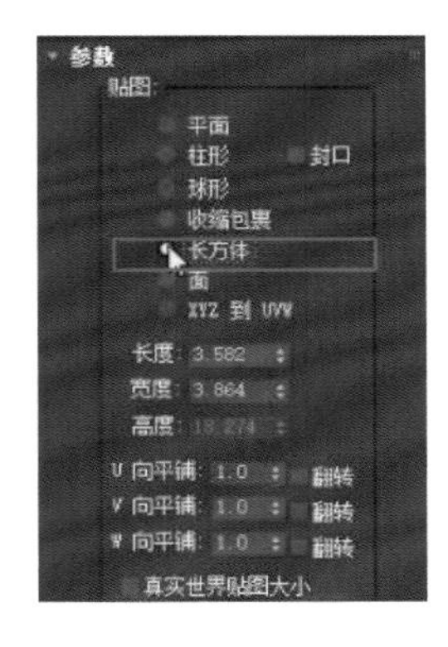

图 4-3-169　改为“长方体”效果

图 4-3-170　调整贴图效果

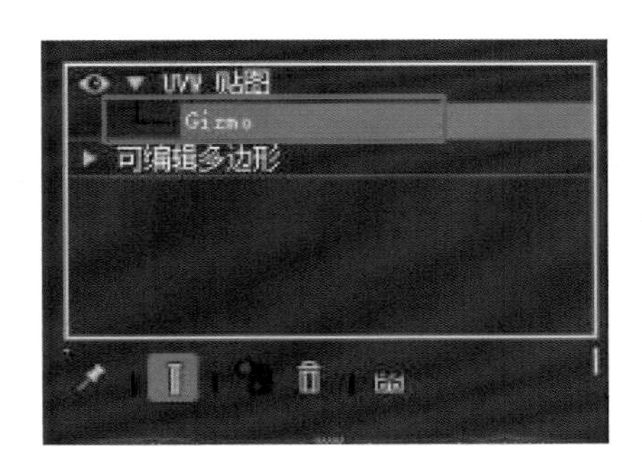

图 4-3-171　“Gizmo”按钮

图 4-3-172　调整最终效果

使用同样的贴图与映射方式将墙壁、瓦片、石头等模型制作完成，贴图效果如图 4-3-173 所示。

图 4-3-173　贴图效果

步骤3: 灯光与渲染。如图 4-3-174 所示，创建摄影机。使用“Ctrl + C”快捷键，如图 4-3-175 所示，创建天空半球模型。如图 4-3-176 所示，创建地面并将石头材质添加至地面。

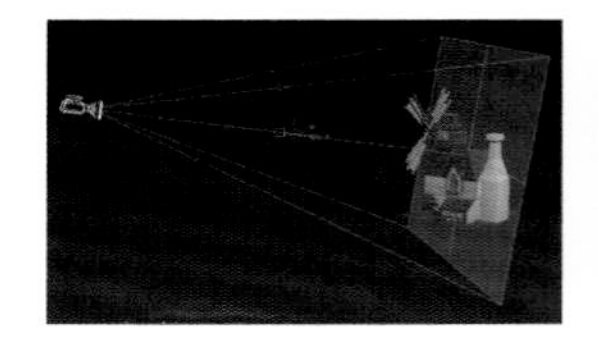

图 4-3-174　创建摄影机

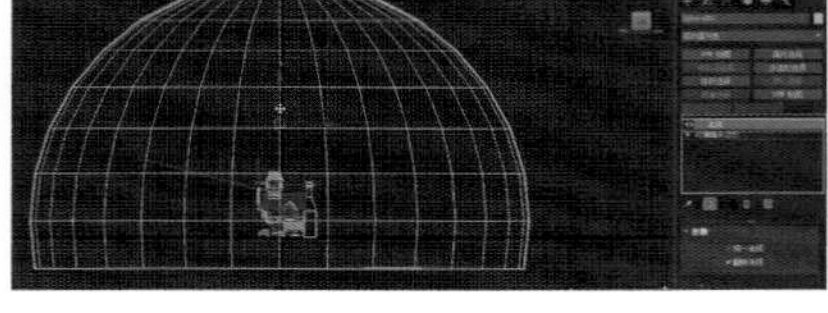

图 4-3-175　创建天空半球模型

图 4-3-176　创建地面

步骤4: 在场景中单击右侧灯光选项的编辑菜单中为场景添加一个目标聚光灯，效果如图 4-3-177 所示。添加目标聚光灯，勾选“阴影”中的“启用”复选框，如图 4-3-178 所示。将应用颜色改为深灰色，如图 4-3-179 和图 4-3-180 所示。最后为其场景添加一盏泛光灯，泛光灯参数如图 4-3-181 所示。

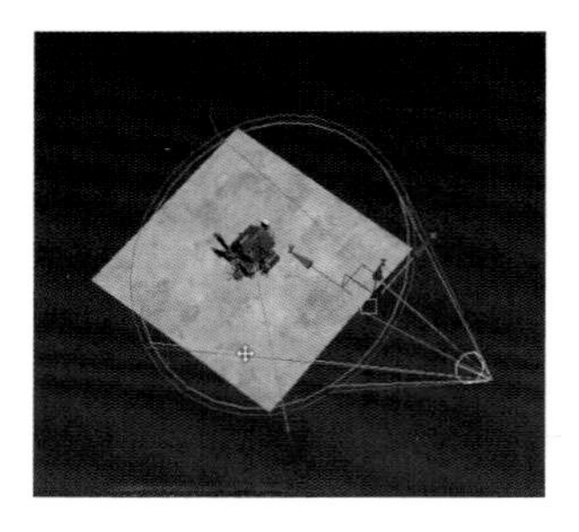

图 4-3-177　添加目标聚光灯

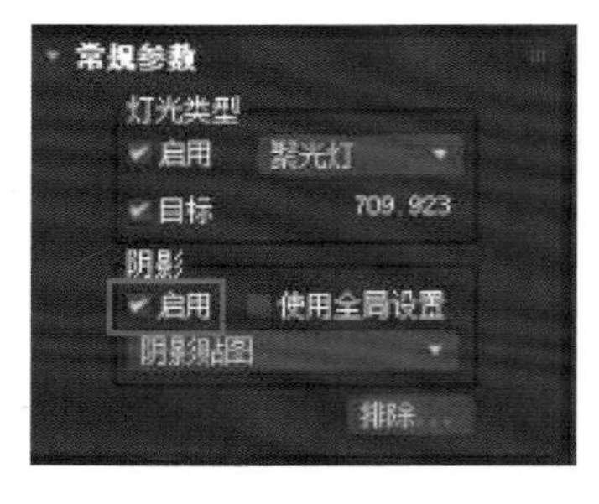

图 4-3-178　启用阴影

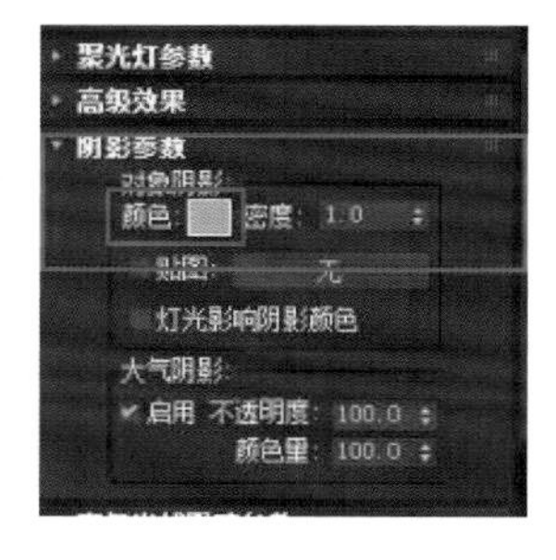

图 4-3-179　选择颜色

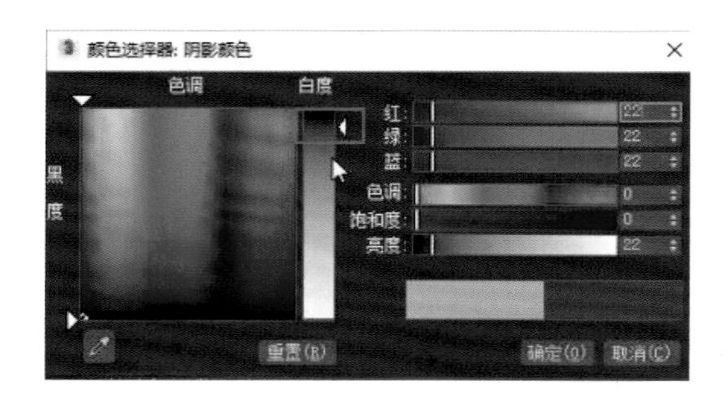

图 4-3-180　选择深灰色

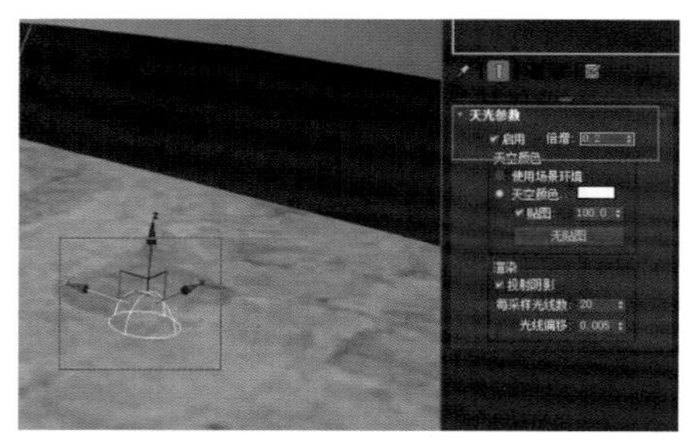

图 4-3-181　泛光灯参数

步骤5: 单击右侧“属性”菜单中的“泛光”按钮，为场景添加一盏泛光灯，如图 4-3-182 所示；调整参数如图 4-3-183 所示。将目标聚光灯的聚光区与衰减区进行调整使其光圈不要太紧凑，如图 4-3-184 所示。

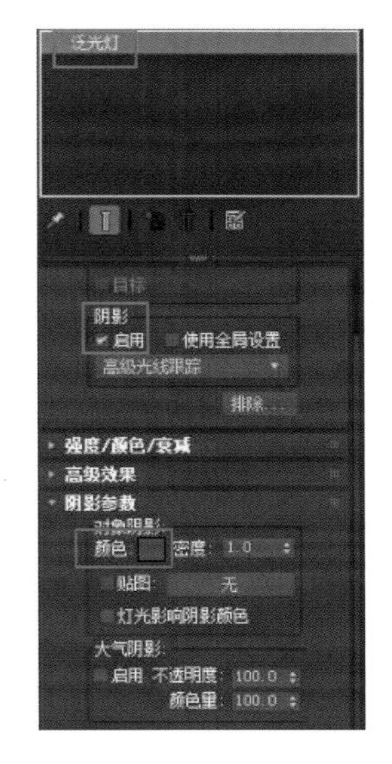

图 4-3-182　选择“泛光”　　　图 4-3-183　调整参数

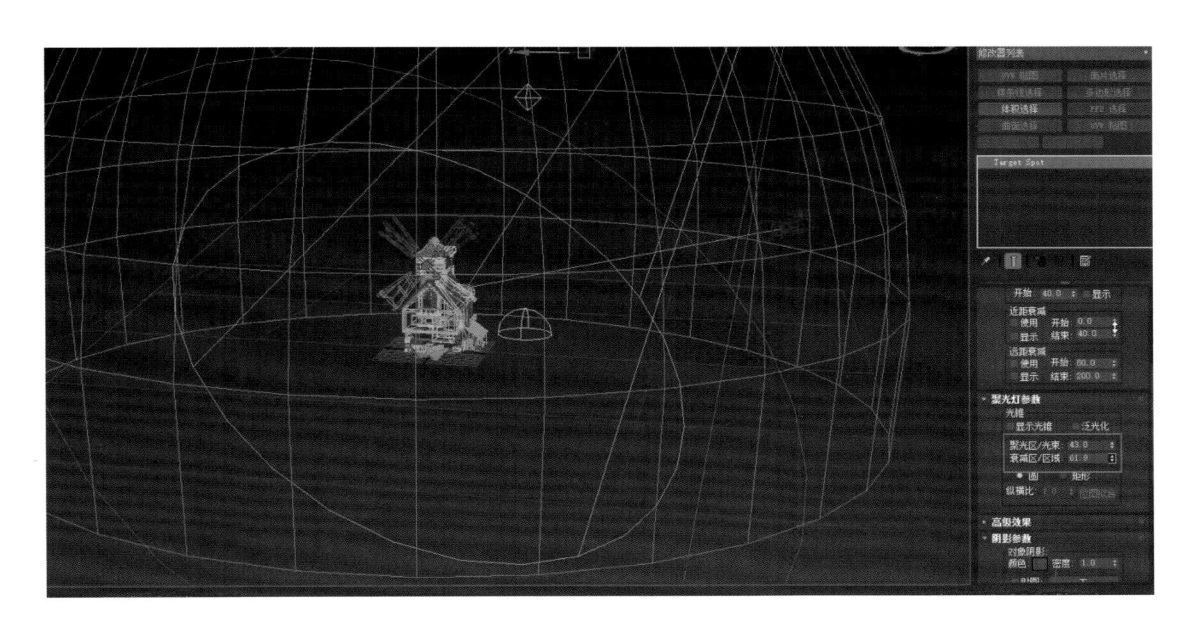

图 4-3-184　调整光圈

步骤6：渲染设置如图 4-3-185 和图 4-3-186 所示。

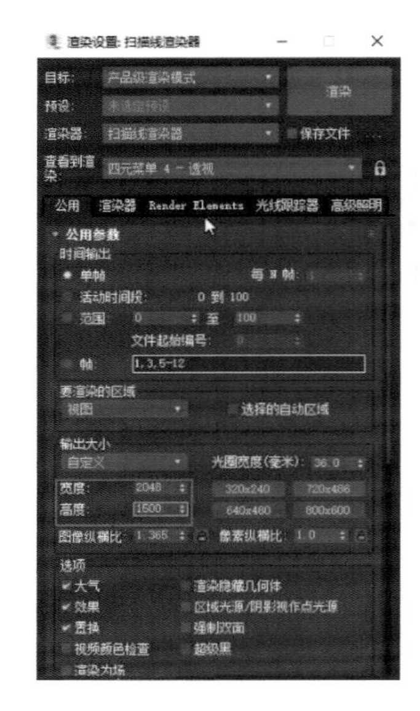

图 4-3-185　渲染设置

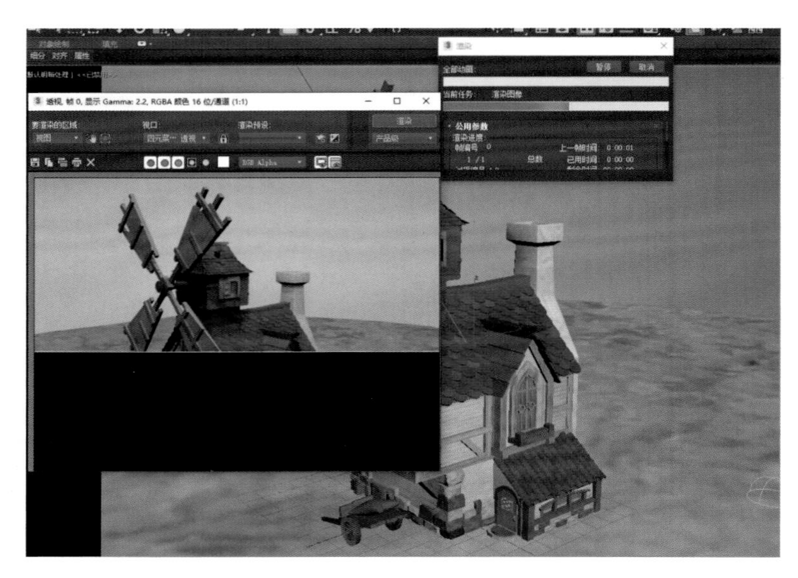

图 4-3-186　渲染

步骤 7：渲染最终效果如图 4-3-187 所示。

图 4-3-187　渲染最终效果

项目四　卡通角色

项目描述

动画行业岗位呈现新技术多、复合性增强、重迁移能力等特点，为了让学生更容易适应岗位专业性和复合性的发展新变化，本案例选择了动画角色——米菲作为建模对象，在训练学生的动画角色建模和造型能力的同时，贴切企业对于文创 IP 形象的建模岗位要求，是一项实践性的技能训练。

最终效果如图 4-4-1 所示。

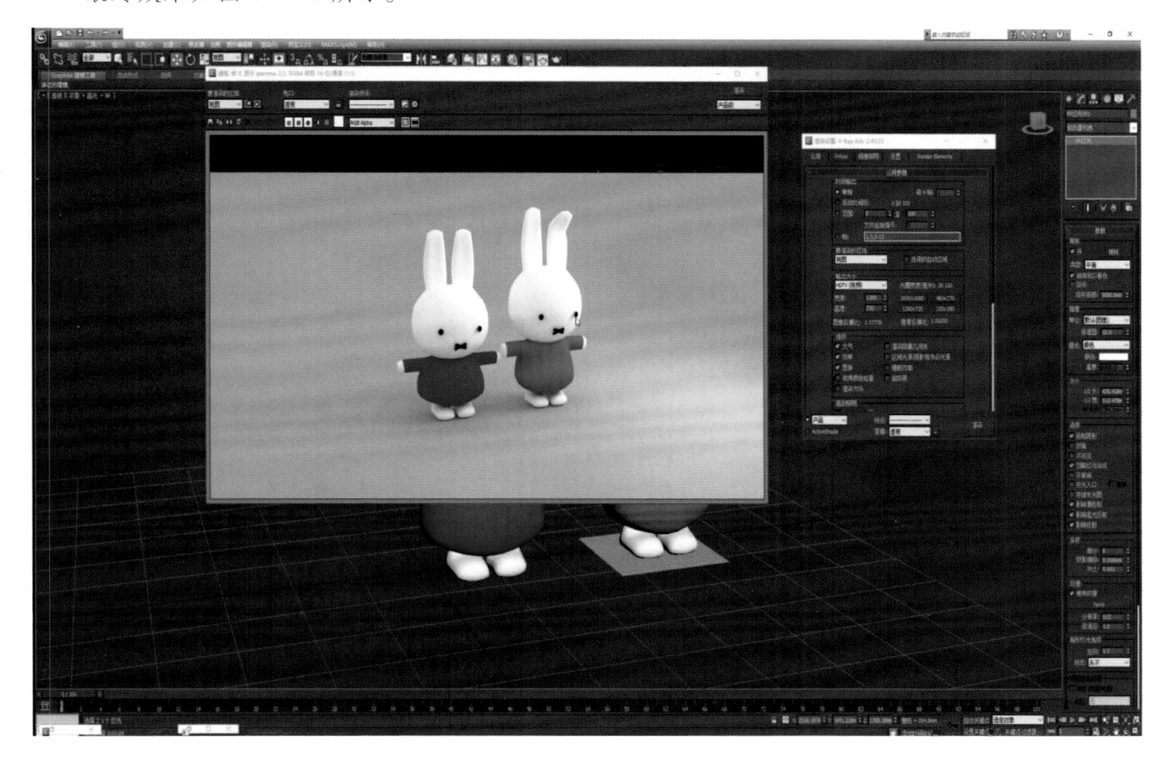

图 4-4-1　最终效果

任务一　图片导入

步骤 1：选择一个卡通角色形象——米菲，放入 Photoshop 软件中打开，观察画布大小，方便在 3ds Max 中做模板。画布宽度为 24.69 cm，高度为 12.45 cm。

步骤 2：打开 3ds Max 软件创建一个平面，参数设置为长度 24.69 cm、宽度 12.45 cm。如果模板太小，可以按 R 键进行成比例缩放；按 W 键将平面进行移动放到栅格线的上方；然后按 P 键进入透视图，选择平面向后移动一点。

步骤 3：按 M 键进入“材质编辑器”，指定一个材质球给选中的平面，并在视图中进行显示（图 4-4-2）。

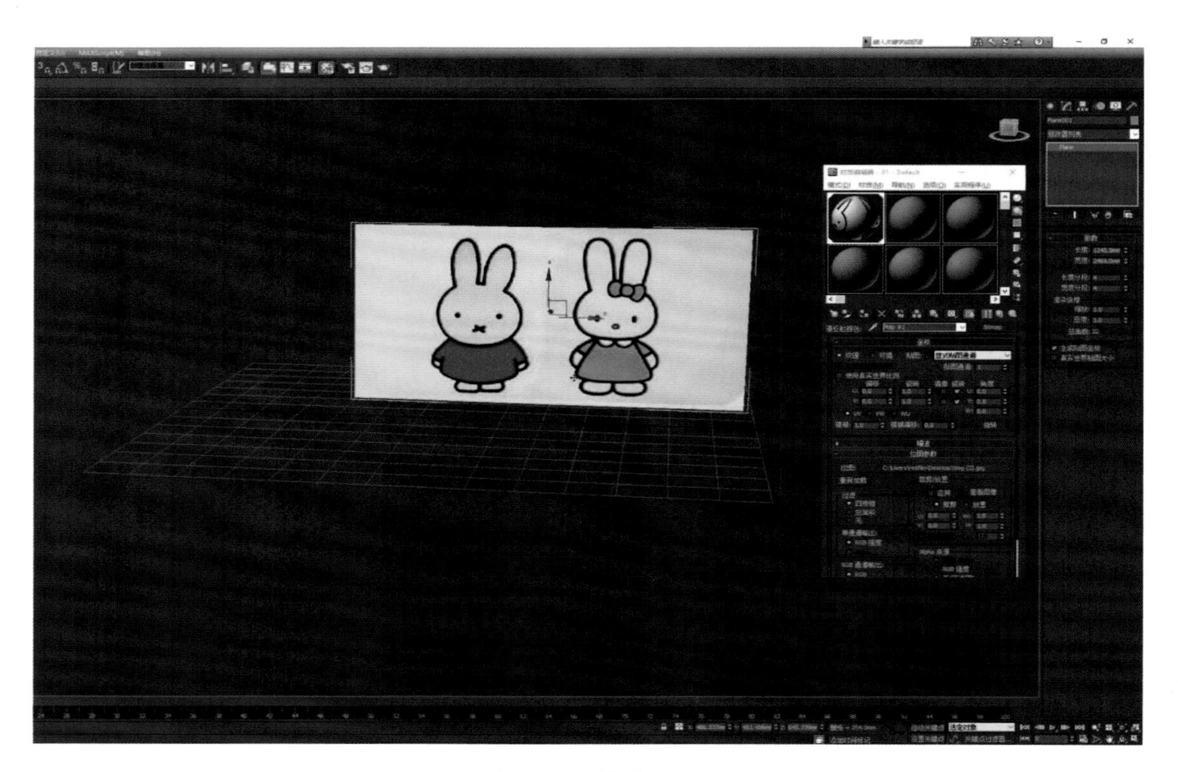

图 4-4-2 指定贴图

任务二 头部的创建

步骤 1：米菲的头是圆形的，头上有两只耳朵。那么用什么样的方式来创建比较快？首先采用一个长方体命名为“头”，先给长方体一个颜色，选中物体按 M 键进入“材质编辑器”，指定一个材质球给长方体，然后设置透明参数为 30。

步骤 2：长方体是方形的，而米菲的头是圆形的。选择长方体，在修改器列表中执行“涡轮平滑”命令。将材质球不透明度值调回到 100，将涡轮平滑参数设置成 2 次平滑，然后将材质球透明度调成 30，将头缩小与图片模板匹配。

步骤 3：将头转换为可编辑多边形，按 F 键进入前视图，由于两边对称，选中一半的面按 Delete 键进行删除。调整点与图片模板契合（图 4-4-3）。

步骤 4：挤出米菲的耳朵。先确定耳朵的位置，将位置用线切割出来。确定位置为左耳长出来的地方，那么对应的右耳也会自动生成，因为选择的镜像是关联复制的。继续对它进行挤出加线。调整点的大小形成米菲的耳朵，如果耳朵中间缺少线，可以选中这一圈的线，再进行连接，然后设置连接的数值，比如 2 段，这样就会增加 2 段线。稍微调整线的合理性，让布线符合耳朵的结构（图 4-4-4）。

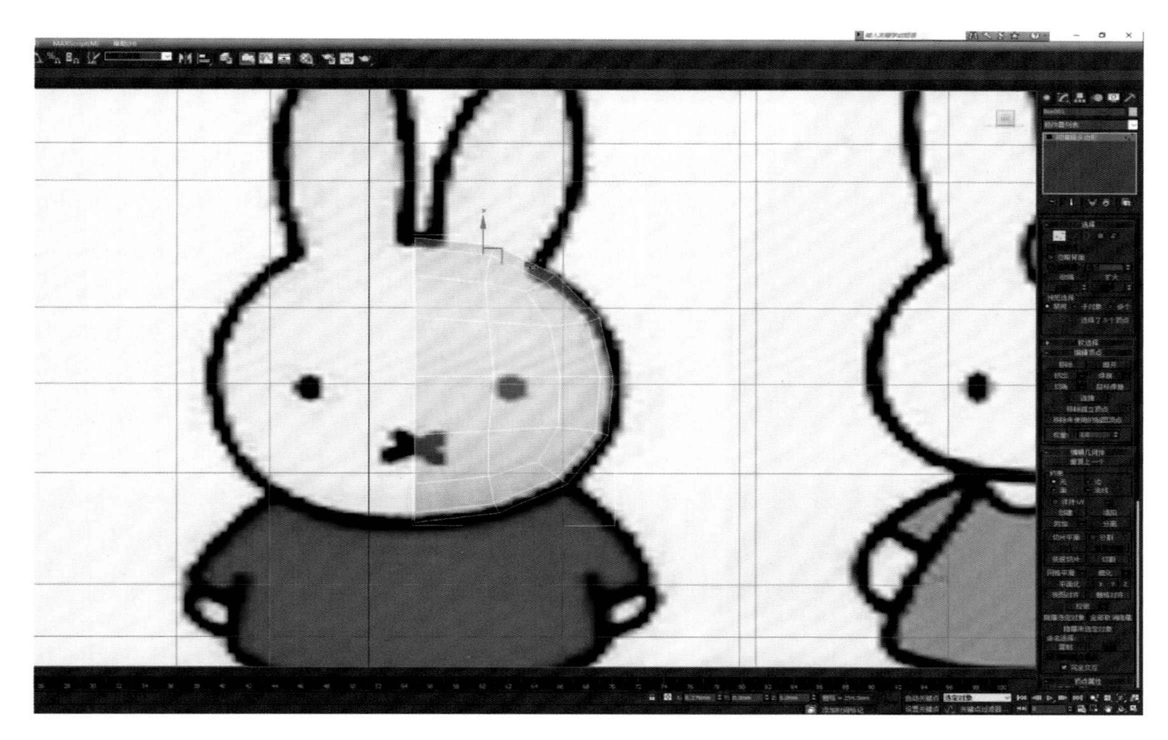

图 4–4–3　制作模型

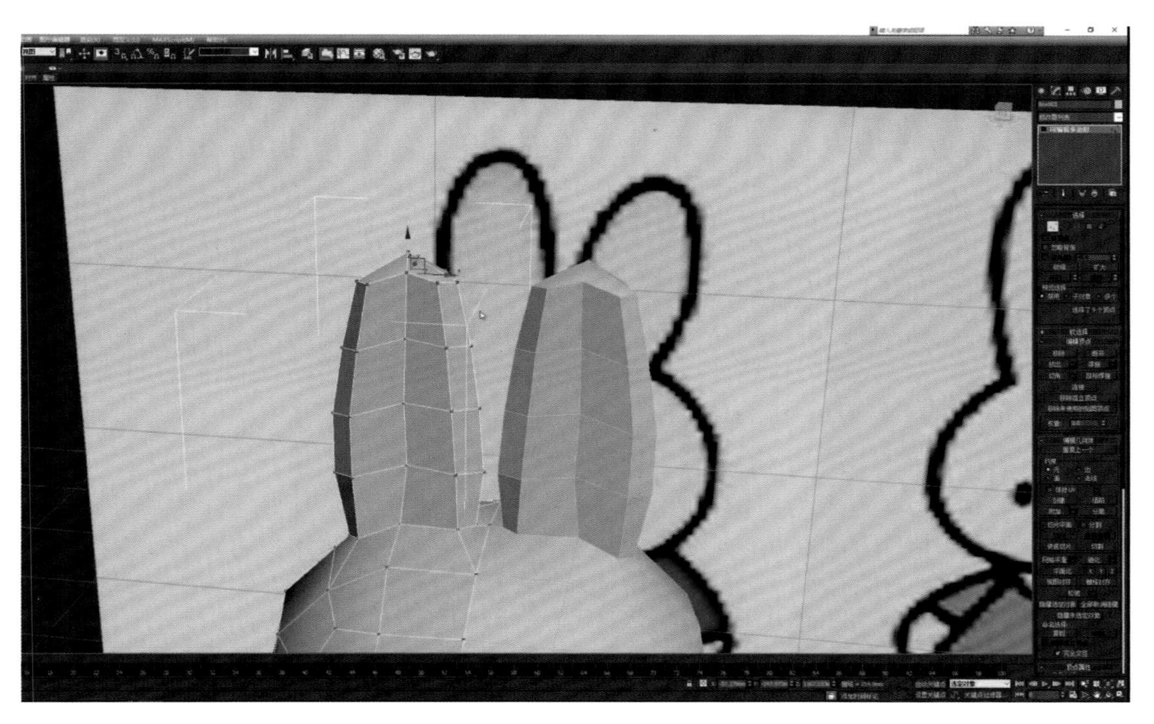

图 4–4–4　调节顶点

任务三 眼睛、嘴巴及身体的创建

步骤 1：米菲的眼睛是很可爱的，两只黑黑的小眼睛，用一个圆柱体变扁即可，边数设置分段 18，旋转 90° 使其立起来，按住“Alt + A”快捷键，然后单击头部，在对齐的窗口中选择中心对齐，再单击“确定”按钮，眼睛就位于头部的中间位置，这个位置需要按 F 键进入前视图，先把头部材质球透明度值设置成 30，然后选择眼睛进行缩小，按住 Shift 键复制一个，单击“确定”按钮。

步骤 2：将眼睛与头部接触契合，把两只眼睛颜色都调成黑色，两只眼睛就制作完成了。然后制作嘴巴，嘴巴也可以用圆柱体进行编辑，将它缩放压扁即可完成创建。

步骤 3：对照图片模板，摆放嘴巴的位置。然后按住 E 键准备进行复制旋转，按住 Shift 键旋转一定角度，选择复制一个，将嘴巴成立一个组，即可完成创建（图 4-4-5）。

图 4-4-5 制作嘴巴

步骤 4：思考一下身体怎么制作呢？身体也是一样的，选择长方体进行制作，将米菲的身体部位摆好，然后进行“涡轮平滑”两次，使它能够变成一个圆圆的球体。仔细观察身体，还是跟球体有区别的，身体是上面小、下面大，选中身体将它转换为可编辑多边形，便于调节点。身体左右对称，只需做一半，最后镜像即可。

步骤 5：按 L 键进入左视图，侧面的身体上端稍微小一些，框选点进行缩放，最宽的部位在角色的身体下端。最后将脖子这个部分的点稍做一些调整，调好点之后再对身体进行镜像，单击“实例镜像”按钮后确定，就完成了五官以及身体的制作（图 4-4-6）。

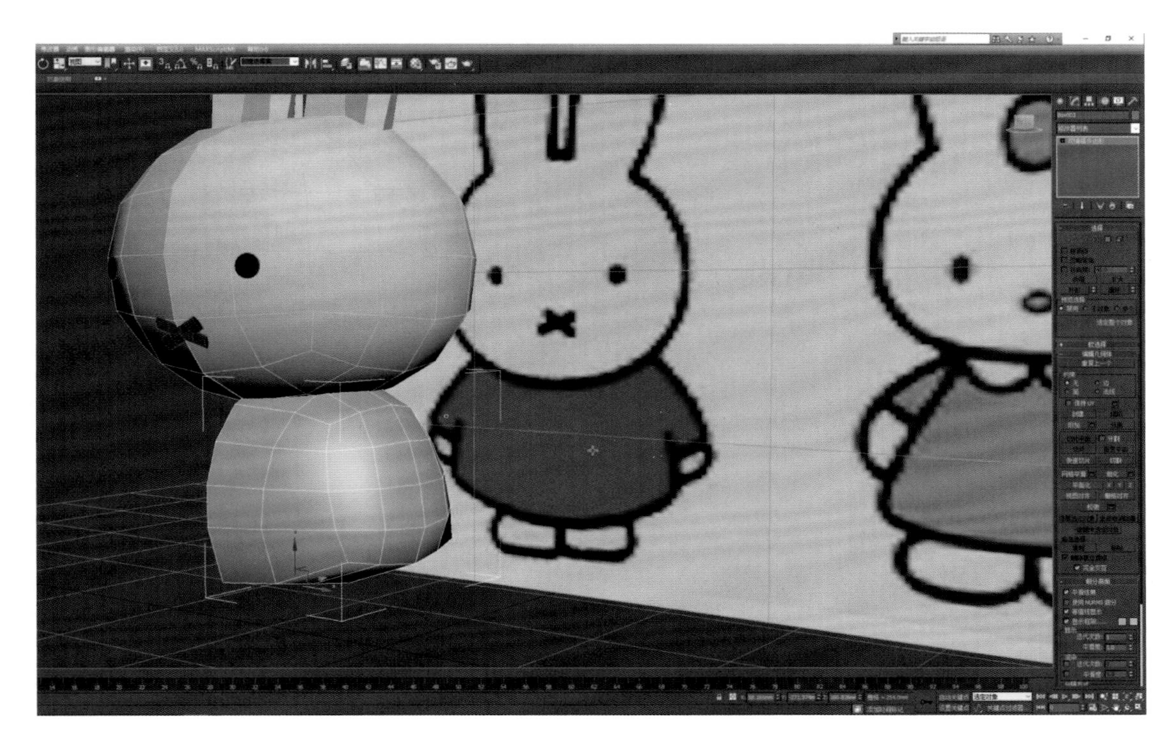

图 4-4-6　镜像模型

任务四　手和脚的创建

步骤 1：确定手生长的位置，对它进行加线，调整好添加的线之后，再进行成比例缩放。根据图片模板，手是垂下来的，但是在制作的过程中，让手伸开，便于以后做动画和骨骼绑定。制作成手伸开的姿势，根据手臂大小调整点的位置，选中面进行多次挤出，也多次相应调整好点的位置。挤出到肘部时，中间需要多增加线，调整成肘部关节结构（图 4-4-7）。

步骤 2：根据图片对腋下这一块稍微做一些调整，仔细观察发现手不够大，按 R 键将它放大一些、拉长一些，不断地调整和处理点，让结构更加合理。

步骤 3：制作米菲的脚，发现米菲是有穿鞋子的，选择用长方体来制作；由于左右对称，选择做一个即可。将长方体设定成与鞋子大概相同的宽度和高度，然后转换为可编辑多边形，选中面执行“挤出”命令，挤出后选中上面的面，再次挤出脚的形状，挤出的形状比较方。选择整个鞋子，在“修改器”列表中选择“涡轮平滑”，然后对线和点进行调整，接着镜像复制出右边鞋子即可，最后调整左右鞋子的特征。按 F 键进入前视图观察脚部的位置，然后按 M 键打开“材质编辑器”，进行颜色的统一指定，完成脚部的创建（图 4-4-8 和图 4-4-9）。

图 4-4-7 制作手臂

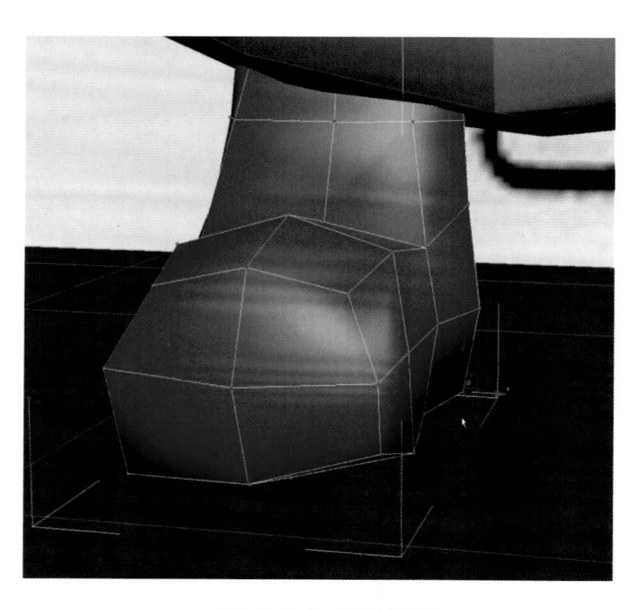

图 4-4-8 制作脚部

图 4-4-9 模型效果

任务五　灯光与渲染

步骤 1: 对米菲角色的环境进行模拟，将图片模板进行隐藏，或者进行删除。然后创建 Vray 灯光，箭头方向代表光从这个方向照射，将方向指向米菲。接着创建一块地面，地面用 Vray 平面来创建，并将这个平面放在卡通角色的下方。

步骤 2: 由于一个米菲显得单调，按住 Shift 键复制一个米菲，然后将复制出来的米菲整体比例放大一些，将一只耳朵调整成折耳。左边米菲的衣服颜色设置为红色，右边大一点的米菲衣服颜色设置为蓝色，眼睛和嘴巴设置为黑色，其他部分都设置为白色。然后对它进行首次渲染，渲染时采用 Vray 渲染器，将环境光、间接照明的选项进行勾选，公用参数里面设置图片大小为 1 280 × 720，在米菲右边创建 Vray 灯光再次进行渲染（图 4-4-10）。

图 4-4-10　渲染参考

步骤 3: 边渲染边观察，根据渲染效果不断将灯光位置和强度进行调整，比如曝光过度，将灯光强度适当调低，然后进行渲染，保存图片（图 4-4-11）。

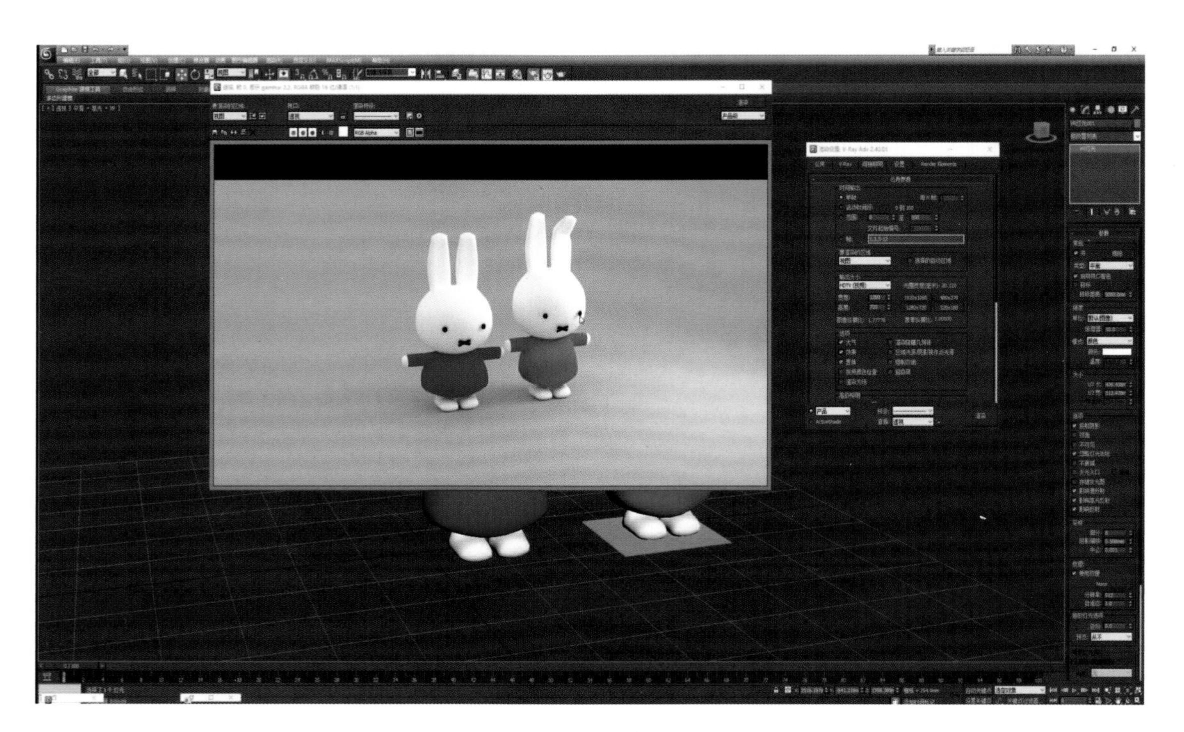

图 4-4-11 渲染

课后训练： 运用所学的知识制作卡通角色—— 唐老鸭。

项目五　国风游戏场景

项目描述

本案例融合了 3ds Max 多方面功能对复杂游戏场景进行搭建。在进行技能实践训练的同时，落实“1＋X”证书制度，加强复合型技术技能训练，引导学生获得数字创意建模职业技能等级证书。本案例不仅注意动画相关职业岗位的热门，还考虑到加强学生一专多用的技能岗位群意识，从而提升其岗位适应性，满足创业与发展的需要。

任务一　场景环境模型制作

场景环境主要由山石、花草、树木、动物、天空及场景道具等要素组成，是场景组成的重要部分。通过图 4-5-1 ~ 图 4-5-4 四个图的比较，可直到有了场景的组合后，场景被赋予了灵魂，建筑不再孤独无情趣，场景也因此有了艺术家的个性。

图 4-5-1　场景搭建 1

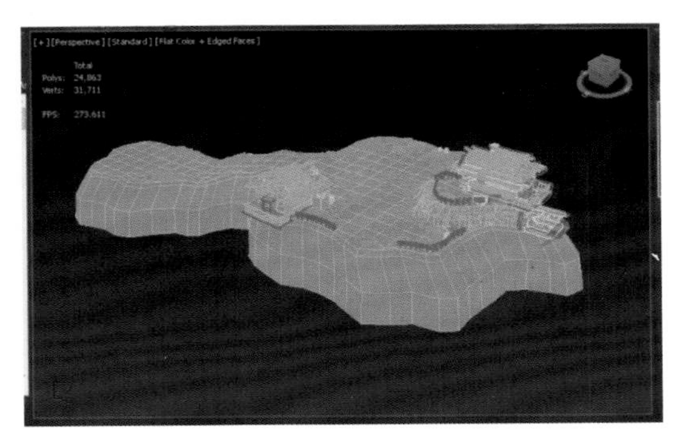

图 4-5-2　场景搭建 2

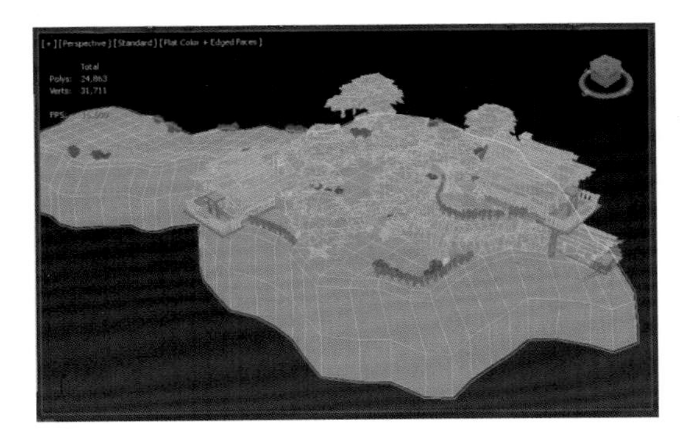

图 4-5-3　场景搭建 3

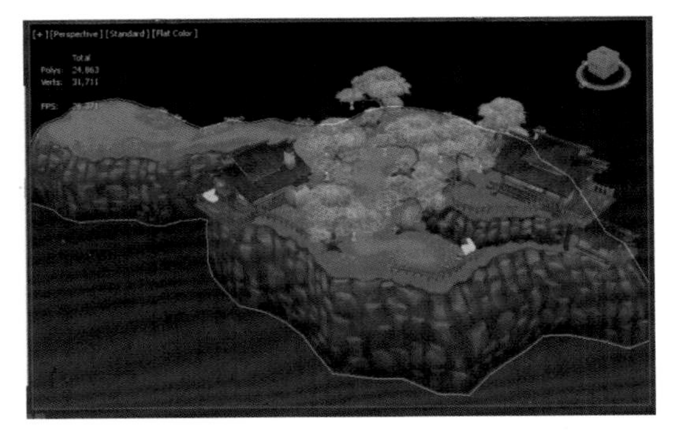

图 4-5-4　场景搭建 4

步骤 1：双击桌面图标运行 3ds Max 2018，按“Ctrl＋O”快捷键快速打开文件，选择文件名“fangzi.max”，执行“文件”→“另存为”命令，将文件另存为“fangzi_5.max”。

步骤 2：新建一平面物体，将其转换为多边形，如图 4-5-5 所示，在顶视图中删除面效果，如图 4-5-6 所示。

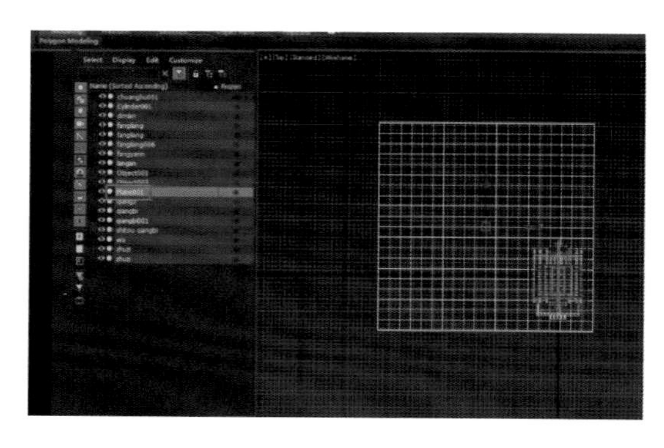

图 4-5-5 转换为多边形

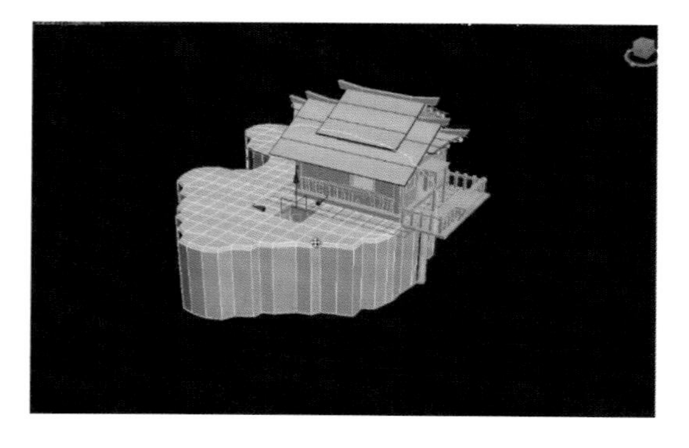

图 4-5-6 删除面效果

步骤 3：调整平面物体的最外缘点的位置，调整后形状如图 4-5-7 所示，双击最外缘的边，选择图 4-5-8 所示外缘一圈边，运用“边拉伸”工具拉伸出图 4-5-9 所示边缘一圈面，再继续选择上面最外缘一圈边，运用“倒角边”命令倒角出图 4-5-10 所示边缘。

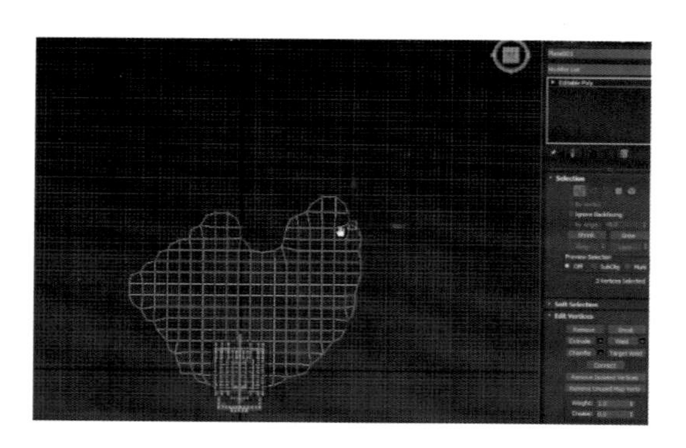

图 4-5-7 调整外缘点

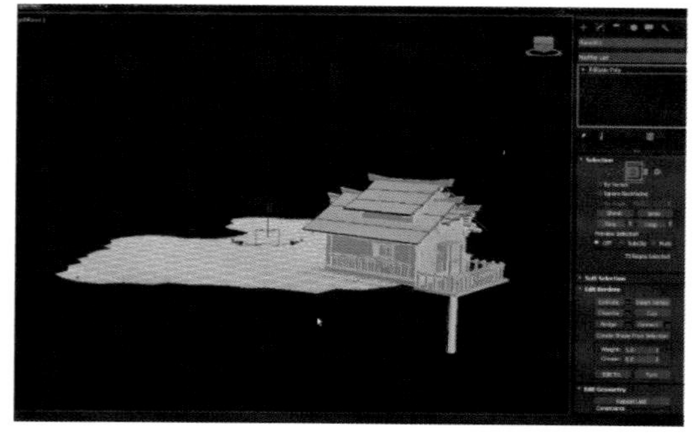

图 4-5-8 选择外缘一圈边

图 4-5-9 选择边缘一圈面

图 4-5-10 倒角边缘

步骤 4：选择图 4-5-11 所示的面，运用“面拉伸”工具拉伸出图 4-5-12 所示形状，再选择图 4-5-13 所示的面，拉伸出图 4-5-14 所示的形状，删除其侧面后再拉伸边至图 4-5-15 所示的位置，将两个接近的面删除后再焊接点，最后删除底面图 4-5-16 和图 4-5-17 所示的形状。

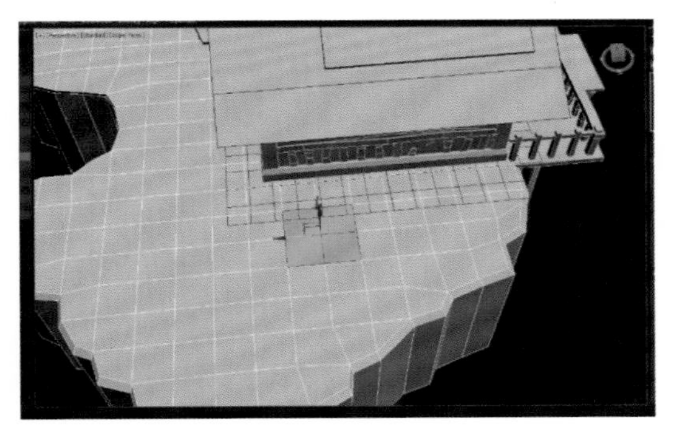

图 4-5-11　选择面 1

图 4-5-12　拉伸形状 1

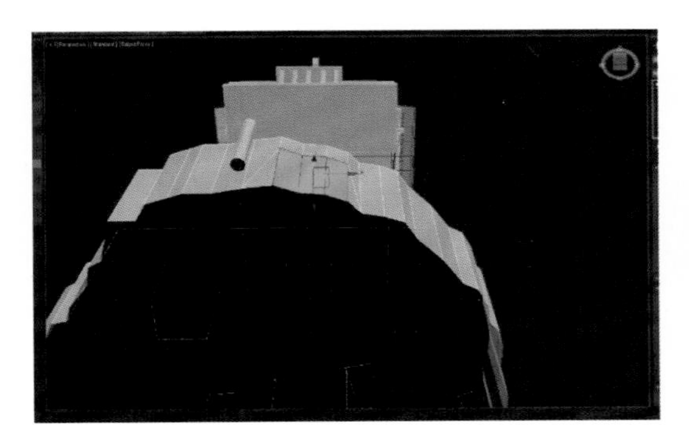

图 4-5-13　选择面 2

图 4-5-14　拉伸形状 2

图 4-5-15　拉伸边

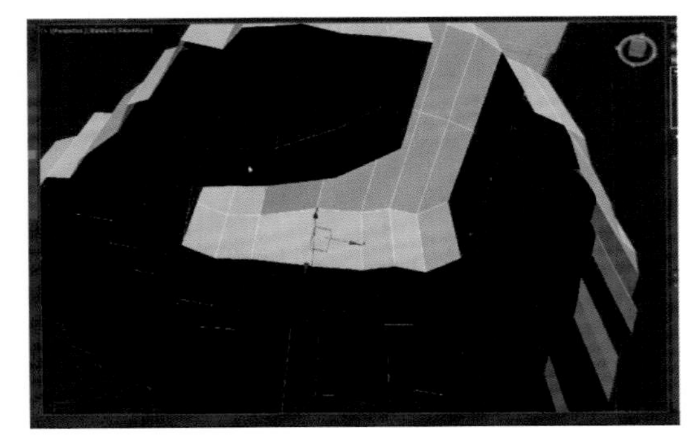

图 4-5-16　删除底面形状 1

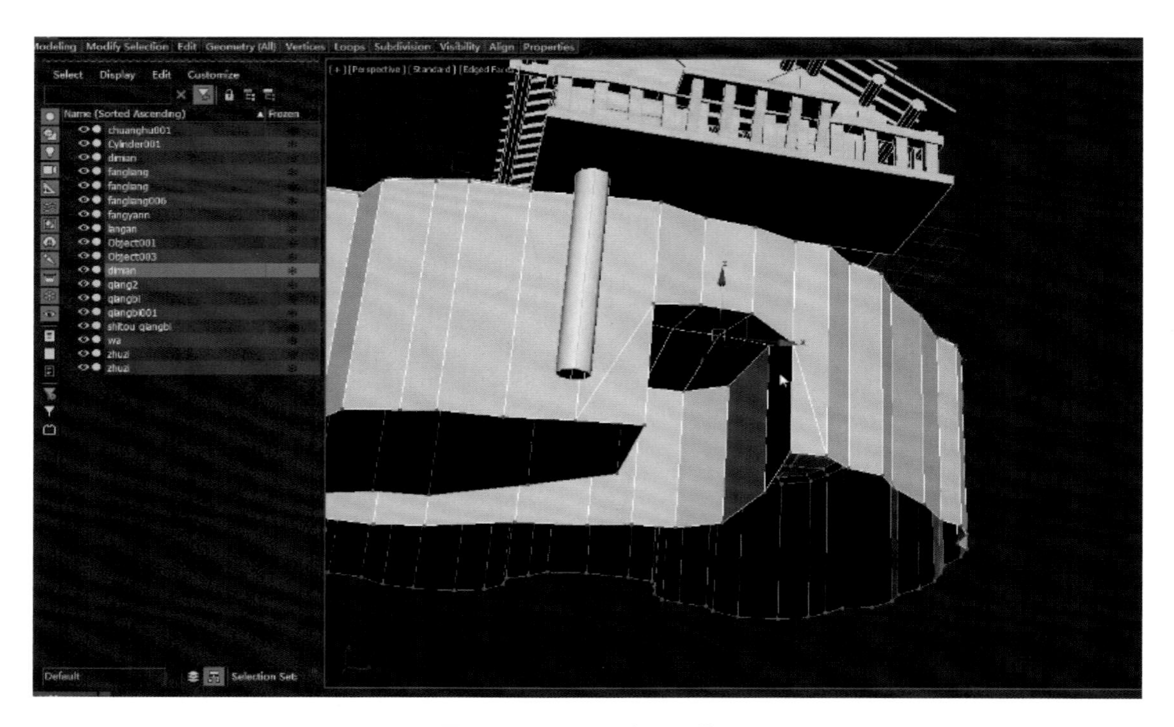

图 4-5-17 删除底面形状 2

步骤 5： 继续选择平面物体，将其顶面分离后隐藏，如图 4-5-18 和图 4-5-19 所示。

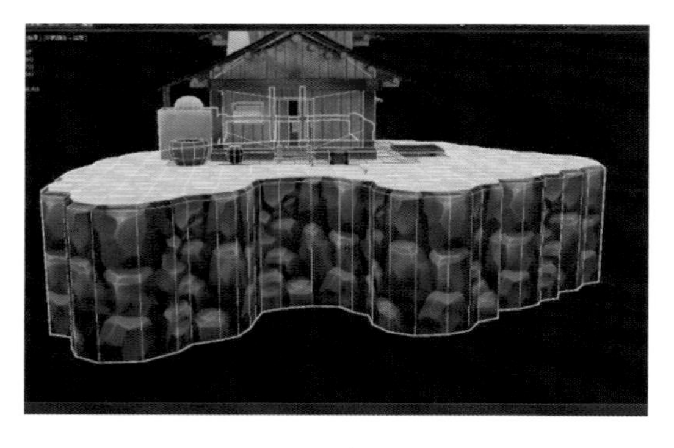

图 4-5-18 选择平面物体

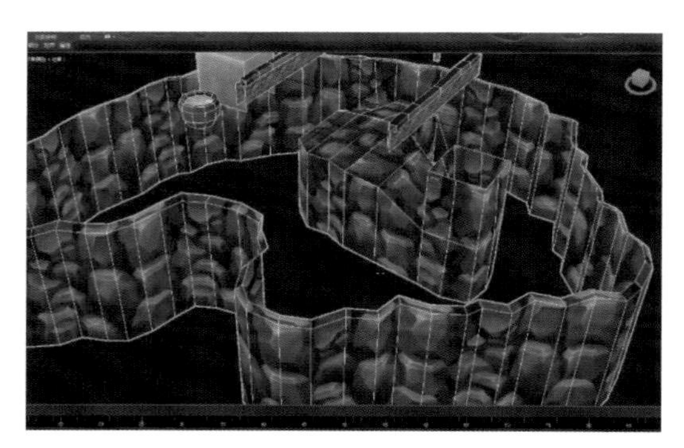

图 4-5-19 顶面分离后隐藏

步骤 6： 继续选择平面物体，进入点层级，运用“切割”命令增加新边，如图 4-5-20 和图 4-5-21 所示，再移动新增加的点或边，改变其外形，分割边、移动点及调整外形如图 4-5-22 ~ 图 4-5-24 所示，最后调整其形状，如图 4-5-25 所示。整个模型上的岩石凹凸与纹理基本一致，而所添加的线段是最少的。

图 4-5-20　增加新边 1

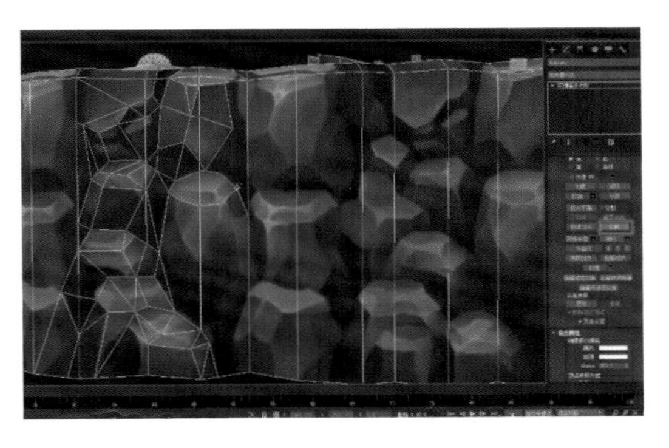

图 4-5-21　增加新边 2

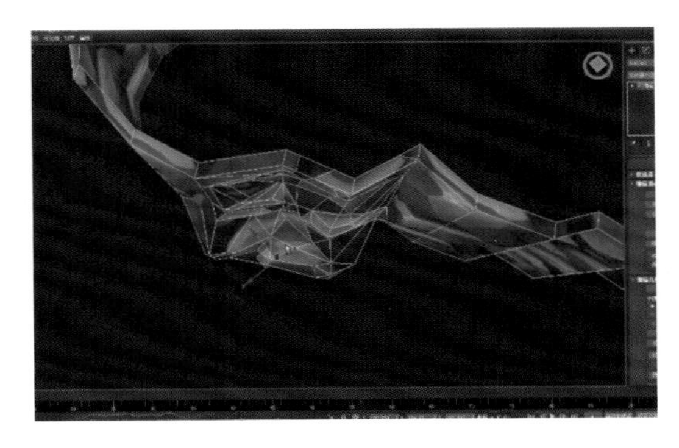

图 4-5-22　分割边

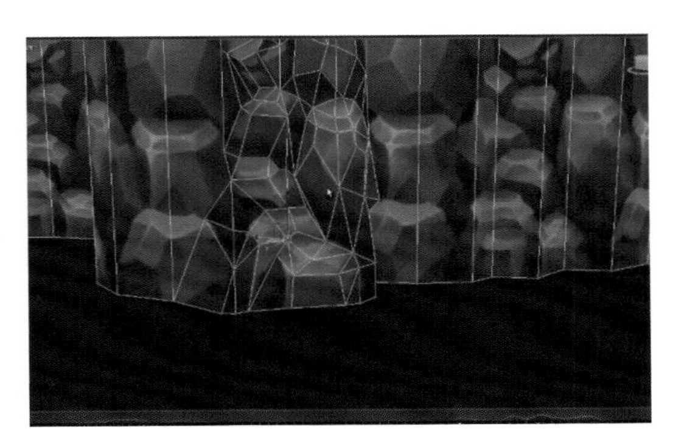

图 4-5-23　移动点

图 4-5-24　调整形状 1

图 4-5-25　调整形状 2

实战技巧：增加边时应先给物体添加材质，根据材质纹理的明暗来添加线段，调整点的位置也一样，明亮纹理分界线局部调节点向外凸起，阴暗纹理分界线局部调节点向内凹下。

步骤 7：创建新的圆柱形物体，分段如图 4-5-26 所示，将其转换为多边形，删除底面后调整其外形，如图 4-5-27～图 4-5-30 所示。

步骤 8：再次创建一圆柱形物体，将其转换为多边形后删除底面，如图 4-5-31 所示；调整其形状，如图 4-5-32 所示；再应用元素复制出多个此元素，分别调整其外形，使各个元素大小、形状各不相同，并分别放置于图 4-5-33 所示位置。

图 4-5-26　创建圆柱形物体 1

图 4-5-27　调整外形 1

图 4-5-28　调整外形 2

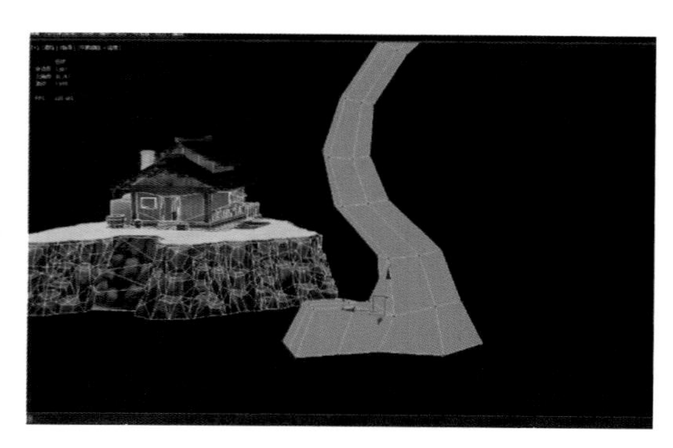

图 4-5-29　调整外形 3

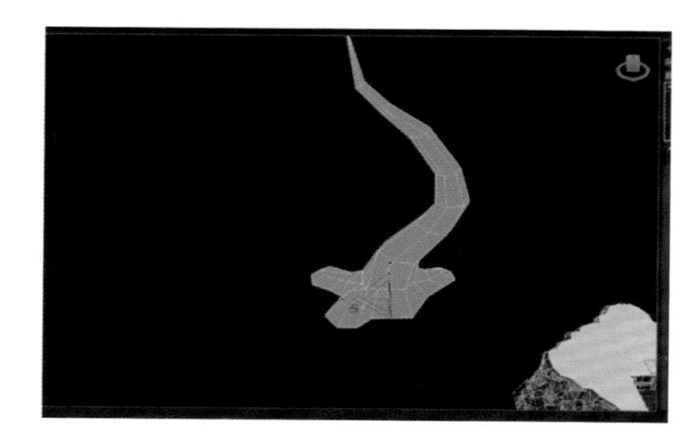

图 4-5-30　调整外形 4

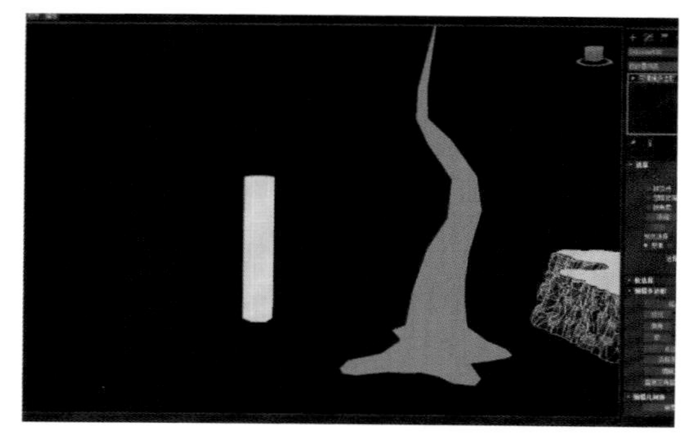

图 4-5-31　创建圆柱形物体 2

图 4-5-32　调整形状 3

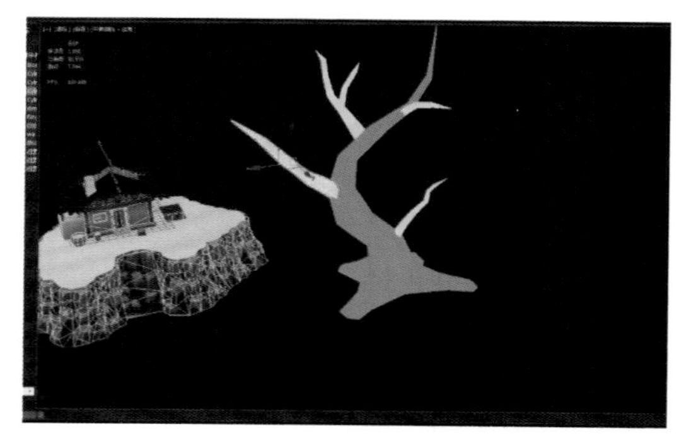

图 4-5-33　复制、调整形状

步骤 9：新创建一平面，其分段如图 4-5-34 所示；将其转换为多边形后删除中间所有边，并连接平面对角线，移动中间点调节其外形为中间凸起状，如图 4-5-35 所示；移动平面物体至树分枝顶处，并与树形状物体结合成一个物体，如图 4-5-36 所示；缩小后放置于图 4-5-37 所示位置，后面我们将树模型的 UV 展开贴图后，进行复制分布在场景中。

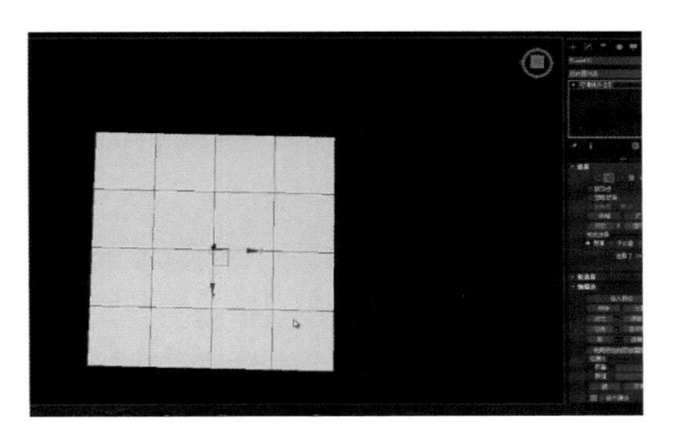

图 4-5-34　创建平面

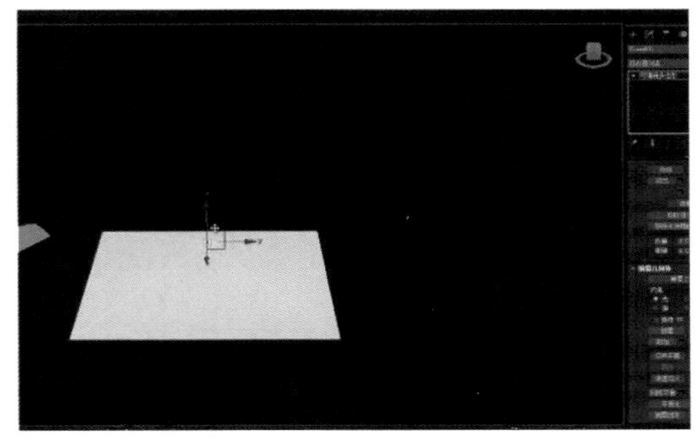

图 4-5-35　中间凸起

图 4-5-36　移动物体

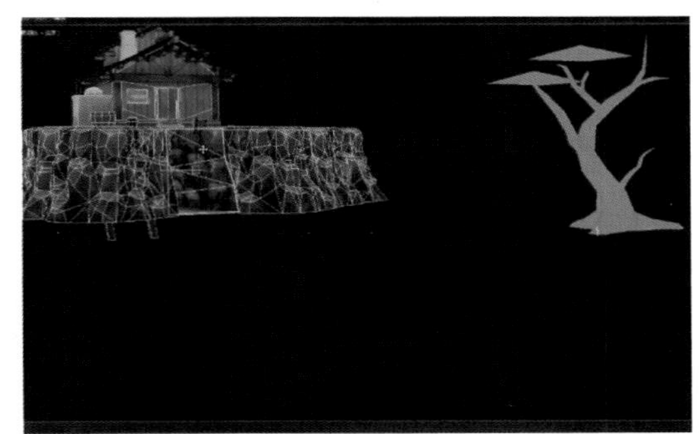

图 4-5-37　缩小后放置

步骤 10：下面对场景地基模型进行完善，创建新平面物体，其分段数如图 4-5-38 所示；选择新创建的平面，将其转换为多边形，删除面后其形状如图 4-5-39 所示。

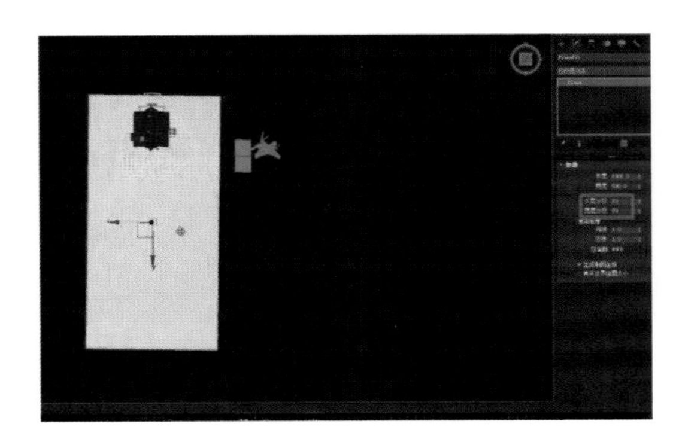

图 4-5-38　创建新平面物体

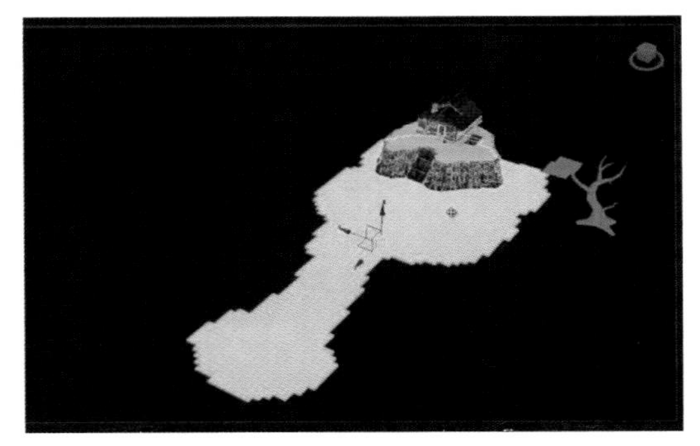

图 4-5-39　删除面后形状

步骤 11：创建一个长方体，将其转换为多边形，调整其外形后独立复制多个，分别放置于

图 4-5-40 和图 4-5-41 所示位置。

图 4-5-40 创建长方体

图 4-5-41 放置位置

步骤 12：选择地形平面物体，调整其外缘的点，使其最后形状如图 4-5-42 所示；选择最外缘一圈边，运用“边拉伸”工具后其外形如图 4-5-43 所示；将顶面边缘的边倒角后，调整其外形，如图 4-5-44 所示；展开 UV 并贴图后效果如图 4-5-45 所示。

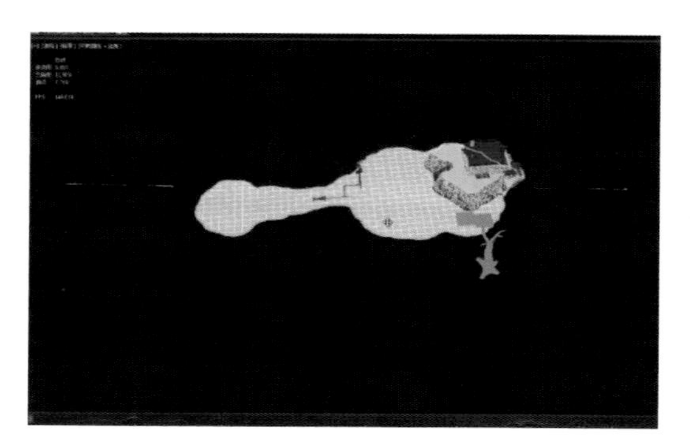

图 4-5-42 调整形状 4

图 4-5-43 边拉伸

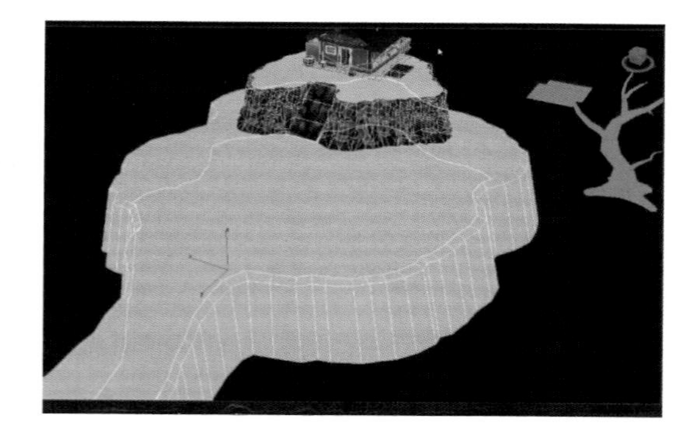

图 4-5-44 调整外形 2

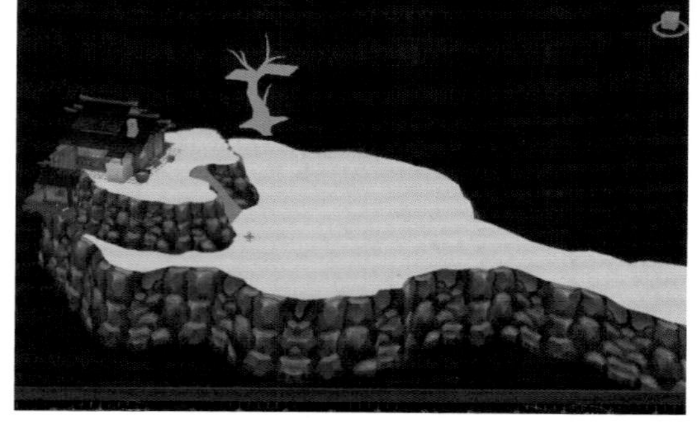

图 4-5-45 贴图效果 1

步骤 13：选择图 4-5-46 所示物体，这里地基台阶部分布线没有切割完整（切割方法参照步骤 6 完成），切割完整台阶处岩石效果如图 4-5-47 所示。

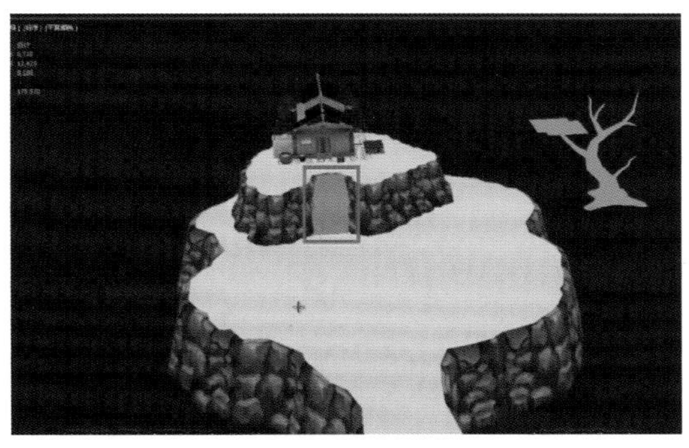

图 4-5-46　选择物体

图 4-5-47　切割完整台阶处岩石效果

步骤 14：选择图 4-5-46 所示树形物体，取名为“yinghua”，将其 UV 展开，将其叶片运用元素复制多个，错落有致地放置于树枝上，效果如图 4-5-48 所示；赋予贴图后其效果如图 4-5-49 所示；再将树“yinghua”独立复制多个，分布在场景中，效果如图 4-5-50 所示。

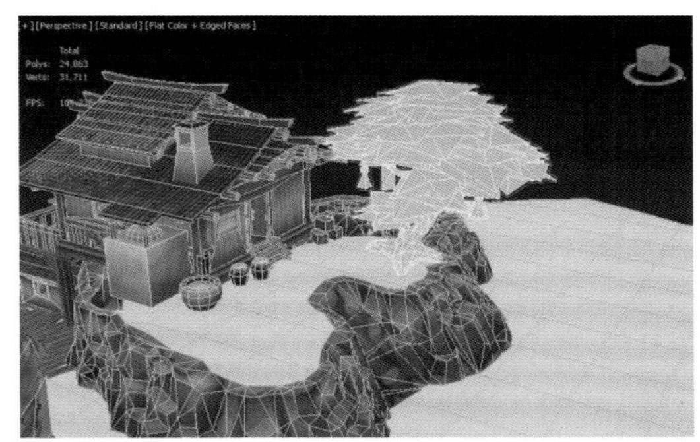

图 4-5-48　制作叶片

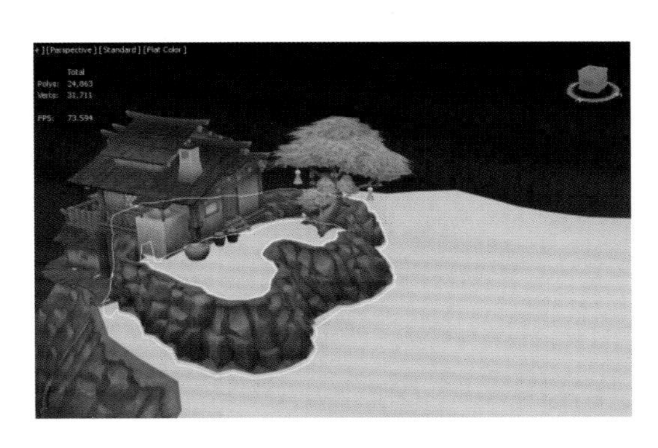

图 4-5-49　贴图效果 2

图 4-5-50　复制树 1

步骤 15：新建一个平面物体，将其转换为多边形，如图 4-5-51 所示；调节其形状，如图 4-5-52 所示。

图 4-5-51　新建平面物体 1

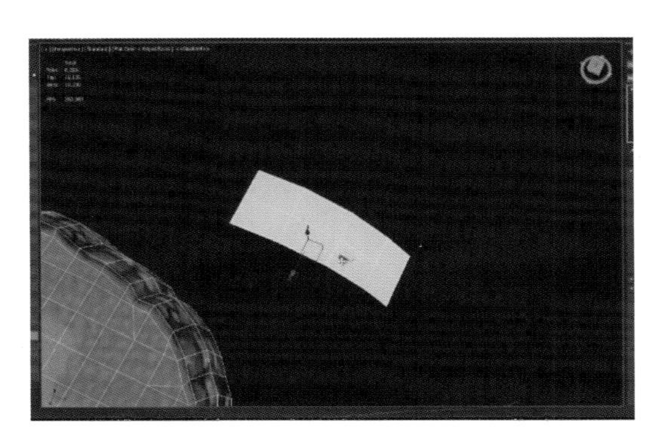

图 4-5-52　调节形状

步骤 16：再新建一个平面物体，将其转换为多边形，如图 4-5-53 所示；将其展开 UV 并独立复制三个，如图 4-5-54 所示。

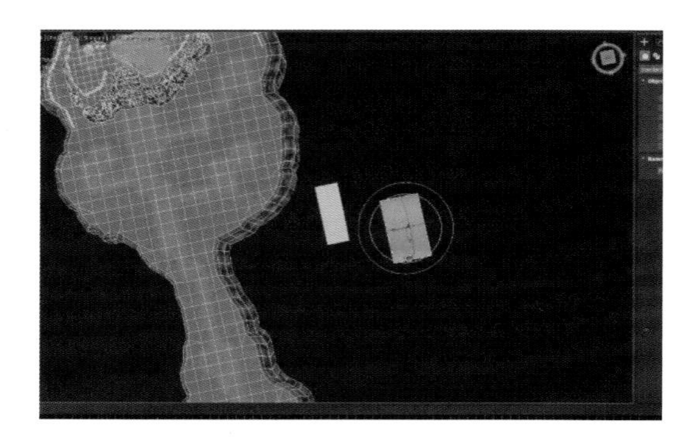

图 4-5-53 新建平面物体 2

图 4-5-54 复制三个

步骤 17：选择步骤 16 中创建的平面，展开 UV 后独立复制多个形状效果，如图 4-5-55～图 4-5-58 所示；将其材质再赋予透明贴图，效果如图 4-5-59 所示。

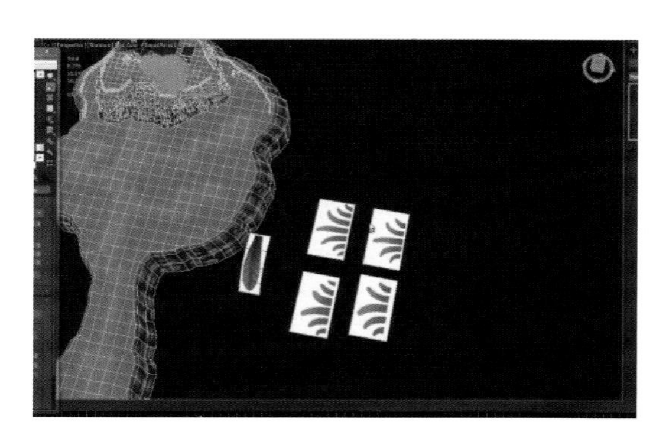

图 4-5-55 展开 UV 1

图 4-5-56 复制 1

图 4-5-57 复制 2

图 4-5-58 复制 3

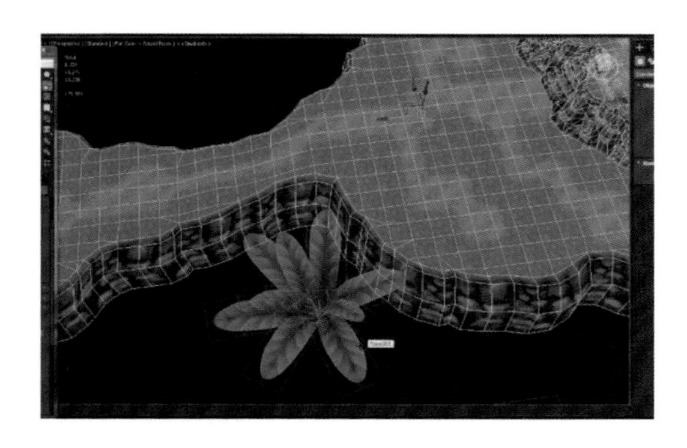

图 4-5-59　赋予透明贴图

步骤 18： 创建图 4-5-60 所示 box 物体，将其转换为多边形后调整形态，如图 4-5-61 所示；将其展开 UV 后再复制另外两个，如图 4-5-62 所示；再创建一平面物体，转换为多边形后调整形状再复制一个，分别放置于图 4-5-62 所示位置，赋予贴图后效果如图 4-5-63 所示。

步骤 19： 选择图 4-5-64 所示四个平面，通过缩放及旋转组成图 4-5-65 所示形状，再复制出多个，错落有致地放置于场景中；选择前面创建的花草物体，独立复制多个，也是错落有致地放置于场景中，效果如图 4-5-66 所示。

步骤 20： 选择建筑物体，独立复制出图 4-5-67 所示建筑，放置于图 4-5-68 和图 4-5-69 所示位置。

图 4-5-60　创建 box 物体 1

图 4-5-61　调整形态

图 4-5-62　展开 UV 并复制

图 4-5-63　赋予贴图

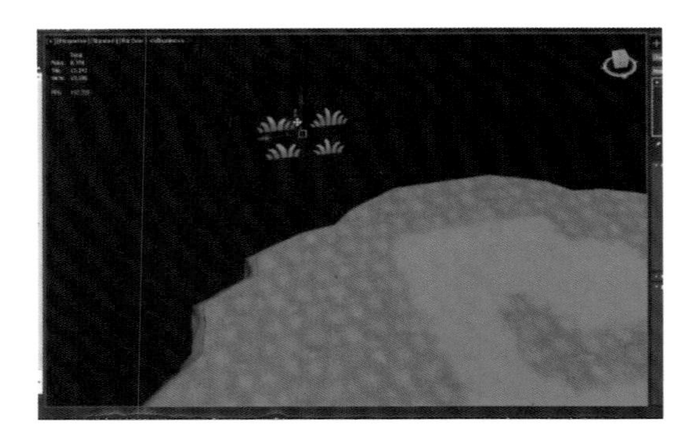

图 4-5-64 选择平面

图 4-5-65 调整形状 5

图 4-5-66 创建花草

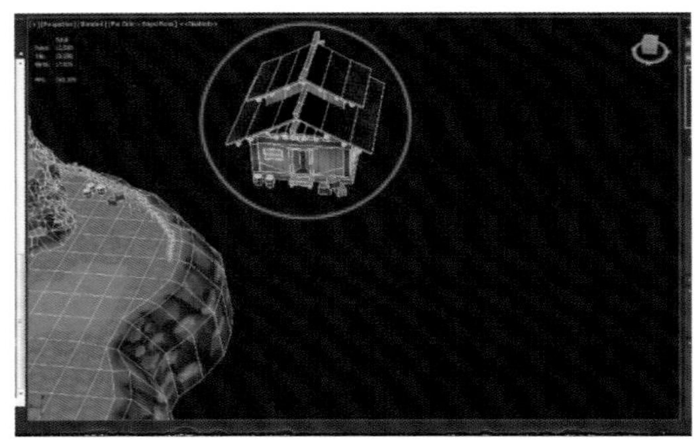

图 4-5-67 复制建筑物体

图 4-5-68 放置建筑 1

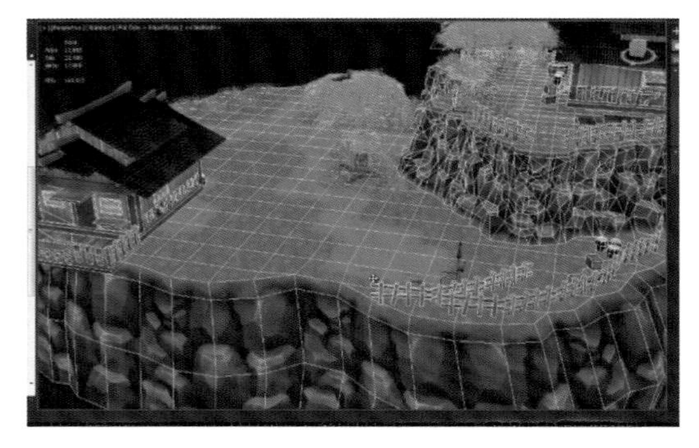

图 4-5-69 放置建筑 2

步骤 21：创建一 box 物体，将其转换为多边形后调整形状如图 4-5-70 所示；将其独立复制多个后组成图 4-5-71 所示树干形状，再创建两个平面物体，分别调整形状，如图 4-5-72 所示；展开 UV 后错落有致地放在树干上，如图 4-5-73 所示；将其整体缩小后，再独立复制多个分布在场景中，效果如图 4-5-74～图 4-5-76 所示。

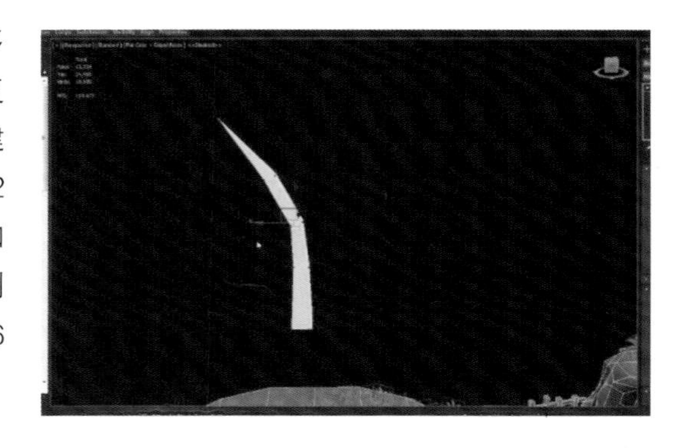

图 4-5-70 创建 box 物体 2

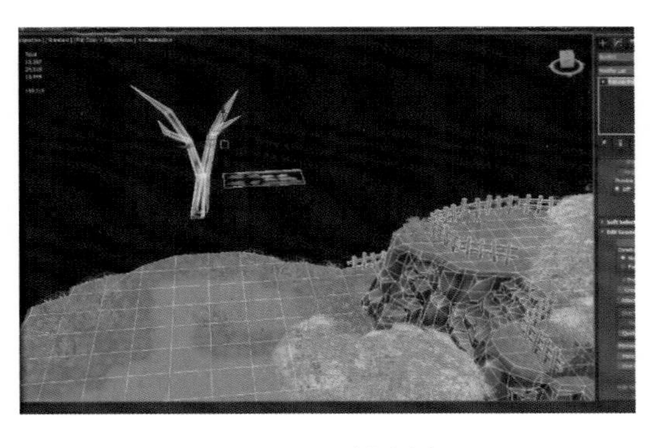

图 4-5-71　创建树干

图 4-5-72　创建平面物体

图 4-5-73　展开 UV 2

图 4-5-74　放置树

图 4-5-75　复制树 2

图 4-5-76　复制树 3

步骤 22：至此，场景花草、树木、山石及栏杆等环境要素已全部分布好，整个场景环境美丽幽雅，效果如图 4-5-77 和图 4-5-78 所示。

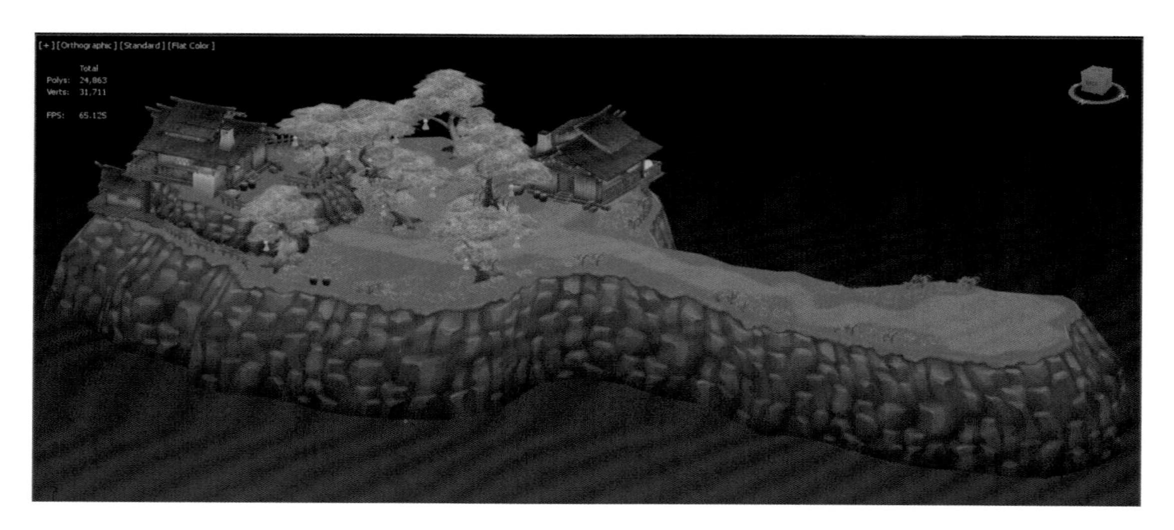

图 4-5-77 场景环境 1

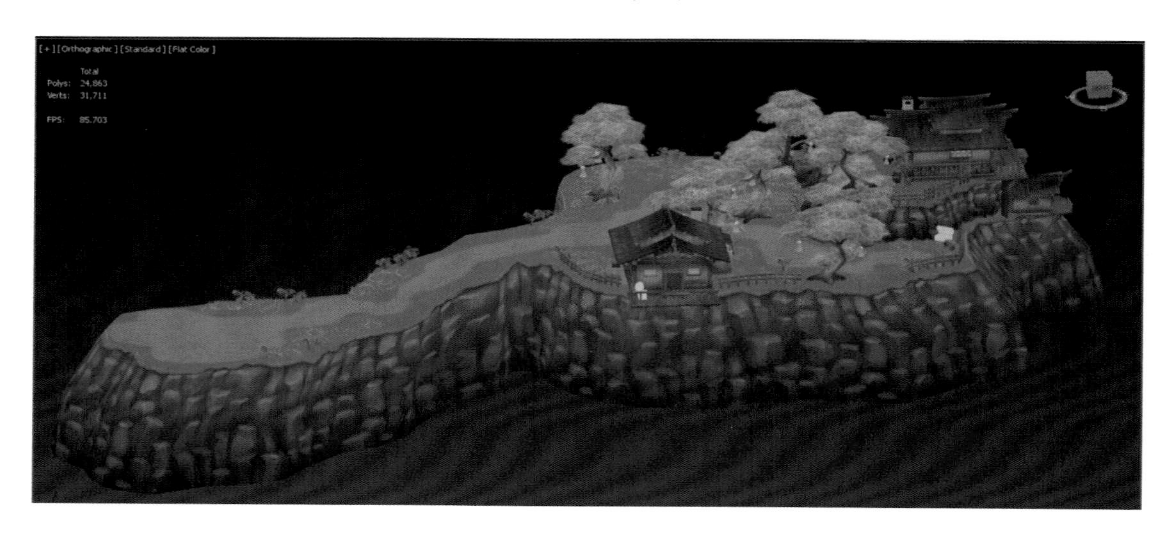

图 4-5-78 场景环境 2

步骤 23：按“Ctrl + S”快捷键快速保存文件，文件名为“fangzi_5.max”。

任务二　场景环境 UV 展开

步骤 1：选中房子以外的地形模型，使用平面映射功能，如图 4-5-79 所示；激活面编辑模式选中地形周围的一圈面，如图 4-5-80 所示；注意隧道内部面也要选中，如图 4-5-81 所示；单击 UVW 展开界面右侧展卷栏中的投影，如图 4-5-82 所示；映射完毕后模型 UV 将合为一个整体，需要我们自己对物体进行切割。如图 4-5-83 所示，将模型中隧道部分剪开，剪切线参考图中所指示的断开线。

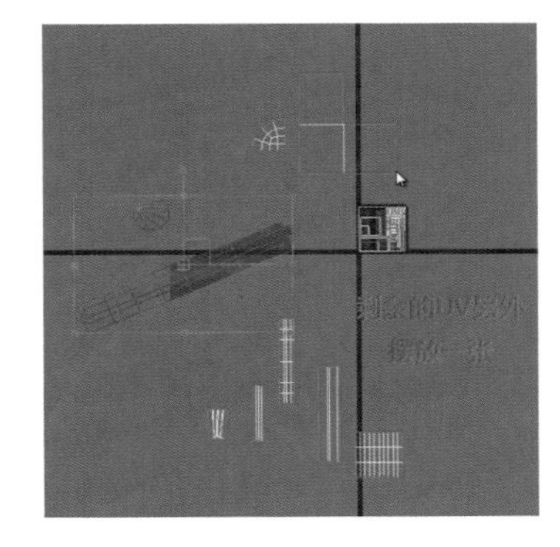

图 4-5-79　使用平面映射功能

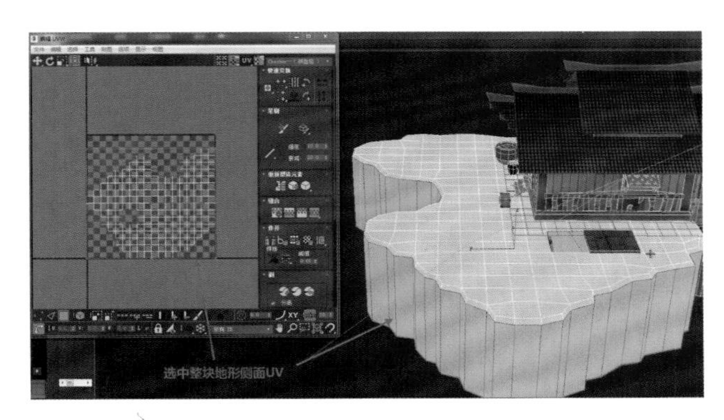

图 4-5-80　选中一圈面

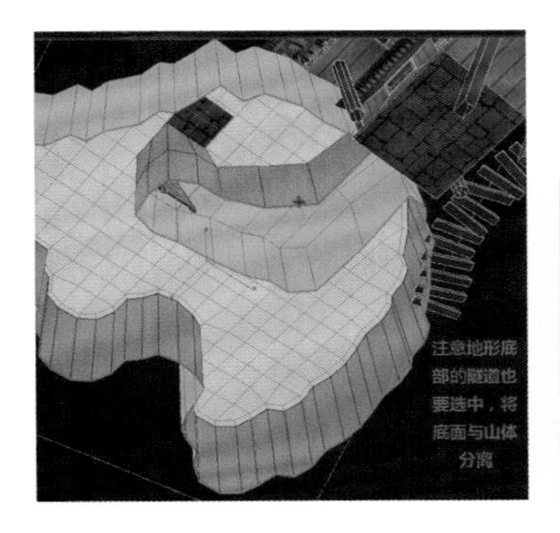

图 4-5-81　选中隧道内部面

图 4-5-82　投影

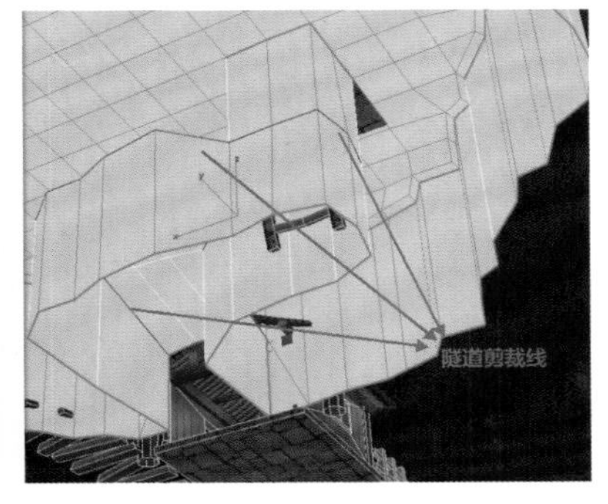

图 4-5-83　隧道剪切线

步骤 2：激活线编辑模式对山体侧边的一圈面进行切割（虽然山体四周使用无缝二方连续贴图制作，但还需要将 UV 接缝裁剪至隐藏部位），如图 4-5-84 所示。将第一条剪裁线断开至小房子后面，将墙体 UV 展开，如图 4-5-85 所示，参考图 4-5-86 将第二条剪裁线断开至楼梯后。

图 4-5-84　山体表面剪裁

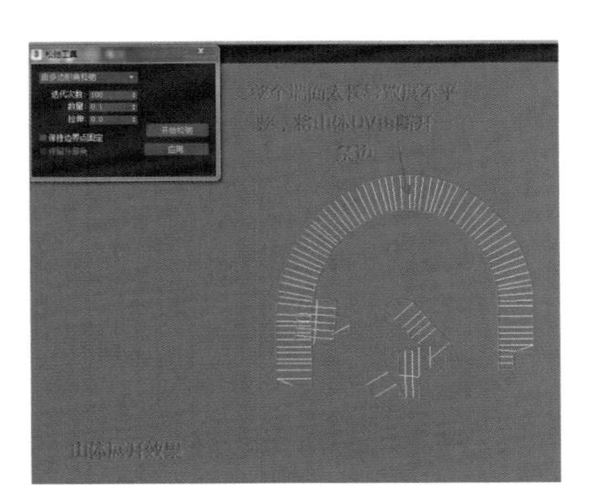

图 4-5-85　展开山体

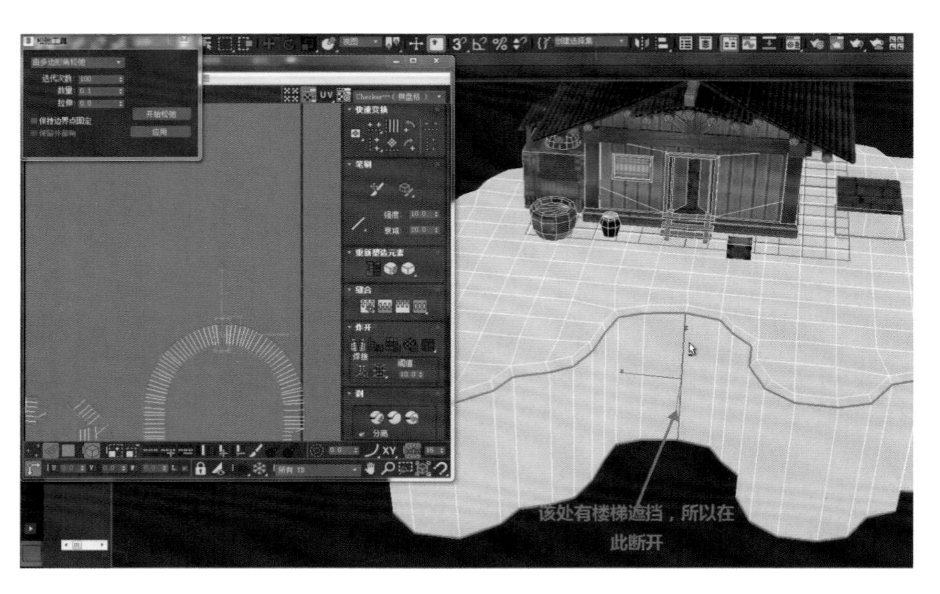

图 4-5-86 楼梯处断开

步骤 3: 断开墙体后对 UV 进行展开，展开效果如图 4-5-87 所示，对展开的墙体 UV 使用“对齐”工具将其打直，打直效果如图 4-5-88 所示。

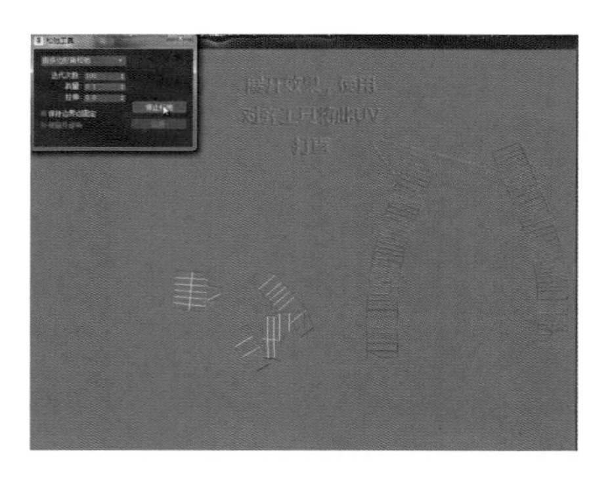

图 4-5-87 展开效果

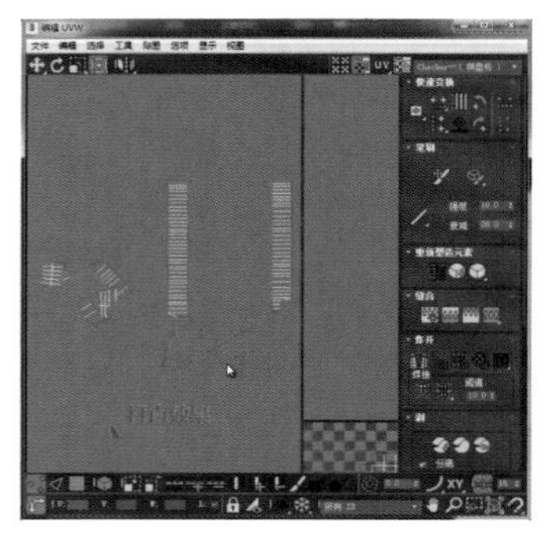

图 4-5-88 打直效果

步骤 4: 将展开打直后的墙体 UV 放入 UV 框（注意此处 UV 摆放和之前略有不同，尽管将 UV 放置到 UV 以外也不会影响贴图效果，因为在 UVW 编辑界面中贴图是无限延伸的，所以可直接将较长的山体贴图放入其中），摆放效果如图 4-5-89 和图 4-5-90 所示，隧道内部的 UV 也可直接放入山体 UV。

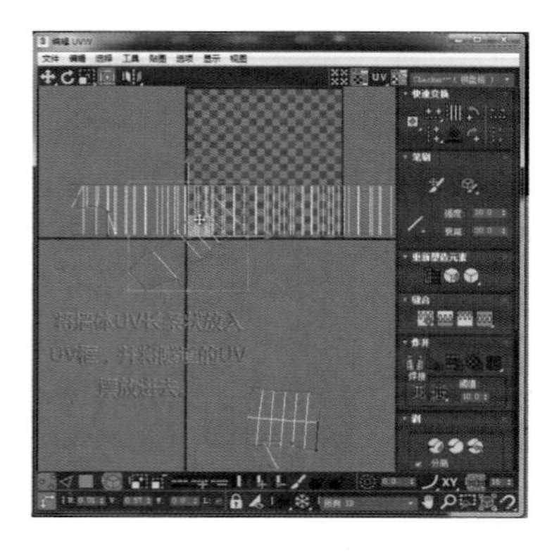

图 4-5-89 将墙体 UV 长条形状放入 UV 框

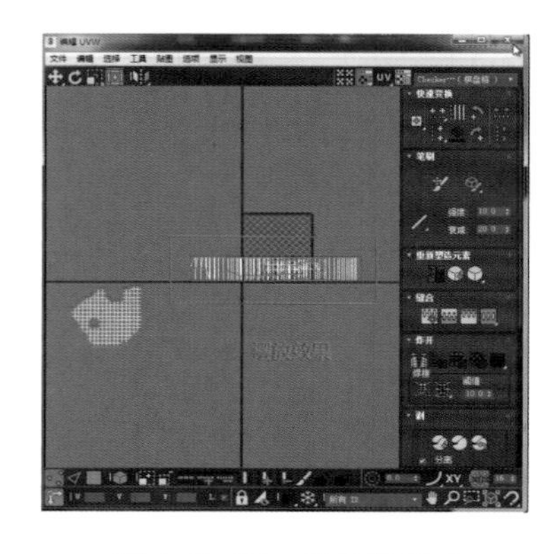

图 4-5-90 摆放效果 1

步骤 5：将模型中剩余的 UV 放入山体上方的空余处，如图 4-5-91 所示，摆放效果如图 4-5-92 所示。

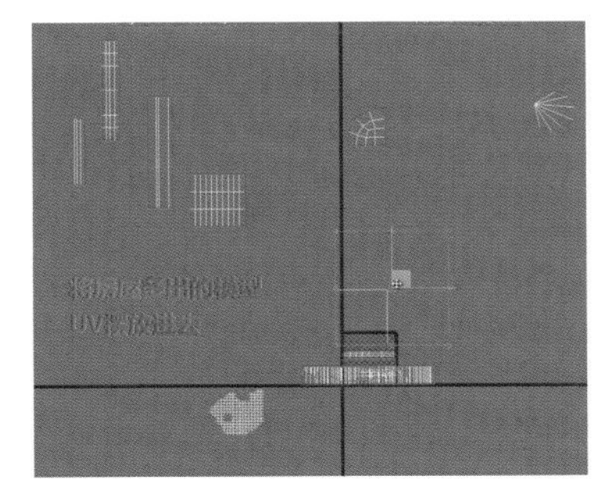

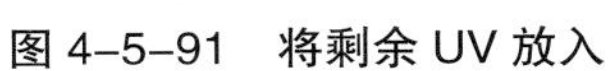

图 4-5-91　将剩余 UV 放入

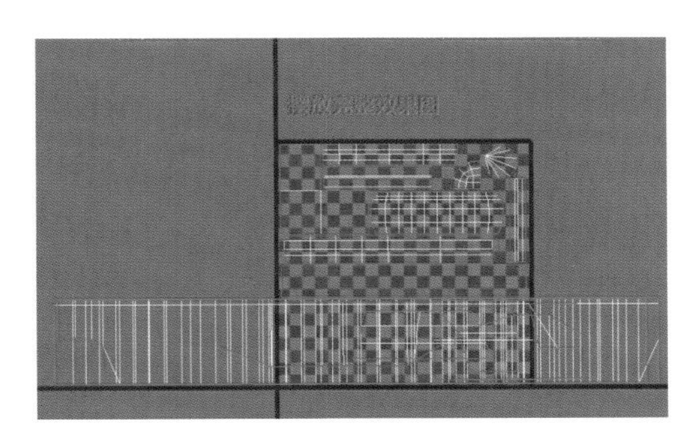

图 4-5-92　摆放效果 2

步骤 6：使用同样的方法将大山体部分 UV 展开，如图 4-5-93 所示；山体更长，需要多断开几条边，展开效果如图 4-5-94 所示。

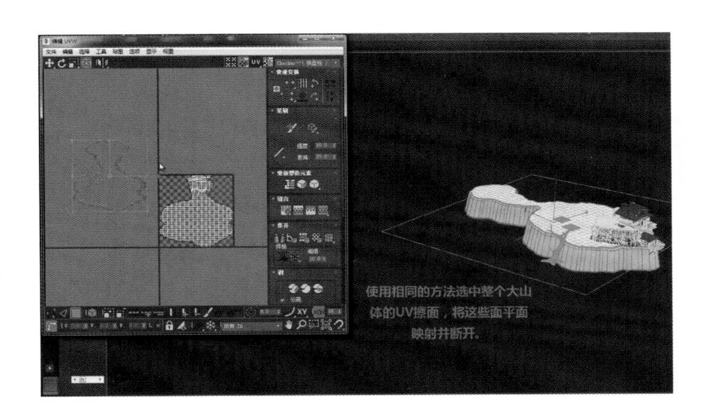

图 4-5-93　展开大山体 UV

图 4-5-94　大山体展开效果

步骤 7：将展开的山体 UV 打直并放入 UV 框，效果如图 4-5-95 所示。

注意：这块山体和之前那块较小的山体摆放 UV 方法略有不同，由于山体较长，剪裁线较多，摆放 UV 时需要注意将每块 UV 直接首尾相接，使用“吸附”工具，如图 4-5-96 所示，将 UV 首尾相结合在一起。

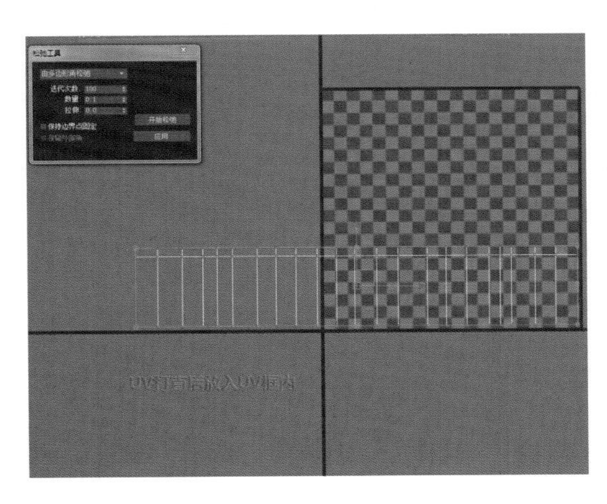

图 4-5-95　UV 打直

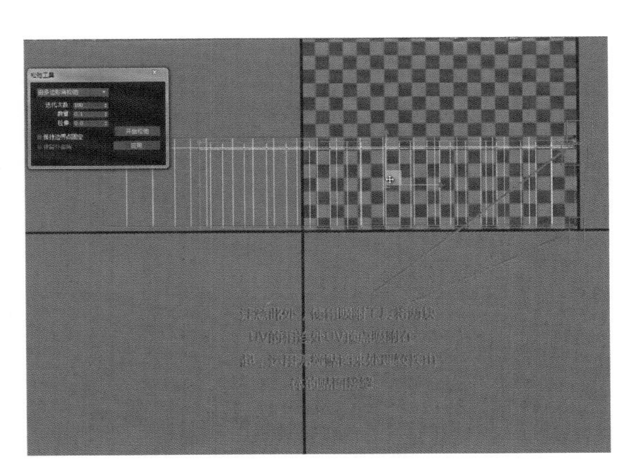

图 4-5-96　首尾结合

步骤 8：根据上述方法将这些山体 UV 全部放入 UV 框，如图 4-5-97 所示；选中模型中两块准备制作楼梯的面片，将其 UV 展开放入 UV 框，如图 4-5-98 所示。

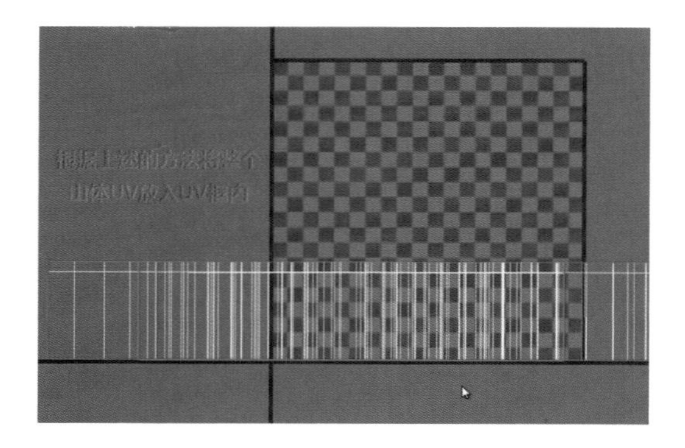

图 4-5-97　山体 UV 放入 UV 框

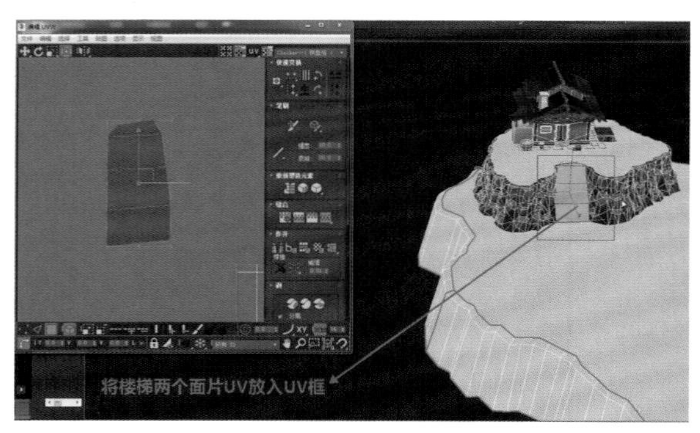

图 4-5-98　展开楼梯面片 UV

步骤 9：将烟囱模型 UV 展开，剪裁线参考如图 4-5-99 所示；剪开后将烟囱中可以共用的 UV 吸附在一起，如图 4-5-100 所示；摆放效果如图 4-5-101 所示。

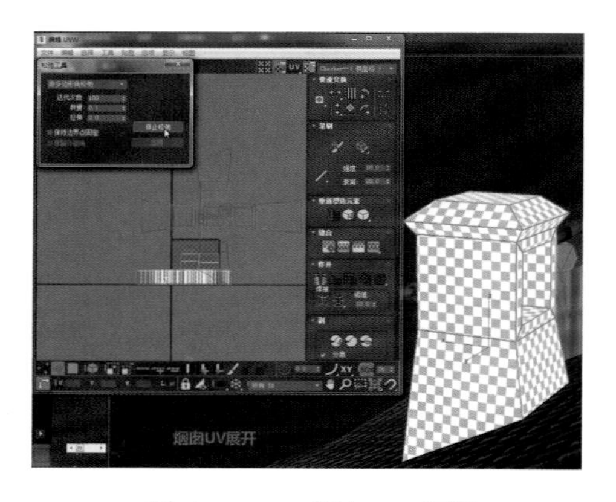

图 4-5-99　烟囱 UV 展开

图 4-5-100　将可共用的 UV 吸附为整体

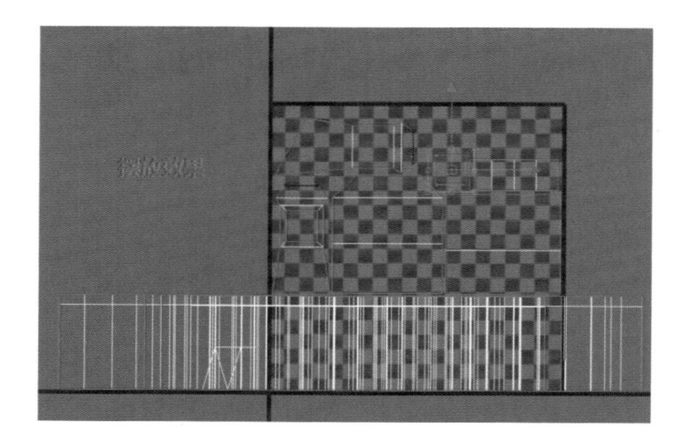

图 4-5-101　摆放效果 3

步骤 10：如图 4-5-102 所示，选中草地地砖 UV，将其放大并放入 UV 框，保证框内 UV 有 16 块地砖；如图 4-5-103 所示，用拼接 UV 的方法将道路拼接出来，16 块 UV 分别是 16 块不同方向的草地贴图。

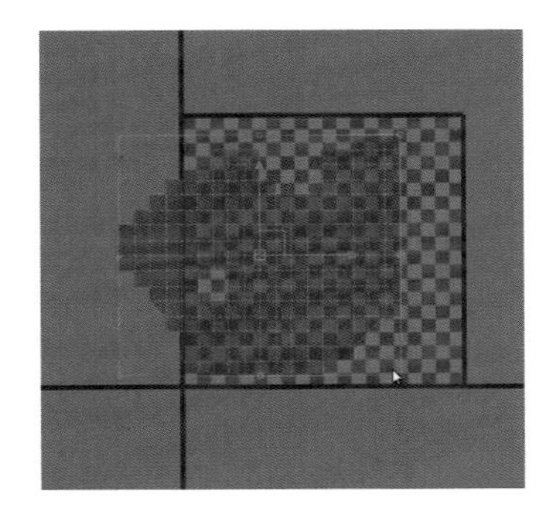

图 4-5-102　选中草地地砖 UV

图 4-5-103　摆放 16 个方格

步骤 11：选中 UV 激活边编辑模式，将所有地面 UV 边缘全部断开，如图 4-5-104 所示；将绘制好的贴图贴在地面模型上，如图 4-5-105 所示。

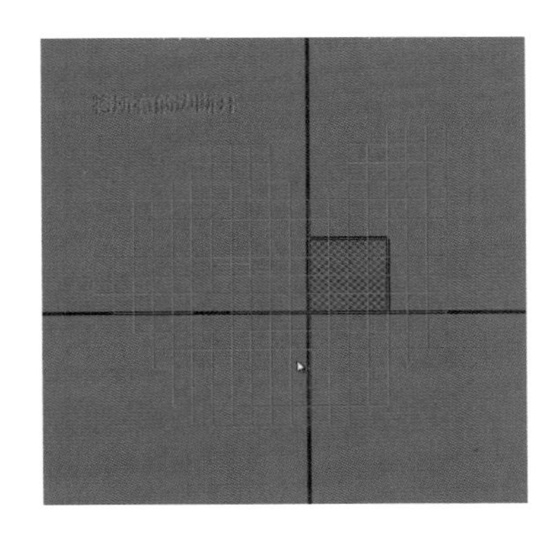

图 4-5-104　将所有地面 UV 边缘全部断开

图 4-5-105　贴图

步骤 12：单击图 4-5-106 所示红色方框显示“贴图”命令将贴图显示出来，效果如图 4-5-107 所示。

图 4-5-106　选中红框方向

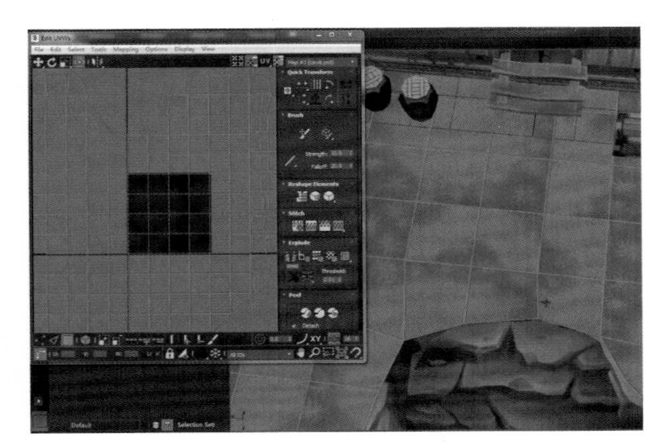

图 4-5-107　将贴图显示出来

步骤 13：选中图 4-5-108 所示的面，执行点“编辑”命令激活“吸附”工具，将 UV 吸附至图 4-5-109 所示的 UV 处。

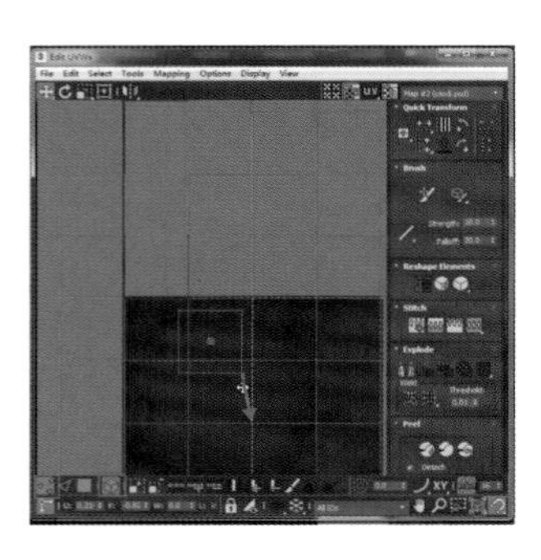

图 4-5-108 选中地砖

图 4-5-109 吸附 UV

步骤 14：按照图 4-5-110 所示要求将道路中间沙地的 UV 吸附至沙地贴图上，注意只有沙地没有草地，吸附结束后按照图 4-5-111 所示要求将沙地两边的 UV 分别吸附至箭头所指的小区域，注意这次吸附过程是吸附的一半草地、一半沙地的贴图。

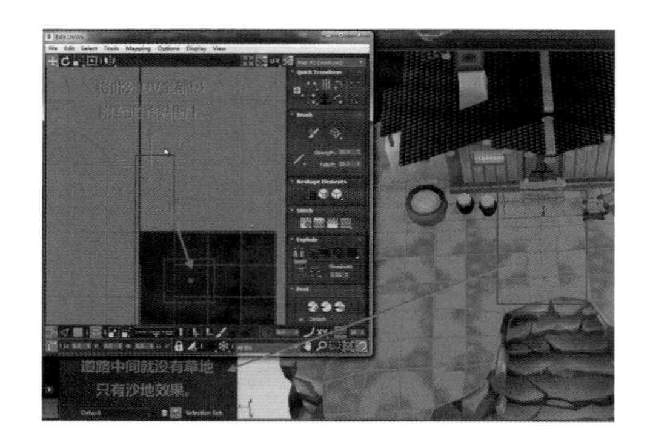

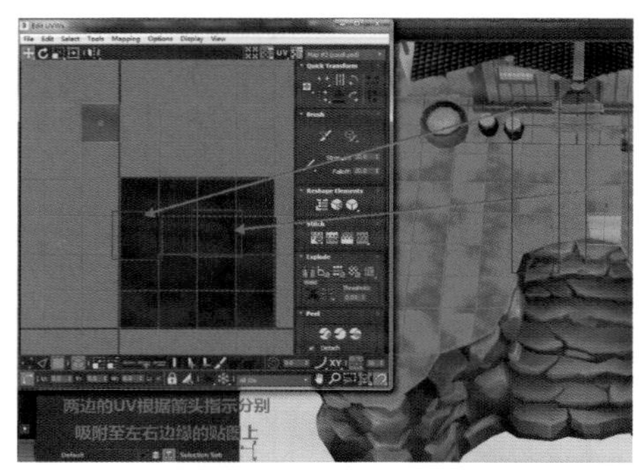

图 4-5-110 吸附沙地

图 4-5-111 吸附两边 UV

步骤 15：拼接完成后效果如图 4-5-112 所示，根据以上步骤可自行拼接道路与空地，效果如图 4-5-113 所示。

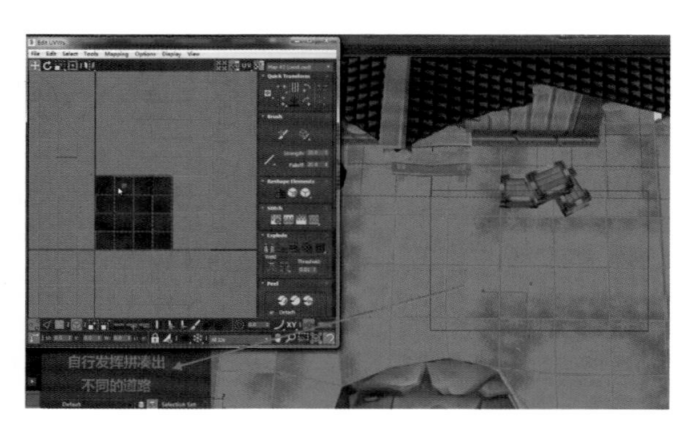

图 4-5-112 拼接效果 1

图 4-5-113 拼接不同道路

步骤 16：将没有道路的 UV 全部吸附至草地的贴图上，效果如图 4-5-114 所示，小块地面最终拼接效果如图 4-5-115 所示。

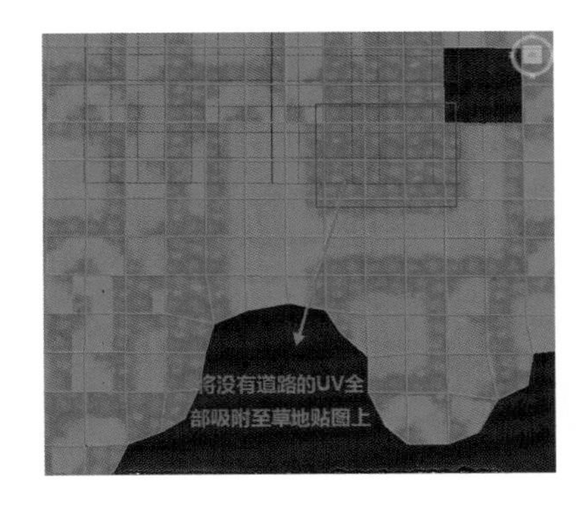

图 4-5-114　吸附至草地

图 4-5-115　拼接效果 2

步骤 17： 大的地面使用同样的方法来拼接地面，效果如图 4-5-116 所示（此步骤工程量极大，这里不再赘述，拼接效果如图 4-5-117 所示）。道路是随机性的且没有固定的排列要求。

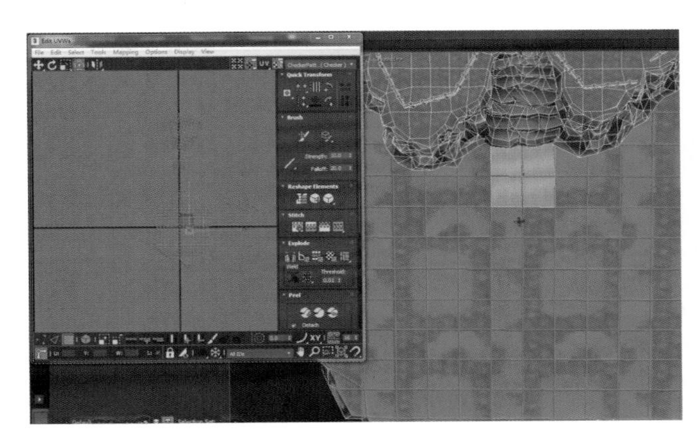

图 4-5-116　拼接地面

图 4-5-117　最终地面效果

步骤 18： 将树 UV 展开，选中树干模型将树根部边断开，如图 4-5-118 和图 4-5-119 所示。

图 4-5-118　树 UV 展开

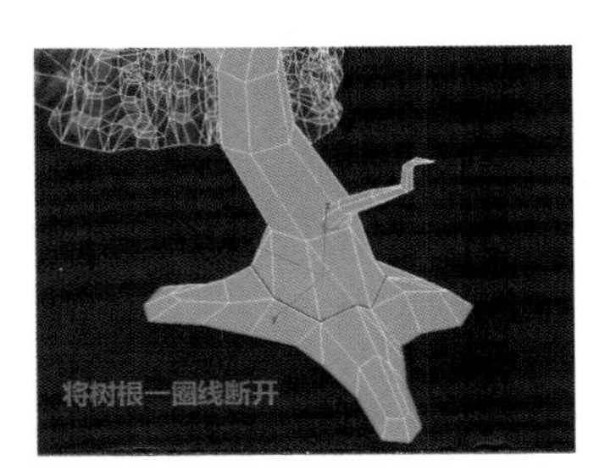

图 4-5-119　将树根一圈线断开

步骤 19：按照图 4-5-120 所示将树干侧面 UV 断开，将小段树枝按照图 4-5-121 所示断开，断开树根如图 4-5-122 所示。

图 4-5-120 将树干侧面 UV 断开

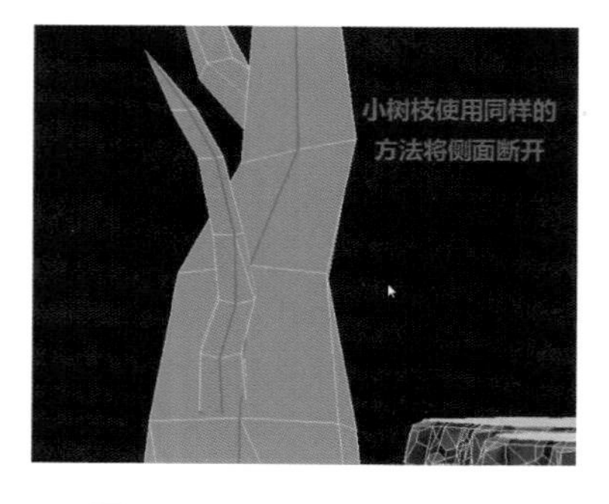

图 4-5-121 断开小树枝

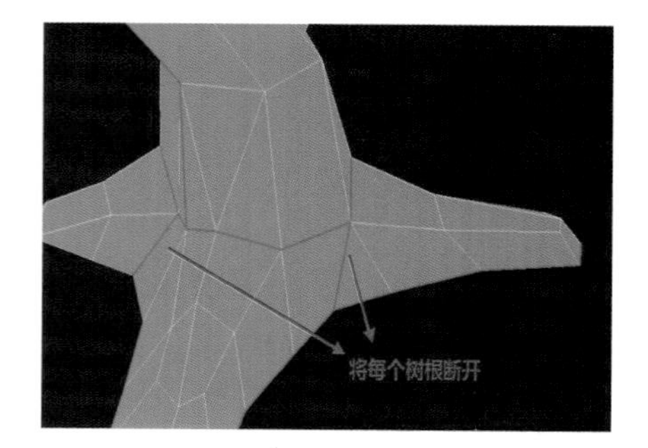

图 4-5-122 断开树根

步骤 20：将断开的 UV 展开，效果如图 4-5-123 和图 4-5-124 所示。

图 4-5-123 将 UV 展开

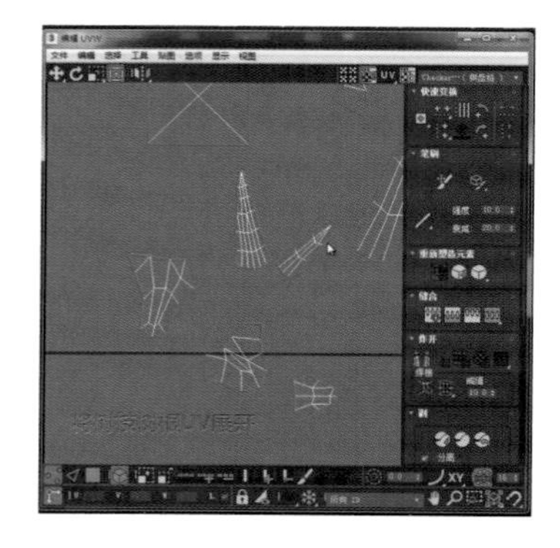

图 4-5-124 将树枝、树根 UV 展开

步骤 21：将树的主干 UV 使用“垂直水平”工具打直，效果如图 4-5-125 ~ 图 4-5-127 所示。

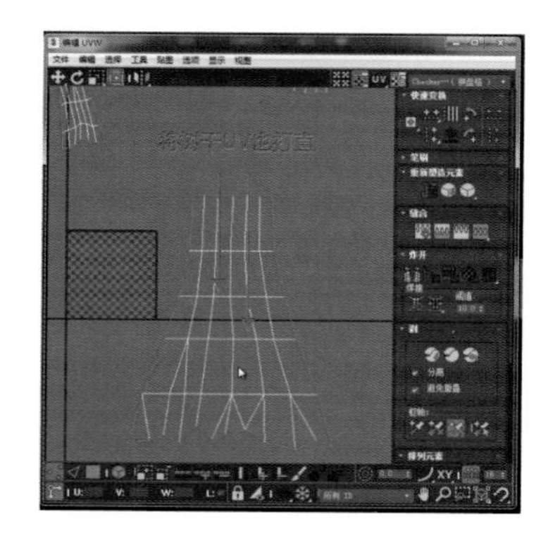

图 4-5-125 将树干 UV 打直

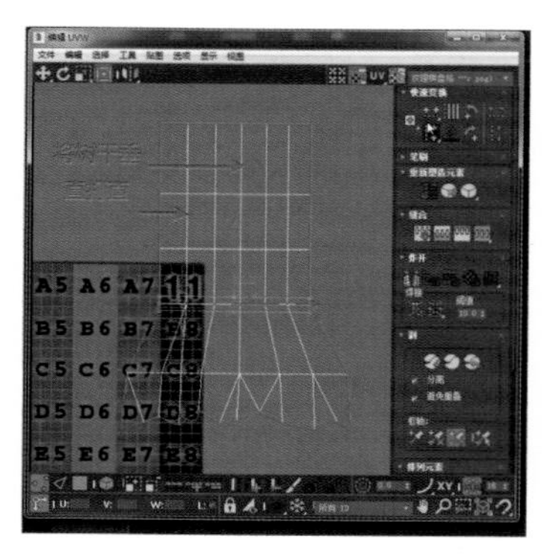

图 4-5-126 将树干垂直打直

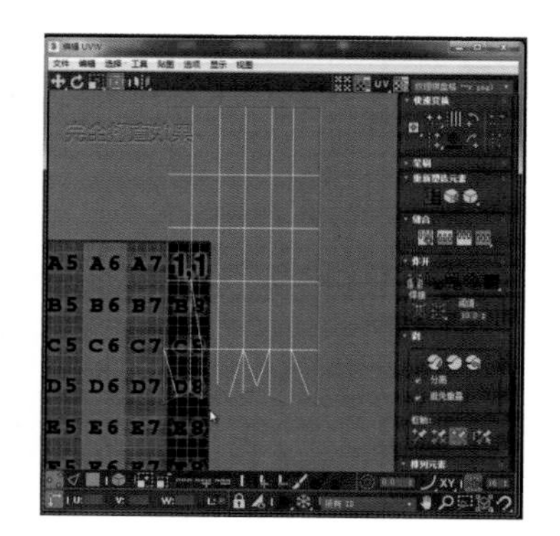

图 4-5-127 完全打直效果

步骤 22：将树干 UV 打直后要做适当调整，保证模型表面棋盘格不要有太过严重的拉伸效果，如图 4-5-128 所示。将树枝 UV 展开，并将此块 UV 叠加在树干 UV 上共用同一张贴图，效果如

图 4-5-129 和图 4-5-130 所示。

图 4-5-128　保证不要有太过严重的拉伸

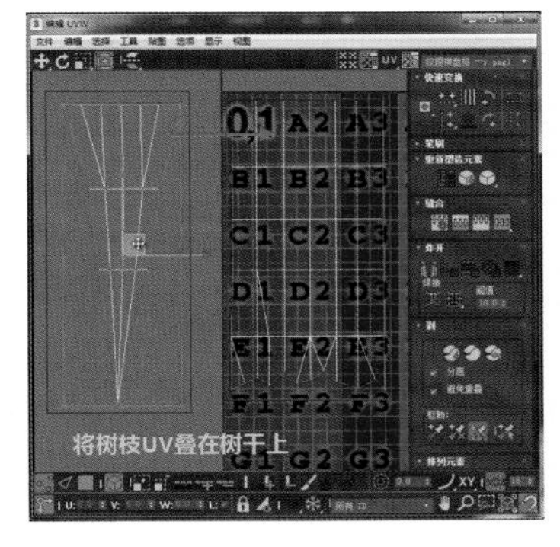

图 4-5-129　将树枝 UV 叠在树干上

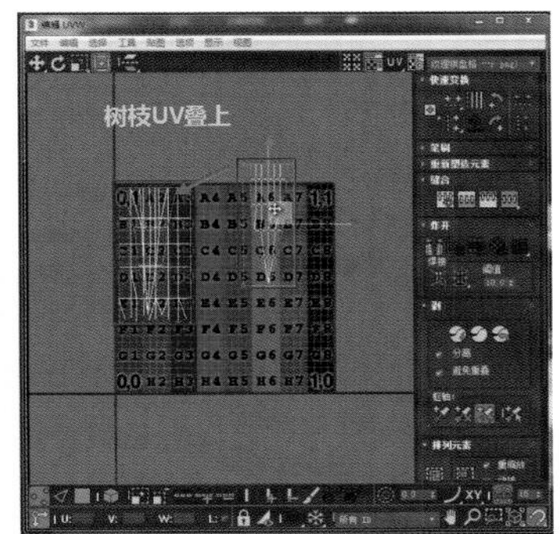

图 4-5-130　树枝 UV 叠上

步骤 23：将树干、树枝 UV 摆放，完成后的效果如图 4-5-131 所示；使用透明贴图来绘制一簇一簇的树叶效果，将树叶面片 UV 展开放入 UV 框，效果如图 4-5-132 所示；树根 UV 放入效果如图 4-5-133 所示。

步骤 24：树 UV 展开效果如图 4-5-134 所示。

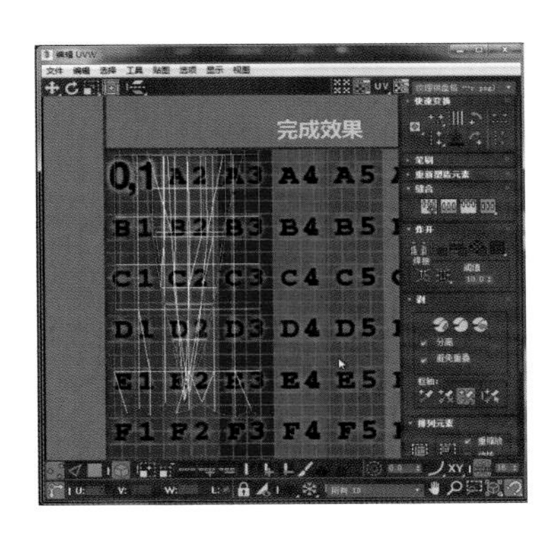

图 4-5-131　完成效果

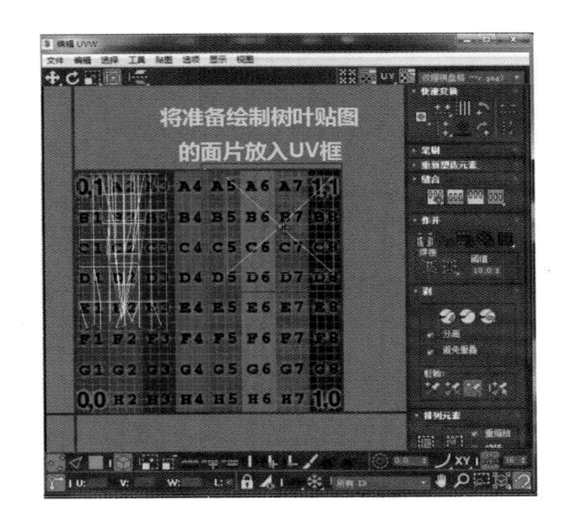

图 4-5-132　树叶贴图面片放入 UV 框

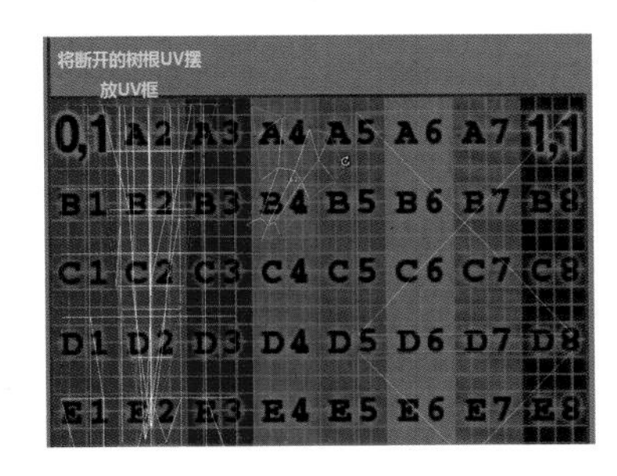

图 4-5-133　将断开的树根 UV 摆放 UV 框

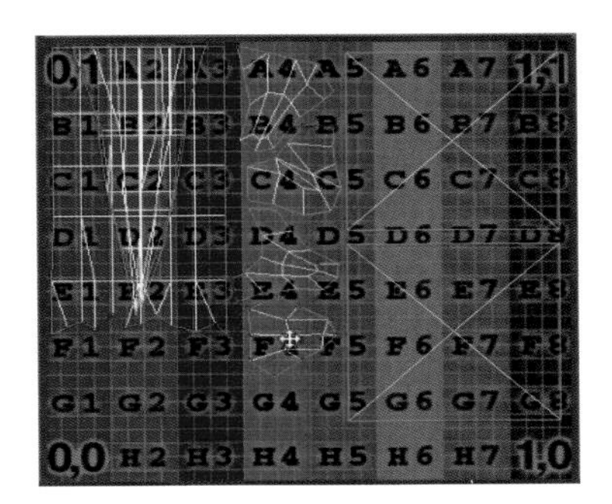

图 4-5-134　树 UV 展开效果

任务三 场景环境贴图绘制

步骤 1：打开 Photoshop 软件，执行“文件”→“新建”命令，创建长度和宽度都为 512 像素的新文件，并在空白区域绘制石头贴图，绘制过程如图 4-5-135～图 4-5-139 所示。

图 4-5-135 绘制石头贴图 1

图 4-5-136 绘制石头贴图 2

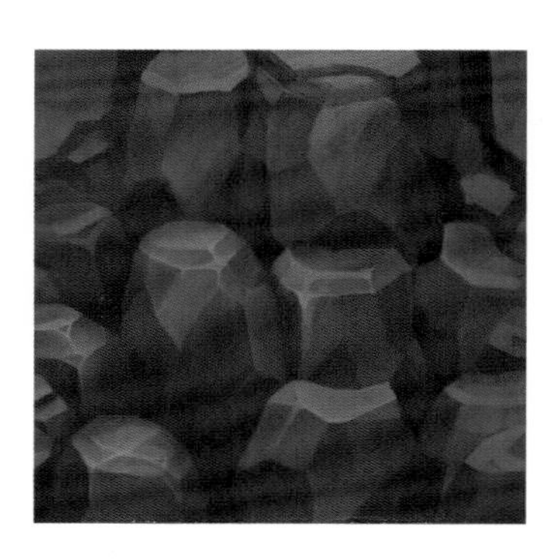

图 4-5-137 绘制石头贴图 3

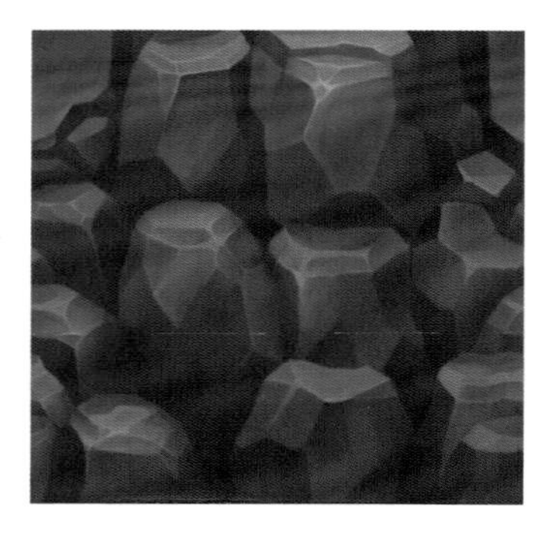

图 4-5-138 绘制石头贴图 4

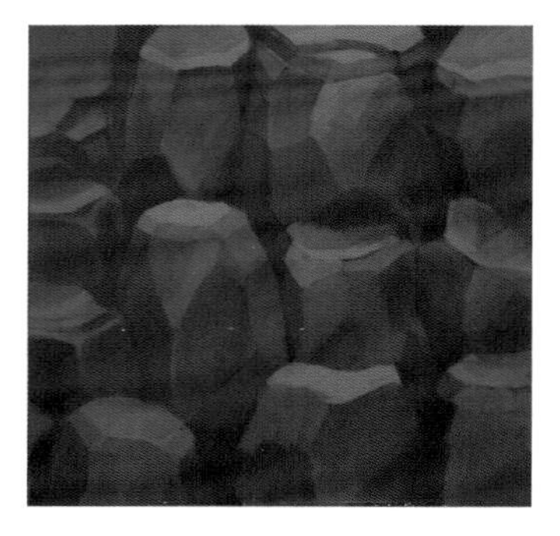

图 4-5-139 绘制石头贴图 5

步骤 2：按“Shift + Ctrl + S”快捷键另存文件，文件名为“512shitou”。

步骤 3：打开 Photoshop 软件，执行“文件”→“新建”命令，创建长度和宽度都为 1 024 像素的新文件，并在空白区域绘制石头贴图，绘制过程如图 4-5-140～图 4-5-142 所示。

步骤 4：按“Shift + Ctrl + S”快捷键另存文件，文件名为“1024shitou”。

步骤 5：贴图效果如图 4-5-143 所示，石头地基在 3ds Max 软件中的效果如图 4-5-144 所示。

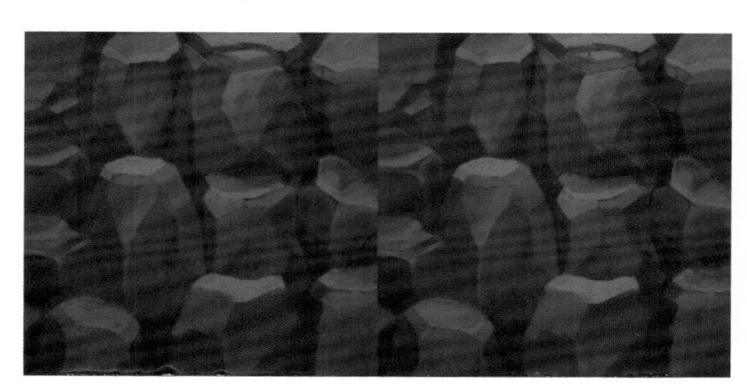

图 4-5-140 绘制石头贴图 6

图 4-5-141 绘制石头贴图 7

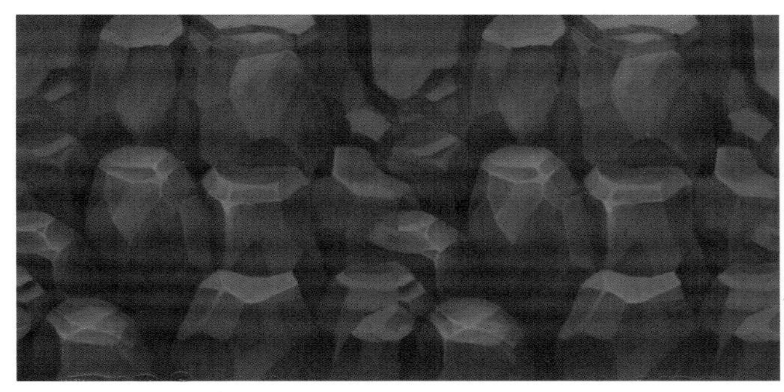

图 4-5-142　绘制石头贴图 8

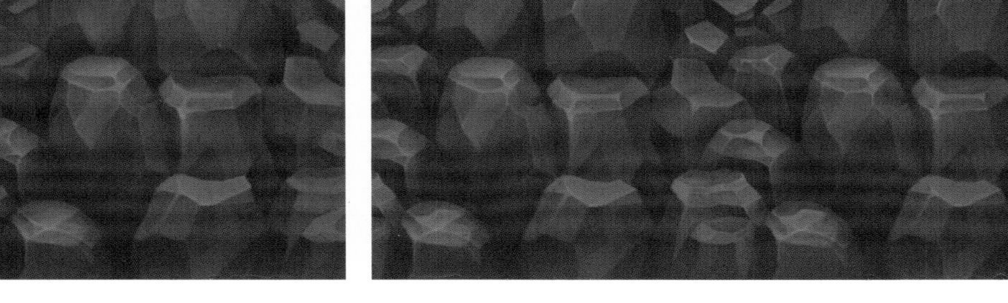

图 4-5-143　石头贴图效果

图 4-5-144　石头地基效果

步骤 6：打开 Photoshop 软件，执行“文件”→“新建”命令，创建长度和宽度都为 1 024 像素的新文件，并在空白区域绘制草地贴图，绘制过程如图 4-5-145～图 4-5-149 所示。

图 4-5-145　绘制草地贴图 1

图 4-5-146　绘制草地贴图 2

图 4-5-147 绘制草地贴图 3

图 4-5-148 绘制草地贴图 4

图 4-5-149 绘制草地贴图 5

步骤 7：按“Shift + Ctrl + S”快捷键另存文件，文件名为“caodi1”。

步骤 8：贴图效果如图 4-5-150 所示，赋予草地加石基贴图后，在 3ds Max 软件中的效果如图 4-5-151 所示。

图 4-5-150 草地贴图效果

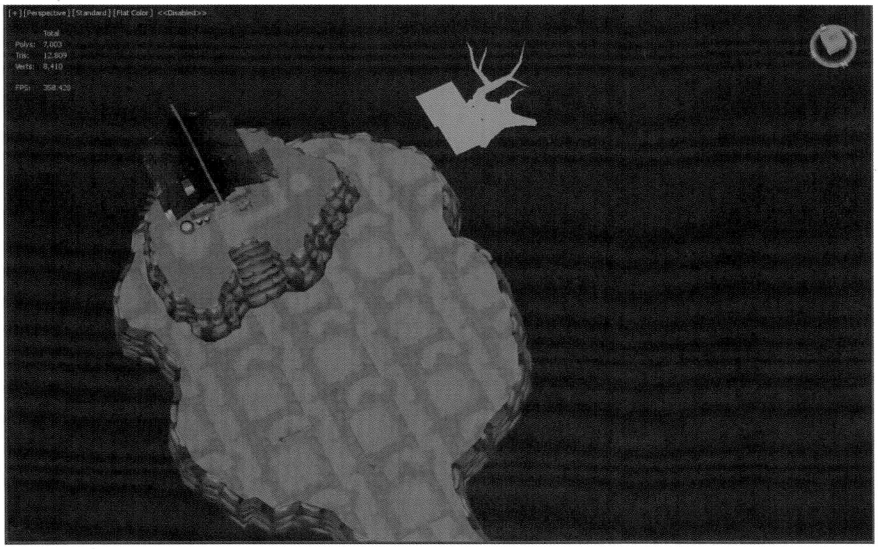

图 4-5-151　草地加石基效果

步骤 9：打开 Photoshop 软件，执行“文件”→“新建”命令，创建长度和宽度都为 1 024 像素的新文件，并在空白区域绘制草和花朵，绘制过程如图 4-5-152～图 4-5-170 所示。

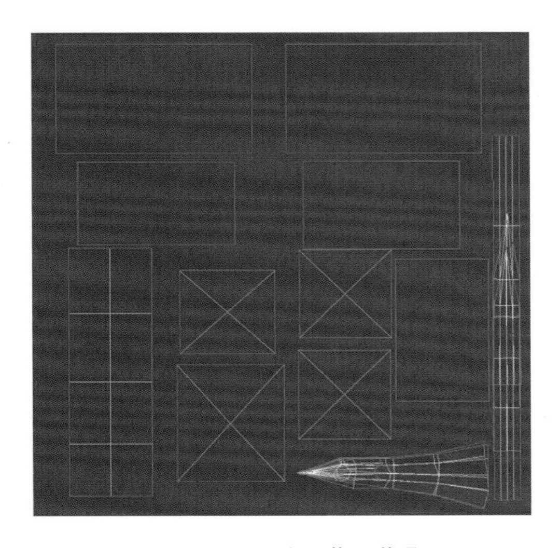

图 4-5-152　绘制草和花朵 1

图 4-5-153　绘制草和花朵 2

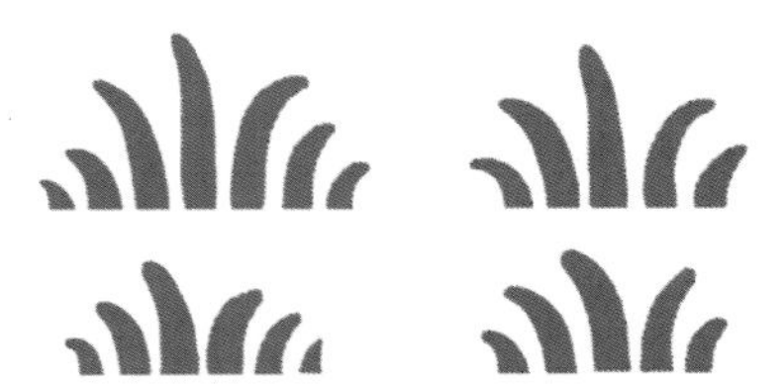

图 4-5-154　绘制草和花朵 3

图 4-5-155 绘制草和花朵 4

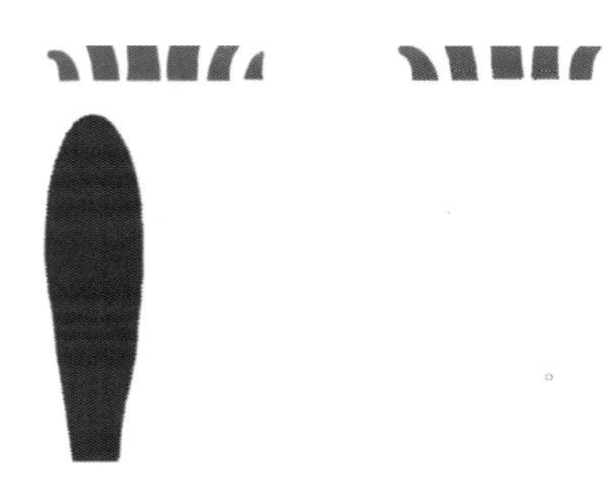

图 4-5-156 绘制草和花朵 5

图 4-5-157 绘制草和花朵 6

图 4-5-158 绘制草和花朵 7

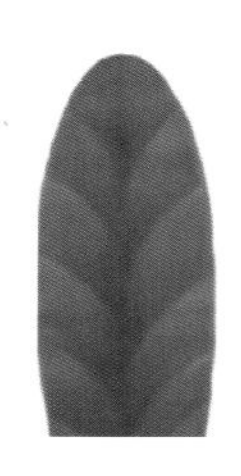

图 4-5-159 绘制草和花朵 8

图 4-5-160 绘制草和花朵 9

图 4-5-161 绘制草和花朵 10

图 4-5-162 绘制草和花朵 11

图 4-5-163 绘制草和花朵 12

图 4-5-164　绘制草和花朵 13

图 4-5-165　绘制草和花朵 14

图 4-5-166　绘制草和花朵 15

图 4-5-167　绘制草和花朵 16

图 4-5-168　绘制草和花朵 17

图 4-5-169　绘制草和花朵 18

图 4-5-170　绘制草和花朵 19

步骤 10：按“Shift + Ctrl + S”快捷键另存文件，文件名为“shuye”。

步骤 11：贴图 shuye2.png 效果如图 4-5-171 所示，草和植物在 3ds Max 软件中的效果如图 4-5-172 ~ 图 4-5-174 所示。

图 4-5-171 贴图效果

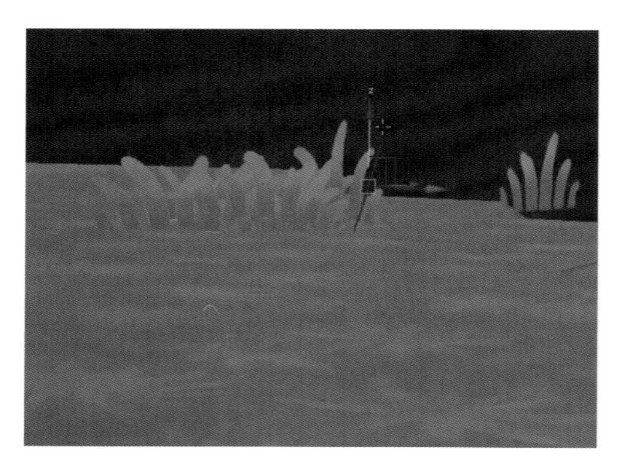

图 4-5-172 草和植物效果 1

图 4-5-173 草和植物效果 2

图 4-5-174 草和植物效果 3

步骤 12：打开 Photoshop 软件，执行“文件”→“新建”命令，创建长度和宽度都为 1 024 像素的新文件，并在空白区域绘制樱花树贴图，绘制过程如图 4-5-175～图 4-5-187 所示。

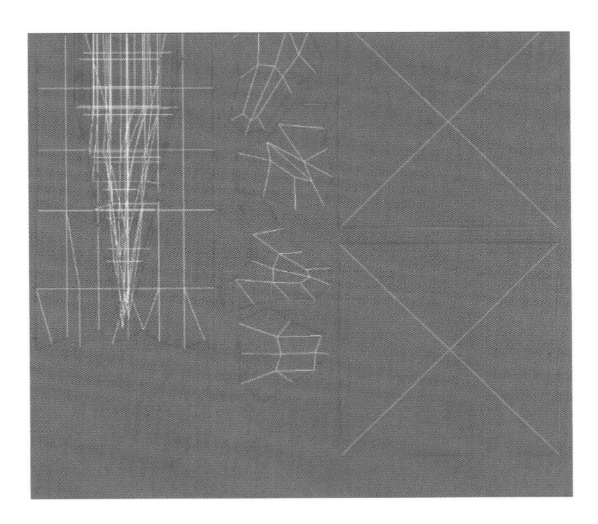

图 4–5–175　绘制樱花树贴图 1

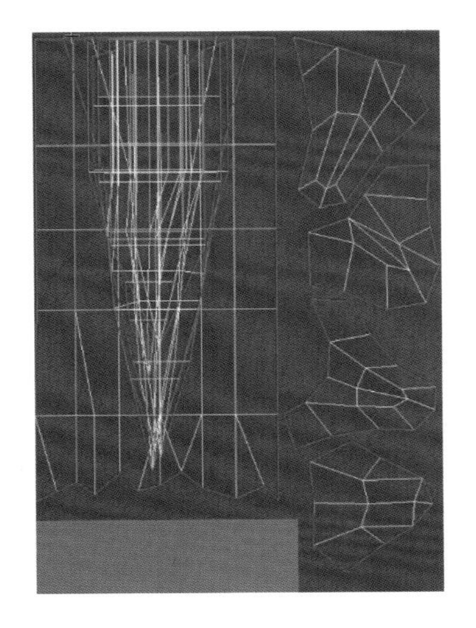

图 4–5–176　绘制樱花树贴图 2

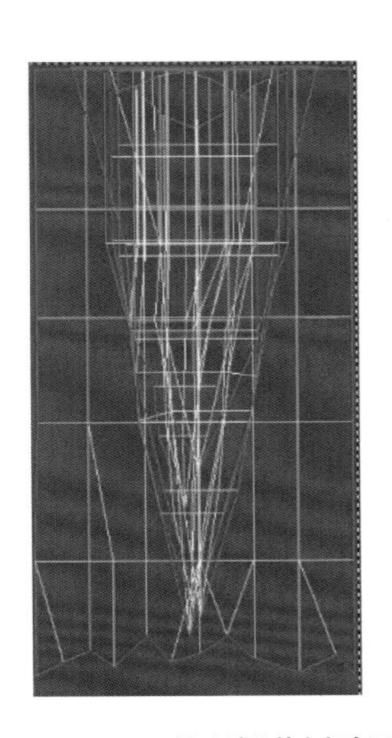

图 4–5–177　绘制樱花树贴图 3

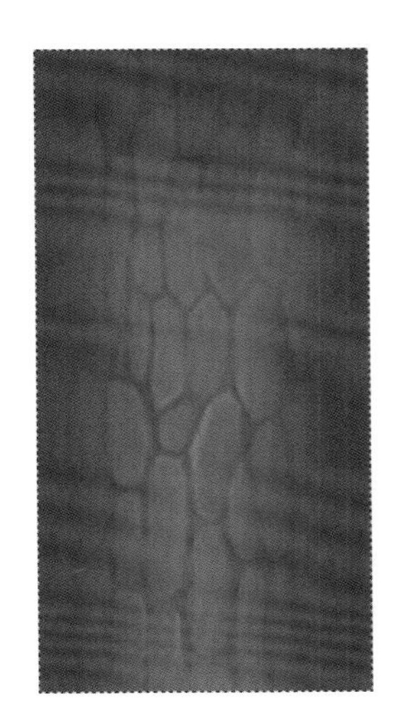

图 4–5–178　绘制樱花树贴图 4

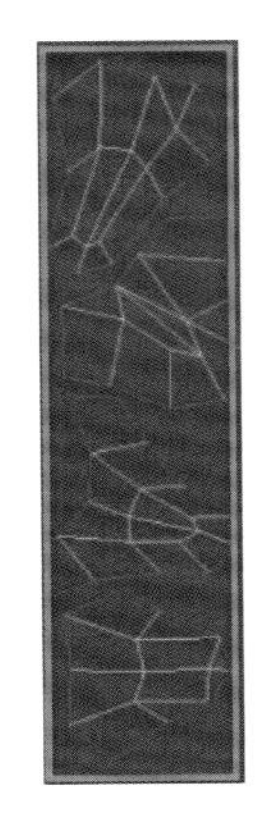

图 4–5–179　绘制樱花树贴图 5

图 4–5–180　绘制樱花树贴图 6

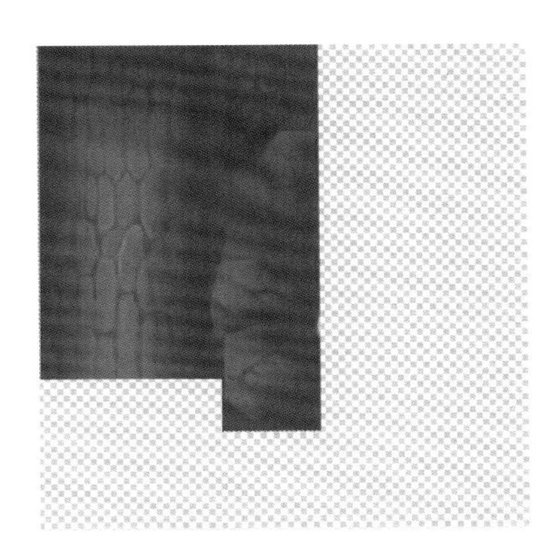

图 4–5–181　绘制樱花树贴图 7

图 4-5-182　绘制樱花树贴图 8

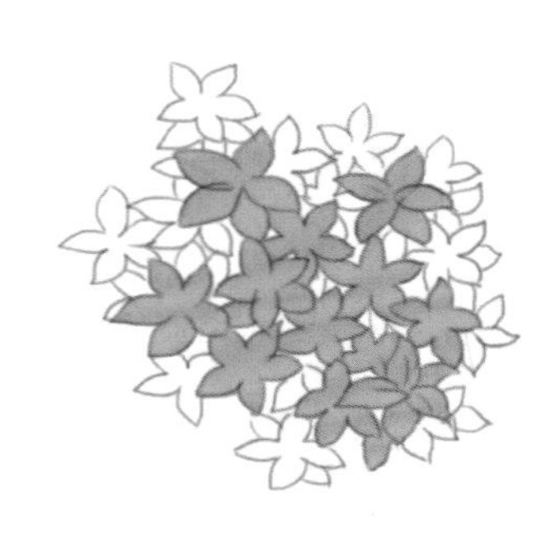

图 4-5-183　绘制樱花树贴图 9

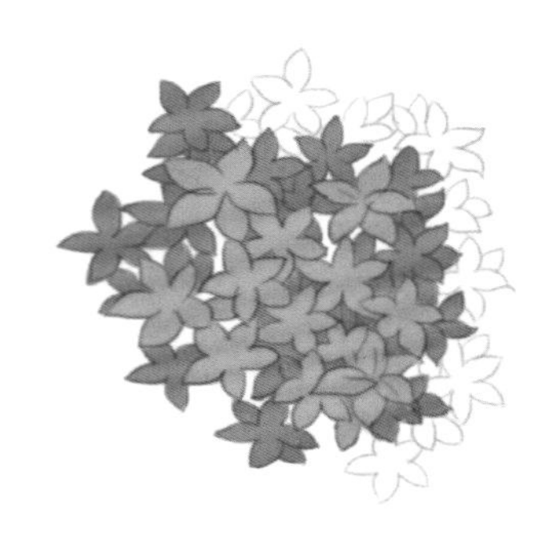

图 4-5-184　绘制樱花树贴图 10

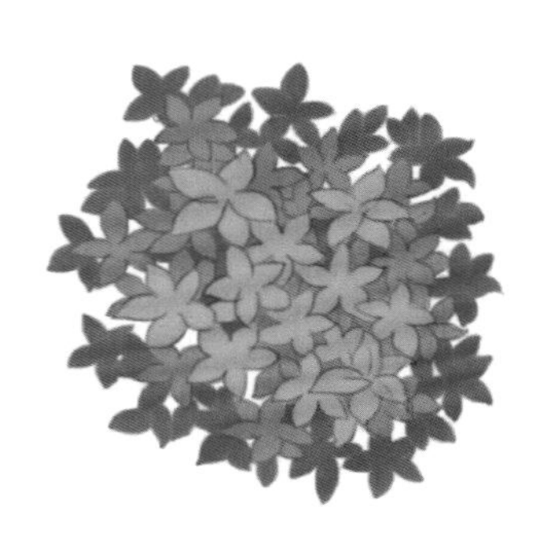

图 4-5-185　绘制樱花树贴图 11

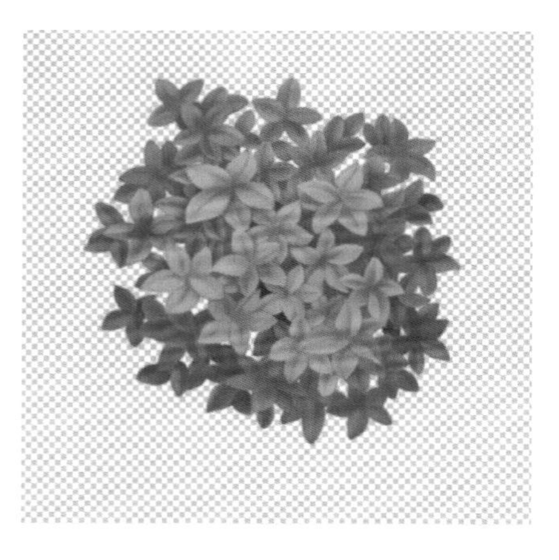

图 4-5-186　绘制樱花树贴图 12

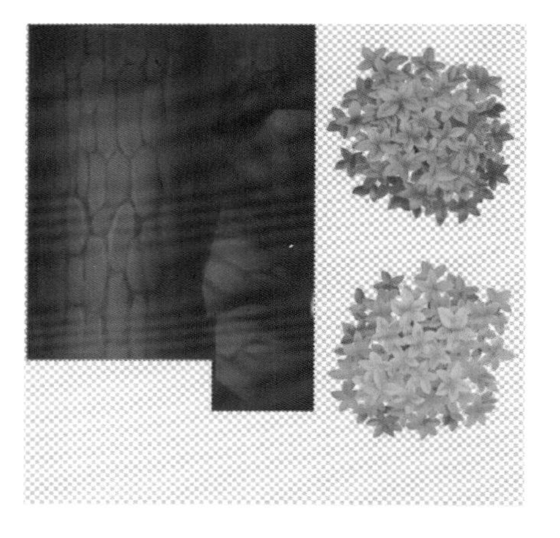

图 4-5-187　绘制樱花树贴图 13

步骤 13：按“Shift + Ctrl + S”快捷键另存文件，文件名为“yinghua”。

步骤 14：樱花树贴图效果如图 4-5-188 所示。

图 4-5-188　樱花树贴图效果

步骤 15：樱花树在 3ds Max 软件中的效果如图 4-5-189 所示。

图 4-5-189　樱花树效果

拓展案例

游戏道具——巨剑

APPENDIX

附　录　3ds Max 中英文命令对照表

一、File（文件）

New（新建）
Reset（重置）
Open（打开）
Save（保存）
Save As（保存为）
Save Selected（保存选择）
XRef Objects（外部引用物体）
XRef Scenes（外部引用场景）
Merge（合并）
Merge Animation（合并动画动作）
Replace（替换）
Import（输入）
Export（输出）
Export Selected（选择输出）
Archive（存档）
Summary Info（摘要信息）
File Properties（文件属性）
View Image File（显示图像文件）
History（历史）
Exit（退出）

二、Edit（菜单）

Undo or Redo（取消 / 重做）
Hold and Fetch（保留 / 引用）
Delete（删除）
Clone（克隆）
Select All（全部选择）
Select None（空出选择）
Select Invert（反向选择）
Select By（参考选择）
Color（颜色选择）
Name（名字选择）
Rectangular Region（矩形选择）
Circular Region（圆形选择）
Fabce Region（连点选择）
Lasso Region（套索选择）
Region（区域选择）
Window（包含）
Crossing（相交）
Named Selection Sets（命名选择集）
Object Properties（物体属性）

三、Tools（工具）

Transform Type-In（键盘输入变换）
Display Floater（视窗显示浮动对话框）
Adaptive Degradation Toggle（绑定适应消隐）
Expert Mode（专家模式）
Selection Floater（选择器浮动对话框）
Light Lister（灯光列表）
Mirror（镜像物体）
Array（阵列）
Align（对齐）
Snapshot（快照）
Spacing Tool（间距分布工具）
Normal Align（法线对齐）
Align Camera（相机对齐）
Align to View（视窗对齐）
Place Highlight（放置高光）
Isolate Selection（隔离选择）
Rename Objects（物体更名）

四、Group（群组）

Group（群组）
Ungroup（撤消群组）

Open〈开放组〉
Close〈关闭组〉
Attach〈配属〉
Detach〈分离〉
Explode〈分散组〉

五、Views〈查看〉

Undo View Change/Redo View Change〈取消 / 重做视窗变化〉
Save Active View/Restore Active View〈保存 / 还原当前视窗〉
Viewport Configuration〈视窗配置〉
Grids〈栅格〉
Show Home Grid〈显示栅格命令〉
Activate Home Grid〈活跃原始栅格命令〉
Activate Grid Object〈活跃栅格物体命令〉
Activate Grid to View〈栅格及视窗对齐命令〉
Viewport Background〈视窗背景〉
Update Background Image〈更新背景〉
Reset Background Transform〈重置背景变换〉
Show Transform Gizmo〈显示变换坐标系〉
Show Ghosting〈显示重像〉
Show Key Times〈显示时间键〉
Shade Selected〈选择亮显〉
Show Dependencies〈显示关联物体〉
Match Camera to View〈相机与视窗匹配〉
Add Default Lights To Scene〈增加场景缺省灯光〉
Redraw All Views〈重画所有视窗〉
Activate All Maps〈显示所有贴图〉
Deactivate All Maps〈关闭显示所有贴图〉
Update During Spinner Drag〈微调时实时显示〉
Skylight〈天光〉
Target Point Light〈目标指向点光源〉

六、Create〈创建〉

Standard Primitives〈标准图元〉
Box〈立方体〉
Cone〈圆锥体〉
Sphere〈球体〉
GeoSphere〈三角面片球体〉
Cylinder〈圆柱体〉
Tube〈管状体〉
Torus〈圆环体〉
Pyramid〈角锥体〉
Plane〈平面〉
Teapot〈茶壶〉
Extended Primitives〈扩展图元〉
Hedra〈多面体〉
Torus Knot〈环面纽结体〉
Chamfer Box〈斜切立方体〉
Chamfer Cylinder〈斜切圆柱体〉
Oil Tank〈桶状体〉
Capsule〈角囊体〉
Spindle〈纺锤体〉
L-Extrusion〈L 形体按钮〉
Gengon〈导角棱柱〉
C-Extrusion〈C 形体按钮〉
RingWave〈环状波〉
Hose〈软管体〉
Prism〈三棱柱〉
Shapes〈形状〉
Line〈线条〉
Text〈文字〉
Arc〈弧〉
Circle〈圆〉
Donut〈圆环〉
Ellipse〈椭圆〉
Helix〈螺旋线〉
Ngon〈多边形〉
Rectangle〈矩形〉
Section〈截面〉
Star〈星型〉
Lights〈灯光〉
Target Spotlight〈目标聚光灯〉
Free Spotlight〈自由聚光灯〉
Target Directional Light〈目标平行光〉
Directional Light〈平行光〉
Omni Light〈泛光灯〉
Free Point Light〈自由点光源〉
Target Area Light〈指向面光源〉
IES Sky〈IES 天光〉
IES Sun〈IES 阳光〉
Sun Light System and Daylight〈太阳光及日光系统〉

Camera〈相机〉
Free Camera〈自由相机〉
Target Camera〈目标相机〉
Particles〈粒子系统〉
Blizzard〈暴风雪系统〉
PArray〈粒子阵列系统〉
PCloud〈粒子云系统〉
Snow〈雪花系统〉
Spray〈喷溅系统〉
Super Spray〈超级喷射系统〉

七、Modifiers〈修改器〉

Selection Modifiers〈选择修改器〉
Mesh Select〈网格选择修改器〉
Poly Select〈多边形选择修改器〉
Patch Select〈面片选择修改器〉
Spline Select〈样条选择修改器〉
Volume Select〈体积选择修改器〉
FFD Select〈自由变形选择修改器〉
NURBS Surface Select〈NURBS 表面选择修改器〉
Patch/Spline Editing〈面片 / 样条线修改器〉
Edit Patch〈面片修改器〉
Edit Spline〈样条线修改器〉
Cross Section〈截面相交修改器〉
Surface〈表面生成修改器〉
Delete Patch〈删除面片修改器〉
Delete Spline〈删除样条线修改器〉
Lathe〈车床修改器〉
Normalize Spline〈规格化样条线修改器〉
Fillet/Chamfer〈圆切及斜切修改器〉
Trim/Extend〈修剪及延伸修改器〉
Mesh Editing〈表面编辑〉
Cap Holes〈顶端洞口编辑器〉
Delete Mesh〈编辑网格物体编辑器〉
Extrude〈挤压编辑器〉
Face Extrude〈面拉伸编辑器〉
Normal〈法线编辑器〉
Optimize〈优化编辑器〉
Smooth〈平滑编辑器〉
STL Check〈STL 检查编辑器〉
Symmetry〈对称编辑器〉
Tessellate〈镶嵌编辑器〉
Vertex Paint〈顶点着色编辑器〉
Vertex Weld〈顶点焊接编辑器〉
Animation Modifiers〈动画编辑器〉
Skin〈皮肤编辑器〉
Morpher〈变体编辑器〉
Flex〈伸缩编辑器〉
Melt〈熔化编辑器〉
Linked XForm〈连接参考变换编辑器〉
Patch Deform〈面片变形编辑器〉
Path Deform〈路径变形编辑器〉
Surf Deform〈空间变形编辑器〉
UV Coordinates〈贴图轴坐标系〉
UVW Map〈UVW 贴图编辑器〉
UVW Xform〈UVW 贴图参考变换编辑器〉
Unwrap UVW〈展开贴图编辑器〉
Camera Map〈相机贴图编辑器〉
Cache Tools〈捕捉工具〉
Point Cache〈点捕捉编辑器〉
Subdivision Surfaces〈表面细分〉
Mesh Smooth〈表面平滑编辑器〉
HSDS Modifier〈分级细分编辑器〉
Free Form Deformers〈自由变形工具〉
FFD 2×2×2 / FFD 3×3×3 / FFD 4×4×4〈自由变形工具 2×2×2 / 3×3×3 / 4×4×4〉
FFD Box/FFD Cylinder〈盒体和圆柱体自由变形工具〉
Parametric Deformers〈参数变形工具〉
Bend〈弯曲〉
Taper〈锥形化〉
Twist〈扭曲〉
Noise〈噪声〉
Stretch〈缩放〉
Squeeze〈压榨〉
Push〈推挤〉
Relax〈松弛〉
Ripple〈波纹〉
Wave〈波浪〉
Skew〈倾斜〉
Slice〈切片〉
Affect Region〈面域影响〉
Lattice〈栅格〉

Mirror〈镜像〉
Displace〈置换〉
XForm〈参考变换〉
Preserve〈保持〉
Surface〈表面编辑〉
Material〈材质变换〉
Material By Element〈元素材质变换〉
Disp Approx〈近似表面替换〉
NURBS Editing〈NURBS 面编辑〉
NURBS Surface Select〈NURBS 表面选择〉
Surf Deform〈表面变形编辑器〉
Radiosity Modifiers〈光能传递修改器〉
Subdivide〈细分〉

八、Character〈角色人物〉

Create Character〈创建角色〉
Destroy Character〈删除角色〉
Lock/Unlock〈锁住与解锁〉
Insert Character〈插入角色〉
Save Character〈保存角色〉
Bone Tools〈骨骼工具〉
Set Skin Pose〈调整皮肤姿势〉
Assume Skin Pose〈还原姿势〉
Skin Pose Mode〈表面姿势模式〉

九、Animation〈动画〉

IK Solvers〈反向动力学〉
HI Solver〈非历史性控制器〉
HD Solver〈历史性控制器〉
IK Limb Solver〈反向动力学肢体控制器〉
SplineIK Solver〈样条反向动力控制器〉
Constraints〈约束〉
Attachment Constraint〈附件约束〉
Surface Constraint〈表面约束〉
Path Constraint〈路径约束〉
Position Constraint〈位置约束〉
Link Constraint〈连接约束〉
LookAt Constraint〈视觉跟随约束〉
Orientation Constraint〈方位约束〉
Transform Constraint〈变换控制〉
Position/Rotation/Scale〈PRS 控制器〉
Transform Script〈变换控制脚本〉
Spherify〈球形扭曲〉
Audio〈音频控制器〉
Bezier〈贝塞尔曲线控制器〉
Expression〈表达式控制器〉
Linear〈线性控制器〉
Motion Capture〈动作捕捉〉
Noise〈噪波控制器〉
Quatermion TCB〈TCB 控制器〉
Reactor〈反应器〉
Spring〈弹力控制器〉
Script〈脚本控制器〉
XYZ〈XYZ 位置控制器〉
Rotation Controllers〈旋转控制器〉
Scale Controllers〈比例缩放控制器〉
Add Custom Attribute〈加入用户属性〉
Wire Parameters〈参数绑定〉
Parameter Wiring Dialog〈参数绑定对话框〉
Make Preview〈创建预视〉
View Preview〈观看预视〉
Rename Preview〈重命名预视〉

十、Graph Editors〈图表编辑器〉

Track View-Curve Editor〈轨迹窗曲线编辑器〉
Track View-Dope Sheet〈轨迹窗拟定图表编辑器〉
NEW Track View〈新建轨迹窗〉
Delete Track View〈删除轨迹窗〉
Saved Track View〈已存轨迹窗〉
New Schematic View〈新建示意观察窗〉
Delete Schematic View〈删除示意观察窗〉
Saved Schematic View〈显示示意观察窗〉

十一、Rendering〈渲染〉

Render〈渲染〉
Environment〈环境〉
Effects〈效果〉
Advanced Lighting〈高级光照〉
Render To Texture〈贴图渲染〉
Raytracer Settings〈光线追踪设置〉
Raytrace Global Include/Exclude〈光线追踪选择〉
Activeshade Floater〈活动渲染窗口〉

Position Controllers〈位置控制器〉
Activeshade Viewport〈活动渲染视窗〉
Material Editor〈材质编辑器〉
Material/Map Browser〈材质 / 贴图浏览器〉
Video Post〈视频后期制作〉
Show Last Rendering〈显示最后渲染图片〉
RAM Player〈RAM 播放器〉

十二、Customize〈用户自定义〉

Customize〈定制用户界面〉
Load Custom UI Scheme〈加载自定义用户界面配置〉
Save Custom UI Scheme〈保存自定义用户界面配置〉
Revert to Startup Layout〈恢复初始界面〉
Show UI〈显示用户界面〉
Command Panel〈命令面板〉
Toolbars Panel〈浮动工具条〉
Main Toolbar〈主工具条〉
Tab Panel〈标签面板〉
Track Bar〈轨迹条〉
Lock UI Layout〈锁定用户界面〉
Configure Paths〈设置路径〉
Units Setup〈单位设置〉
Grid and Snap Settings〈栅格和捕捉设置〉
Viewport Configuration〈视窗配置〉
Plug-in Manager〈插件管理〉
Preferences〈参数选择〉

十三、MAXScript〈MAX 脚本〉

New Script〈新建脚本〉
Open Script〈打开脚本〉
Run Script〈运行脚本〉
MAXScript Listener〈MAX 脚本注释器〉
Macro Recorder〈宏记录器〉
Visual MAXScript Editer〈可视化 MAX 脚本编辑器〉

十四、Help〈帮助〉

User Referebce〈用户参考〉
MAXScript Referebce〈MAX 脚本参考〉
Tutorials〈教程〉
Hotkey Map〈热键图〉
Additional Help〈附加帮助〉
3ds Max on the Web〈3ds Max 网页〉
Plug〈插件信息〉
Authorize 3ds max〈授权〉
About 3ds Max〈关于 3ds Max〉

参考文献

[1] 骆驼在线课堂. 中文版 3ds Max 2020 实用教程（微课视频版）[M]. 北京：中国水利水电出版社，2020.

[2] 唯美世界，曹茂鹏. 中文版 3DS MAX 2020 完全案例教程（微课视频版）[M]. 北京：中国水利水电出版社，2020.

[3] 唯美世界. 中文版 3ds Max 2016 从入门到精通（微课视频版）[M]. 北京：中国水利水电出版社，2018.

[4] 王涛，任媛媛，孙威，等. 中文版 3ds Max 2021 完全自学教程 [M]. 北京：人民邮电出版社，2021.

[5] 时代印象. 中文版 3ds Max 2016 基础培训教程 [M]. 北京：人民邮电出版社，2017.

[6] 房晓溪. 3ds Max 应用教程 [M]. 北京：印刷工业出版社，2008.

[7] 杨诺. 动画场景设计 [M]. 2 版. 北京：清华大学出版社，2018.

[8] 胡璋，周维. 三维动画场景制作 [M]. 南宁：广西美术出版社，2014.

[9] 张敬，谌宝业，廖志高. 三维场景设计与制作 [M]. 北京：清华大学出版社，2017.